Le Livre
CULTURE
par
CUNISSET-CARNOT
PARIS
LIBRAIRIE
LAROUSSE

LE LIVRE D'AGRICULTURE

LE SEMEUR, tableau de J.-B. Millet.

CUNISSET-CARNOT

LE LIVRE
D'AGRICULTURE

Lectures agricoles.
Excursions. – Expériences.
Rédactions, problèmes et dictées sur l'agriculture
donnés aux examens du Certificat d'études.

PORTRAITS ET BIOGRAPHIES DES AGRONOMES CÉLÈBRES
TABLEAUX DE MAÎTRES.

20 Tableaux synoptiques (4 en couleurs)
450 Gravures.

SIXIÈME ÉDITION

PARIS
LIBRAIRIE LAROUSSE
17, rue Montparnasse, 17
SUCCURSALE : rue des Écoles, 58 (Sorbonne)

BIBLIOTHÈQUE RURALE

Format in-8° (15 × 21)

HONORÉE DE NOMBREUSES SOUSCRIPTIONS
DU MINISTÈRE DE L'INSTRUCTION PUBLIQUE ET DU MINISTÈRE DE L'AGRICULTURE

La **Bibliothèque rurale** ne comprend que des ouvrages essentiellement pratiques, dépouillés, autant que possible, de tout appareil scientifique. Ces ouvrages, imprimés et illustrés avec soin, et d'un prix très modéré, rendront de grands services aux jeunes gens qui se destinent à l'agriculture, après l'achèvement de leurs classes.

L'Agriculture moderne, encyclopédie de l'agriculteur, par V. Sébastian. 540 pages, 600 grav. Br., **5** fr. Relié toile. **6** fr. **50**

La Ferme moderne, traité des constructions rurales, par Abadie. 390 gravures et plans. Broché, **3** fr. Relié toile. . . . . **4** fr.

Les Industries de la Ferme, par Larbalétrier. 160 gravures. Broché, **2** fr. Relié toile. . . . . **3** fr.

Les Engrais au Village, par Henri Fayet. Broché. . . **2** fr. Relié toile. . . . . **3** fr.

Comptabilité agricole et Guide pratique de l'épargne, par H. Barillot. Broché, **2** fr. Relié toile . . . . **3** fr.

Apiculture moderne, par A.-L. Clément. 130 grav. Br. **2** fr. Relié toile. . . . . **3** fr.

Viticulture moderne, par G. de Dubor. 100 grav. Br. . **2** fr. Relié. . . . . **3** fr.

Arboriculture pratique, par Troncet et Deliège. 190 gravures. Broché, **2** fr. Relié. . . . . **3** fr.

Le Jardin potager, par L.-J. Troncet. 190 grav. Br. . . **2** fr. Relié . . . . **3** fr.

Le Jardin d'agrément, par L.-J. Troncet. 150 grav. Br. **2** fr. Relié. . . . . **3** fr.

Le Bétail, par Troncet et Tainturier. 100 grav. Broché. **2** fr. Relié . . . . **3** fr.

Les Animaux de France, par Clément et Troncet. 160 grav. Broché, **2** fr. Relié. . . . . **3** fr.

La Basse-Cour, par Troncet et Tainturier. 80 grav. Br. **2** fr. Relié . . . . **3** fr.

L'Outillage agricole, par H. de Graffigny. In-8°, 240 gravures. Broché, **2** fr. Relié. . . . . **3** fr.

Écoles et cours d'agriculture, par R. Duguay. 59 gravures. Broché . . . . **1** fr.

Paris. — Imp. Larousse, rue Montparnasse, 17.

PRÉFACE

Depuis longtemps la nécessité de faire entrer des notions d'agriculture dans notre enseignement primaire a frappé tous les hommes qui se sont occupés de l'instruction publique.

Ils ont compris que l'amélioration de l'agriculture par un enseignement scientifique qui la sortirait de la routine, pour l'élever au niveau du progrès des autres sciences, serait un véritable bienfait pour notre pays. Mais, se rendant bien compte qu'en pareille matière rien ne saurait remplacer la pratique, ils n'ont demandé à l'enseignement primaire que d'éveiller, pour ainsi dire, l'aptitude des enfants pour les choses agricoles, afin qu'à leur sortie de l'école ils soient en état de comprendre ce qu'ils voient faire au village, d'accueillir sans crainte les données scientifiques nouvelles, et d'appliquer à leurs propres travaux les règles meilleures découvertes par les spécialistes compétents.

Comme le dit très bien l'éminent inspecteur général M. Réné Leblanc : « Le but à atteindre au point de vue de l'enseignement agricole, à l'école rurale, n'est pas de faire apprendre à l'enfant des définitions, des préceptes, des procédés ou des recettes agricoles, mais de le mettre à même de comprendre les applications qu'en fait son père ou son voisin. L'instituteur aura bien rempli sa tâche s'il obtient que les termes scientifiques, employés couramment aujourd'hui, soient bien compris par ses élèves (1). »

M. Grandeau, notre illustre maître, avait déjà excellemment écrit : « Si l'instituteur réussit à initier le plus grand nombre des enfants de nos campagnes aux connaissances élémentaires indispensables pour lire plus tard avec profit un livre de sciences appliquées à l'agriculture, s'il lui inspire le goût de la vie des champs et le désir de ne point l'abandonner pour devenir fonctionnaire d'un ordre quelconque, employé de chemin de fer ou de commerce, il aura rendu un immense service à l'agriculture (2). »

Combien il a raison ! Les ressources de notre France sont infinies, et, si tant d'activités n'étaient perdues, si tant de vaillants travailleurs consacraient leurs intelligents efforts à la culture de son sol, au lieu de se laisser entraîner loin de leur village natal par la trompeuse chimère d'une vie plus facile, la richesse nationale et le bien-être de tous s'accroîtraient dans des proportions inouïes.

Le législateur le sent bien ; aussi le voyons-nous, depuis un demi-siècle, porter une partie de ses préoccupations sur un enseignement élémentaire qui rendrait aux populations rurales le goût de l'agriculture.

La loi de 1850 comprend « des instructions élémentaires sur l'agriculture » ; l'enquête de 1866 réclame « l'enseignement agricole » ; la loi du 16 juin 1879 dit, en son article 10, que « des notions élémentaires d'agriculture seront comprises dans les matières élémentaires de l'enseignement primaire » ; celle du 18 mars 1882 énonce l'obligation d'enseigner « les éléments des sciences na-

(1) *L'Enseignement agricole à l'école primaire;* — Annuaire de 1893.
(2) *Études agronomiques*, 3e série.

turelles, physiques et mathématiques, leurs applications à l'agriculture et à l'hygiène » ; le décret du 18 janvier 1889 impose aux maîtres « de donner des leçons de choses et les premières notions scientifiques, principalement dans leurs applications à l'agriculture ».

Mais, même par cette dernière disposition, la loi n'avait fait jusque-là que manifester un désir, instituer des méthodes. Les programmes qui réalisaient ses aspirations comprenaient :

« *Cours élémentaire*, premières leçons dans le jardin de l'école; — *Cours moyen*, notions à propos des lectures, des leçons de choses et des promenades sur les principales espèces de sol, les engrais, les travaux et les instruments usuels de culture; — *Cours supérieur*, notions plus méthodiques sur les travaux agricoles, les outils aratoires, le drainage, les engrais naturels et artificiels, les semailles et les récoltes, les animaux domestiques, la comptabilité agricole; notions d'horticulture; principaux procédés de multiplication des végétaux utiles de la contrée; notions d'arboriculture, greffes les plus importantes. »

Un pas de plus a été franchi par le décret du 29 décembre 1891 : il modifie le troisième paragraphe de l'article 256 de l'arrêté du 18 janvier 1887, et ordonne qu'à l'avenir il y aura, au programme de l'examen :

« Une rédaction d'un genre simple, portant, suivant un choix à faire par l'inspecteur d'académie, sur l'un des trois ordres de sujets ci-dessous : 1° Instruction civique; 2° Histoire et Géographie; 3° Notions élémentaires de sciences, avec leurs applications à l'agriculture et à l'hygiène. »

On voit tout le chemin parcouru. Il faut donc aujourd'hui que les élèves de l'école primaire soient en état de faire une rédaction sur un sujet d'agriculture. Ce n'est pas une faculté, c'est une obligation.

J'ai pensé qu'un ouvrage élémentaire, mais réunissant

cependant les notions complètes pour les trois cours, où l'instituteur pourrait puiser à son gré, selon la gradation de l'instruction, serait de nature à rendre à l'école primaire de réels services. C'est pourquoi je publie aujourd'hui ce LIVRE D'AGRICULTURE, rédigé en suivant *rigoureusement* les programmes scolaires.

Je serai suffisamment récompensé si je réussis à faciliter en quelque partie à nos si dévoués instituteurs l'accomplissement de la plus noble, mais de la plus laborieuse des tâches.

CUNISSET-CARNOT.

Dijon, 3 décembre 1892.

Le Livre d'AGRICULTURE

LE LABOURAGE NIVERNAIS. — Tableau de ROSA BONHEUR (*Musée du Luxembourg, Paris*).

LE PROGRÈS

Bien des fois déjà vous avez entendu parler du *progrès* et des avantages qu'on lui attribue.

Progrès signifie mouvement en avant; progresser, c'est avancer dans une direction, ordinairement vers le bien. La *routine* est le contraire du progrès : c'est l'habitude de faire une chose toujours de la même manière, sans s'inquiéter s'il existe une façon plus avantageuse d'arriver au but.

Dans les temps anciens, le blé était moulu sur une pierre au moyen d'un rouleau. Cela n'allait pas bien vite, comme vous le pensez; le blé s'écrasait mal et la farine était grossière.

Chez les Romains, on fit usage d'un manège mis en mouvement par un cheval, un bœuf ou un âne. On allait de cette manière plus vite, la farine était mieux moulue, et le pain meilleur. Mais les chevaux, les bœufs et les ânes coûtent cher; ils se fatiguent et dépensent de la nourriture.

On chercha donc à les remplacer par des agents naturels tels que l'eau, le vent, qui ne coûtent rien, qui ne se fatiguent pas et qui ne mangent pas. Les moulins à eau et les moulins à vent furent inventés. Ils vont plus vite que leurs devanciers et font de meilleure besogne.

Le manège était un progrès sur le moulin à bras; le moulin à eau ou à vent est un progrès sur le manège.

Que dirait-on d'un homme qui, de nos jours, s'obstinerait à vouloir moudre son grain au moyen d'un moulin à bras, alors qu'il pourrait le faire moudre mieux et à meilleur marché par un moulin à eau, à vent ou à vapeur? On dirait que cet homme est un *routinier*.

Eh bien! beaucoup de gens encore aujourd'hui font comme l'homme au moulin à bras. Il y a des routiniers dans toutes les professions.

Voulez-vous un exemple de la lutte du progrès contre la routine?

Rappelez-vous l'histoire de la pomme de terre. Nos ancêtres ne la connaissaient pas. Elle est originaire de l'Amérique centrale, et fut importée en Europe vers le milieu du XVIe siècle par les Espagnols. Elle se répandit dans les Flandres, les Pays-Bas, l'Allemagne, l'Italie, etc.; mais en France les routiniers se liguèrent contre la pomme de terre et allèrent jusqu'à prétendre qu'elle était susceptible de donner la lèpre à ceux qui en mangeaient. Aussi, bien que cultivée déjà chez nous et donnée en nourriture aux animaux, elle n'entra que 200 ans plus tard dans l'alimentation de l'homme. Et pendant ces deux cents ans la famine s'abattit quatre ou cinq fois sur la France, parce que le blé manquait et qu'on n'osait pas se nourrir de pommes de terre!

Un savant chimiste, qui était en même temps un agronome distingué, Parmentier, voulut remédier à ce fâcheux état de choses : il entreprit de faire disparaître les préjugés que l'ignorance entretenait contre le précieux tubercule. Il faudrait un gros livre pour raconter tout ce que Parmentier fit et écrivit avant d'arriver à ce résultat. Les routiniers se moquaient; les grands sei-

Le moulin des temps anciens.

Le moulin des Romains.

Le moulin à vent.

Le vent fait tourner les ailes du moulin et en même temps une grande roue d'engrenage fixée comme elles à l'arbre de couche A. La grande roue communique son mouvement à un pignon (petite roue) et à l'axe vertical du pignon. Cet axe, libre à son extrémité supérieure B, est fixé par son extrémité inférieure dans la meule tournante C, qu'il fait tourner sur la meule dormante D. Le grain, placé dans la trémie E, tombe peu à peu entre les meules où il est écrasé. Un blutoir placé au-dessous sépare le son de la farine.

Le moulin à eau.

L'eau fait tourner la roue hydraulique A et par conséquent la roue d'engrenage B fixée sur le même arbre. La roue B engrène avec le pignon C, dont l'axe traverse librement la meule dormante E et fait tourner la meule tournante D à laquelle il est fixé par son extrémité supérieure. De la trémie F le grain tombe entre les meules; ensuite la boulange est dirigée par un conduit G dans le blutoir H qui sépare le son de la farine. Le blutoir est lui-même mis en mouvement par l'arbre de la roue hydraulique au moyen d'un engrenage.

gneurs et les dames riaient de ce qu'ils appelaient la *folie du bonhomme*. Un jour cependant le roi Louis XVI osa mettre à sa boutonnière un bouquet de fleurs de pommes de terre offert par Parmentier. Peu de temps après, un repas eut lieu auquel assistaient Franklin et Lavoisier, repas exclusivement composé de pommes de terre préparées de différentes façons. Enfin, la routine fut vaincue, et aujourd'hui le nom de Parmentier est cité comme celui d'un des hommes les plus utiles qu'ait produits la France.

PARMENTIER (*Antoine-Augustin*), célèbre philanthrope et agronome français, né à Montdidier en 1737, mort à Paris le 17 décembre 1813.

Il faut, en tout ce que nous faisons, chercher le progrès, c'est-à-dire le *mieux*. Il faut le chercher surtout en agriculture, parce que l'agriculture, qui nourrit tout le monde, est la plus utile de toutes les industries. Ne croyez pas que cela soit chose facile, et qu'il vous suffira, pour y arriver, de vous livrer avec ardeur aux travaux agricoles.

L'agriculture, ou culture des champs, est l'ensemble des règles qu'on doit suivre pour tirer de la terre les productions nécessaires à la vie de l'homme et des animaux domestiques. Des savants se sont appliqués à découvrir ces règles et l'on peut dire qu'ils en ont trouvé de très importantes, qu'ils ont démontrées par l'expérience.

Il est nécessaire que l'enseignement agricole donné dans les leçons de lecture s'appuie sur des expériences simples relatives au développement des végétaux ou sur des faits établis expérimentalement.

A la suite des lectures, imprimées en gros caractères, nous indiquons en caractères plus petits le sommaire des leçons de choses, les expériences ou les excursions qu'il importe de faire comme préparation à ces lectures. Nous donnons en outre une partie complémentaire des leçons (rédactions, problèmes, questions, explications), destinée surtout aux élèves qui se préparent au certificat d'études primaires.

Leçon de choses. — Comparaison entre l'œuf et la graine.

Expérience (1). — Mettre dans une assiette du sable ou du gravier ; y déposer quelques grains de blé ou de haricots ; arroser de temps en temps; tenir en lieu chaud et observer la germination.

Conclusion. — Pour qu'une graine germe, il lui faut de l'eau, de l'air et de la chaleur.

Excursions. — 1. Examiner dans les champs ou les jardins la germination des graines. Constater l'influence de la chaleur et de l'humidité, de la sécheresse et de la froidure sur le développement des plantes.

2. Visiter un moulin. Observer ce qui se produit dans la mouture du grain. Farine, son, etc.

Rédaction. — Raconter ce qu'on a vu dans un moulin. Réflexions. Les moulins d'aujourd'hui comparés à ceux d'autrefois. Progrès accomplis. Perfectionnements désirables.

Agent. — (Latin *agens*, du verbe *agere*, agir.) Tout ce qui agit. Les vents, les eaux, la lumière, la chaleur, l'électricité, sont des agents de la nature.

Agriculture. — (Lat. *ager*, *agri*, champ ; *cultura*, culture.) Culture des champs.

Dans son sens le plus général, le mot *agriculture* désigne l'ensemble des opérations et des soins par lesquels l'homme retire de la terre les productions nécessaires à ses besoins. Ainsi entendue, l'agriculture ou industrie agricole comprend un grand nombre de branches : l'*horticulture* (lat. *hortus*, jardin) ou culture des jardins ; la *viticulture* (lat. *vitis*, vigne) ou culture des vignes ; l'*arboriculture* (lat. *arbor*, arbre) ou culture des arbres ; la *sylviculture* (lat. *sylva*, forêt) ou culture des forêts ; la *zootechnie* (du grec *zôon*, animal, et *technê*, art) ou art d'élever les animaux ; la *pisciculture* (lat. *piscis*, poisson) ou art d'élever les poissons ; l'*apiculture* (lat. *apis*, abeille) ou art d'élever les abeilles ; l'*ostréiculture* (lat. *ostrea*, huître) ou art d'élever les huîtres ; etc.

On donne généralement le nom d'*agriculteur* à celui qui dirige une exploitation agricole, ferme, domaine, métairie, etc. L'*agronome* est celui qui étudie la théorie de l'agriculture pour en perfectionner la pratique. Le *cultivateur* est celui qui cultive la terre, en qualité de propriétaire, de fermier, de colon, de métayer ou d'ouvrier. Le *laboureur* est celui qui *laboure* les terres ; ce mot est souvent employé pour « cultivateur ». On appelle *fermier* celui qui prend une ferme à bail pour l'exploiter à ses risques et périls. On donne le nom de *métayer* au colon qui partage avec le propriétaire les produits de la métairie.

1. On trouvera des développements sur les leçons expérimentales et les expériences que nous ne pouvons qu'indiquer ici dans l'excellent livre de M. René Leblanc, intitulé *Notions de sciences physiques et naturelles appliquées à l'agriculture, cinquante expériences pour l'école primaire* (Librairie André Guédon, 15, rue Séguier, Paris).

LE PROGRÈS EN AGRICULTURE

Il y a une soixantaine d'années, il était encore admis presque partout que les végétaux tirent uniquement leur alimentation des *matières organiques*, c'est-à-dire des débris ou produits putréfiés des animaux ou des végétaux, comme le purin, les déjections animales, le sang et la chair desséchés, les pailles et roseaux en décomposition, etc. Le fumier était regardé comme l'engrais par excellence, et on répétait comme article de foi :

Pas de fumier, pas de culture.

Mais les chimistes ont découvert que les débris animaux et végétaux doivent, en grande partie, leurs propriétés fertilisantes aux *éléments minéraux* ou *inorganiques* qu'ils contiennent, et ils l'ont prouvé par des expériences, notamment par la suivante :

Expérience. — Dans deux pots à fleurs, remplis de verre cassé en menus fragments, ils ont semé quelques grains de blé, le même nombre dans chacun.

Mais tandis que le n° 1 n'était arrosé qu'avec de l'eau pure, le n° 2 était arrosé avec de l'eau dans laquelle on avait dissous une certaine quantité des matières minérales trouvées dans le fumier (chaux, potasse, phosphore, etc.).

La récolte ne fut pas bien brillante dans le n° 1, puisqu'elle avait été nourrie d'eau pure et de verre cassé; cependant le blé avait végété, car toutes les plantes tirent un peu de leur subsistance de l'air et de l'eau.

Dans le pot n° 2, qui avait reçu l'eau additionnée de substances minérales, la récolte était beaucoup plus belle.

D'où venait la différence entre ces deux cultures, faites toutes deux dans une matière stérile, le verre cassé?

La différence venait sans nul doute des substances minérales employées pour l'arrosage du n° 2. Ces substances possèdent donc une grande puissance fertilisante.

Vous comprenez par ce simple exemple que l'agriculture a fait de grands progrès, puisqu'elle sait trouver aujourd'hui des éléments de fertilité ailleurs que dans le fumier, dont la quantité est toujours très limitée, tandis que l'homme peut obtenir en quantité presque illimitée les nouvelles matières fertilisantes empruntées au règne minéral.

Sommaire des leçons. — Les trois règnes de la nature. — Les trois états de la matière. — Phénomènes physiques et phénomènes chimiques. — Analyse et synthèse. — Principaux corps simples. — Exemples d'un acide, d'une base, d'un sel. — Matière minérale et matière organique.

Expériences. — Fusion de la glace. — Ebullition et distillation de l'eau. — Décomposition et recomposition de la craie. — Spécimen de corps simples réunis par les élèves. — Préparation de l'oxygène (expériences principales). — Formation d'un acide; tournesol. — Transformation du carbonate en sulfate ou chlorure.

Questions. — Quelle expérience a-t-on faite pour mettre en évidence la valeur des matières minérales comme engrais? — Que signifie ce principe formulé par Lavoisier: « Rien ne se perd, rien ne se crée »? — Qu'appelle-t-on analyse et synthèse?

A mesure que les sciences progressent, nous sommes obligés de modifier notre vocabulaire. Les nouvelles découvertes nous forcent à former des mots nouveaux ou à donner aux anciens une signification qu'ils n'avaient pas à l'origine.

Dans le langage usuel nous disons, par exemple, que les êtres vivants (animaux et végétaux) naissent, croissent, grandissent, meurent, sont brûlés, putréfiés, anéantis.

Lavoisier, illustre chimiste français, né à Paris en 1743, l'un des créateurs de la chimie moderne; fit partie de la Commission chargée d'établir le système métrique. Il obtint une charge de fermier général pour subvenir aux dépenses de ses expériences. Les fermiers généraux furent condamnés en bloc à la guillotine. Lavoisier fut exécuté quatrième sur vingt-huit, le 8 mai 1794.

En réalité, rien ne se perd, rien ne se crée dans la nature. Ce principe, formulé par Lavoisier, est pour ainsi dire la base de toute la chimie moderne. Lorsqu'on brûle une plante, par exemple, une partie reste en cendre à l'état solide, l'autre s'échappe dans l'atmosphère à l'état gazeux : rien ne se perd, pas un atome de la plante n'est détruit.

L'opération par laquelle un corps est décomposé en ses éléments s'appelle *analyse*. L'opération contraire, par laquelle plusieurs éléments simples se réunissent pour former un corps composé, s'appelle *synthèse*. Les corps qui changent et se transforment sans cesse sous nos yeux nous fournissent continuellement des exemples d'analyse et de synthèse.

Corps simples. — Tout corps qu'on ne peut décomposer par l'analyse chimique est appelé *élément* ou *corps simple*. Les corps simples sont des métaux ou des métalloïdes. On appelle métalloïdes ceux qui n'ont pas l'éclat particulier aux métaux. Le fer, l'or, l'argent sont des métaux ; le soufre est un métalloïde solide ; l'oxygène, l'hydrogène, l'azote sont des métalloïdes gazeux.

Oxygène. — L'oxygène est le plus important de tous les corps simples. Il entre pour un tiers dans la composition de l'eau et pour un cinquième dans la formation de l'air atmosphérique. L'oxygène ne s'enflamme pas : on dit qu'il n'est pas *combustible* ; mais il est nécessaire à la combustion des autres corps : il est dit *comburant*.

Combiné avec un métalloïde, l'oxygène forme généralement un *acide*.

Ainsi l'on a :

Oxygène + phosphore = acide phosphorique.

Oxygène + soufre = acide sulfurique.

Oxygène + carbone = acide carbonique.

La terminaison *ique* désigne la combinaison la plus oxygénée.

Une oxygénation moins complète s'exprime par des mots terminés en *eux ;* on peut avoir ainsi de l'acide *phosphoreux*, de l'acide *sulfureux*, de l'acide *carboneux* ou *oxyde de carbone*.

Combiné avec un métal, l'oxygène forme généralement un *oxyde*. Certains métaux peuvent être oxydés à nouveau et donner naissance à des *bioxydes* (oxydés deux fois), à des *peroxydes* (oxydés plusieurs fois).

Les acides rougissent la teinture bleue de tournesol et le sirop de violette. Les oxydes ramènent au bleu la teinture de tournesol et le sirop de violette rougis par un acide.

Sur 33 millions d'hectares qui sont cultivés en France, 7 millions sont consacrés à la culture du blé. On obtient aujourd'hui environ 15 hectolitres en moyenne à l'hectare, ce qui donne au total 105 millions d'hectolitres.

Malgré ce chiffre, qui semble énorme, la France est encore obligée pour nourrir sa population, *d'importer*, c'est-à-dire d'acheter à l'étranger, environ 2 500 000 hectolitres de blé par an.

Supposons qu'en appliquant de meilleurs procédés on augmente d'un seul hectolitre le rendement moyen de chaque hectare, de manière à avoir 16 hectolitres au lieu de 15. Comme on cultive 7 millions d'hectares en blé, on obtiendrait 7 millions d'hectolitres en plus, et la France, non seulement n'aurait plus besoin d'acheter du blé à l'étranger, mais elle pourrait même en *exporter*, c'est-à-dire en vendre au dehors.

Il est à remarquer que ce rendement de 16 hectolitres à l'hectare n'a rien d'extraordinaire. Nous avons des départements qui produisent bien davantage ; ainsi le département de Seine-et-Oise donne en moyenne à l'hectare 29 hectolitres ; le Nord et l'Oise, 24 hectolitres ; le Pas-de-Calais, 22 hectolitres ; et beaucoup d'autres de 18 à 19 hectolitres.

Ce que nous disons du blé serait également vrai pour la plupart des autres produits agricoles, notamment pour les fourrages destinés à l'élevage des bestiaux.

Mais ce n'est pas seulement dans l'ensemble de l'agriculture française que le progrès agricole peut être apprécié. Chaque agriculteur peut réaliser des progrès, et il y réussira d'autant mieux qu'il connaîtra davantage les procédés scientifiques et saura les mettre à profit.

LES ÉLÉMENTS DES VÉGÉTAUX

Les **végétaux** ou **plantes** sont des êtres qui ont des organes, se nourrissent, respirent, se développent et se reproduisent, mais sont fixés à la terre, sur laquelle ils ne peuvent se mouvoir d'eux-mêmes.

Les végétaux se composent d'un certain nombre de substances qui se retrouvent dans tous, dans le blé qui nourrit l'homme comme dans la ciguë qui l'empoisonne. La nature *fabrique* toutes les plantes avec un nombre restreint d'éléments, comme nous formons toutes sortes de mots avec les vingt-cinq lettres de l'alphabet.

De ces éléments, les uns sont des gaz comme l'*oxygène*, l'*hydrogène* et l'*azote;* les autres, comme la *potasse*, la *soude*, la *chaux*, le *soufre* sont des matières minérales solides, qu'à l'aide de procédés chimiques on retrouve dans les cendres lorsqu'on a brûlé les végétaux.

Ces différents éléments qui constituent les végétaux ont été empruntés par eux au milieu dans lequel ils ont vécu. A l'air, qui est composé d'oxygène, d'azote et d'une certaine quantité d'acide carbonique, et à l'eau, composée d'oxygène et d'hydrogène, ils ont pris, pour une grande partie au moins, leurs *éléments gazeux;* à la terre, ils ont pris les *matières minérales*.

En un mot, les végétaux puisent à la fois dans l'air et dans le sol les éléments nécessaires à leur nourriture.

Sommaire des leçons. — Composition de l'air atmosphérique. — Rôle de l'oxygène et de l'azote ; présence de l'acide carbonique et de la vapeur d'eau. — Composition de l'eau ; propriétés de l'hydrogène. — Eau pure ; eau de pluie ; eau de puits ; eau potable. — Matières minérales ; matières organiques. — Produits de combustion. — Composition de la cendre des végétaux.

Expériences. — 1. Préparation de l'azote ; détermination approximative de sa proportion dans l'air. — Préparation de l'hydrogène ; bulles de savon gonflées à l'hydrogène ou au gaz d'éclairage. — Préparation et propriétés de l'acide carbonique. — Séparation de la potasse, de la chaux et de la silice contenues dans des cendres de bois. — Cendres d'os ; dissolution dans un acide ; précipitation du phosphate.

2. Allumer une chandelle ou une bougie et la fixer au fond d'une assiette en y faisant tomber quelques gouttes de suif. Verser de l'eau dans l'assiette et emprisonner la flamme sous un verre comme l'indique la figure ci-dessus. A mesure que l'oxygène disparaît en se combinant au carbone par la combustion, la flamme pâlit ; elle s'éteint dès qu'il n'y a plus que de l'azote sous le verre, et alors la place qu'occupait l'oxygène, environ un cinquième, est occupée par l'eau de l'assiette, qui monte dans le verre par la pression atmosphérique.

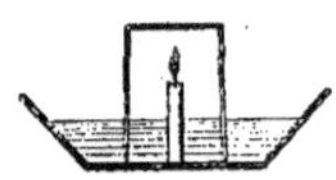

3. Mettre un peu de charbon de terre (houille) dans une pipe de terre et la fermer hermétiquement avec de l'argile ou du plâtre. En plaçant la pipe sur un foyer ardent, il se dégagera du gaz d'éclairage (hydrogène carboné).

Questions. — *Citez quelques corps simples qui entrent dans la composition des végétaux. — Que savez-vous sur l'oxygène — l'hydrogène — l'azote — l'acide carbonique — la potasse — la chaux ?*

Hydrogène. — Ce gaz est le plus léger de tous les corps connus ; très combustible, il peut s'enflammer rapidement et même produire une explosion lorsqu'il est mis en présence de l'oxygène. L'eau est une combinaison d'oxygène et d'hydrogène dans laquelle ce dernier entre pour deux tiers.

Azote. — L'azote est un gaz qui entre pour quatre cinquièmes dans l'air atmosphérique. On le trouve dans les chairs animales et dans les tissus des plantes. On dit que ce gaz n'est ni combustible ni comburant ; cependant les corps qui le contiennent sont susceptibles d'entrer en putréfaction, c'est-à-dire de subir une combustion lente.

Corps composés. — Les corps composés sont formés par la combinaison des corps simples. L'acide carbonique, la potasse, la chaux sont des corps composés.

Acide carbonique. — Ce gaz est produit par l'oxygène et le carbone (charbon pur) dans toutes les combustions complètes.

Potasse ou oxyde de potassium. Composé de potassium et d'oxygène.

Chaux ou oxyde de calcium. — Composé de calcium et d'oxygène.

Mélange. — Combinaison. — Les corps se mélangent ou se combinent. On ne doit pas confondre un mélange avec une combinaison.

Il y a *mélange* lorsque les corps mis ensemble conservent toutes leurs propriétés. Si l'on mêle de la limaille de fer avec du soufre en fleur, on obtient un mélange gris. Les parcelles du métal et celles du métalloïde se touchent mais ne s'unissent pas intimement ; on peut les mélanger dans telles proportions qu'on voudra et les séparer ensuite, au moyen d'un aimant, par exemple, qui attire le fer et laisse le soufre.

Le soufre et le fer se combinent si l'on imbibe d'eau tiède le mélange précédent. La masse s'échauffe ; il se produit une action chimique qui forme du *sulfure de fer*, corps nouveau, différent des deux éléments qui l'ont formé. Les *combinaisons* se font en proportions définies ; ainsi le sulfure de fer se compose de 7 parties de fer et de soufre. Si l'un des deux éléments est en trop grande quantité, l'excédent ne se combine pas ; il reste sans emploi.

NUTRITION DES VÉGÉTAUX

Comment les plantes absorbent et s'assimilent les différents éléments dont elles se composent, c'est ce que nous allons rechercher.

Trois sortes d'organes servent à la nutrition des plantes : les *racines*, la *tige*, les *feuilles*.

LES RACINES

Les racines fixent les plantes au sol. Elles sont chargées d'y puiser les matières minérales qu'il renferme et qui sont indispensables à l'existence de la plante.

RACINE.

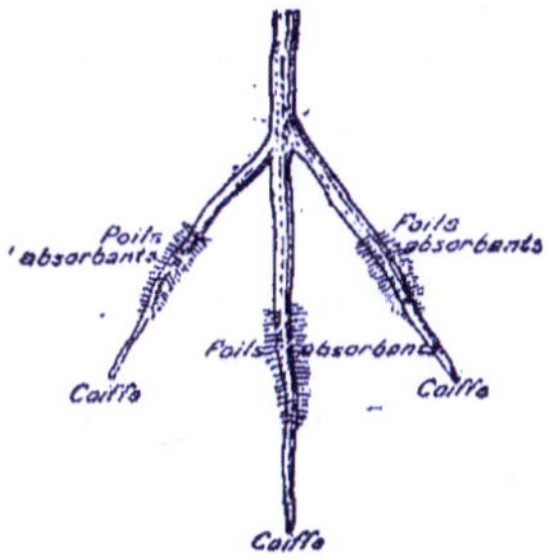

Les racines se ramifient ordinairement en un grand nombre de filaments ténus qu'on nomme *radicelles ;* celles-ci forment ce qu'on a appelé le *chevelu.* A l'extrémité de chaque radicelle existe une sorte de capuchon nommé *coiffe.* Dans le voisinage de cette coiffe se montre une sorte de duvet, qu'on nomme *poils radicaux* ou *poils absorbants.*

C'est par ces poils que la racine absorbe les matières minérales du sol. L'absorption a lieu en vertu d'un phénomène connu sous le nom d'*osmose.* A travers les membranes qui enveloppent ces poils, les matières minérales pénètrent dans la racine, et se mêlent à la *sève*, qui est pour ainsi dire le sang des végétaux.

Ce qu'il y a de plus curieux, c'est que ce ne sont pas seulement les liquides, comme l'eau ou le purin, que les radicelles absorbent, mais encore les matières solides, telles que les os et certains minéraux ou pierres. Cela se comprend facilement lorsqu'on sait que les racines contiennent un acide qui attaque les pierres et les os et les dissout; c'est ainsi, par exemple, que le vinaigre dissout la craie. Ce phénomène a été démontré par une expérience bien simple.

Expérience. — Sur une plaque polie de marbre ou d'os, on place du sable et on plante une fève ou un haricot. Quand les racines sont suffisamment développées et qu'elles rencontrent la plaque, elles s'étendent à sa surface. Si on lave la plaque, on peut constater que les racines y ont laissé des empreintes en creux, et que, par conséquent, une petite quantité du marbre ou de l'os a été dissoute par elles.

Mais cette fonction de nutrition n'est pas la seule que remplissent les racines ; elles en ont encore une autre: elles *respirent*. De même que les poumons des animaux, mais non de la même manière, elles absorbent de l'oxygène et dégagent de l'acide carbonique. Cela est si vrai qu'une plante placée dans un pot métallique et dont tous les orifices sont bouchés par de la cire ou de l'argile ne tarde pas à succomber. Elle meurt par asphyxie des racines.

LA TIGE

La *tige* est la partie des végétaux qui surmonte la racine ; on la nomme *tronc* dans les arbres. C'est elle qui porte les branches, les feuilles, les fleurs et les fruits.

La tige, ainsi que les branches, présentent un système fort compliqué de canaux dans lesquels circule la sève, comme le sang dans les veines des animaux. La chose est facile à vérifier.

Au printemps, si l'on coupe un cep de vigne à une certaine distance du sol, on voit apparaître à l'extrémité coupée un liquide qui tombe goutte à goutte et qu'on nomme les *pleurs* de la vigne. Ce liquide est la *sève* qui s'échappe par la blessure qu'on a faite à l'arbrisseau.

Des racines, la sève monte aux feuilles à travers la tige; c'est la *sève ascendante*, chargée d'eau et de matières

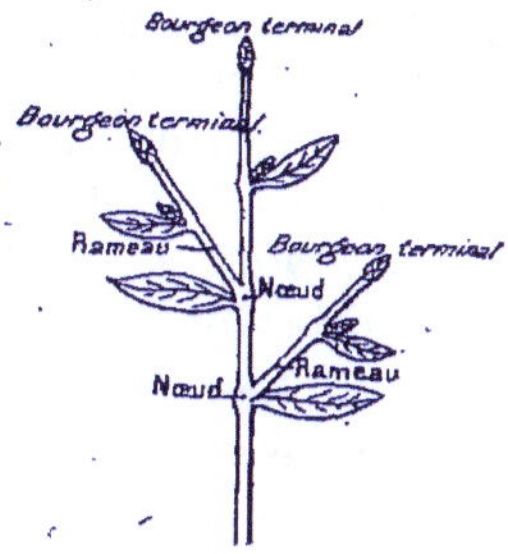

TIGE RAMIFIÉE.

TIGE HERBACÉE.
(Coupe d'un chaume de blé.)

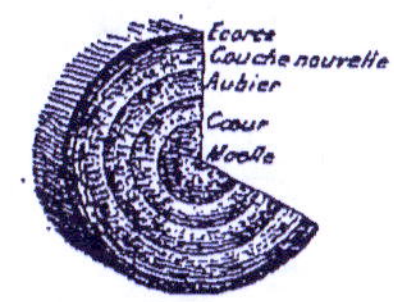

TIGE LIGNEUSE.
(Coupe d'un jeune poirier.)

La tige des plantes ligneuses (arbres) augmente chaque année d'une couche nouvelle; ces couches concentriques font connaître l'âge des arbres.

puisées dans la terre par les racines. Celle qui redescend des feuilles aux racines est la *sève descendante*, plus élaborée que l'autre et plus parfaite.

LES FEUILLES

Une feuille se compose ordinairement du *limbe*, qui constitue la feuille proprement dite, et du *pétiole*, ou *queue* de la feuille.

Le limbe est formé de deux pellicules, deux épidermes, entre lesquels se trouve une mince couche de matière qu'on nomme *parenchyme*, enlacée dans un réseau de *nervures*.

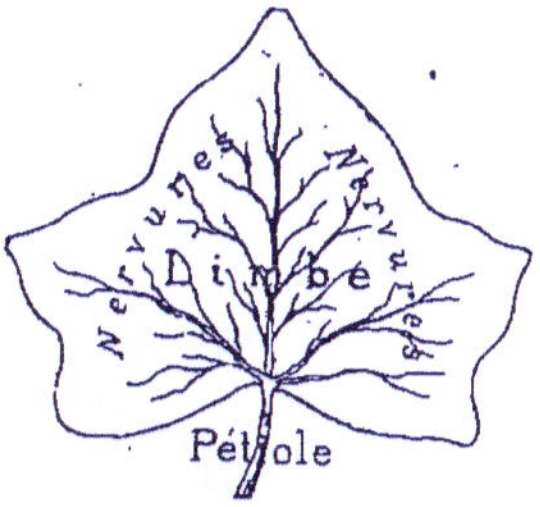

FEUILLE.

L'épiderme des feuilles est criblé de très petits trous, visibles seulement au microscope et qu'on nomme *stomates*. Par ces stomates la sève se trouve en contact avec l'air; elle perd une partie de l'eau qu'elle a apportée des racines, s'épaissit, s'enrichit en se concentrant, et va, en redescendant, porter dans chaque partie du végétal les principes nutritifs.

A cela ne se borne pas le rôle des feuilles.

Nous savons que l'air est composé de deux gaz, l'oxygène et l'azote, et qu'il contient toujours en outre une certaine quantité d'acide carbonique. Par un phénomène qui ressemble à celui de la respiration des animaux, et qu'à cause de cela on a appelé *respiration des plantes*, les feuilles absorbent l'air, mais en le décomposant. Jour et nuit, les plantes absorbent l'oxygène de l'air et rejettent de l'acide carbonique. Mais à ce phénomème vient s'en joindre un autre qui ne se produit que pendant le jour et qu'on appelle fonction chlorophyllienne. Par la fonction *chlorophyllienne*, elles dégagent l'oxygène et gardent le carbone de l'acide carbonique, qui se fixe dans la feuille et forme la *chlorophylle*, c'est-à-dire la matière verte des végétaux. Ce phénomène n'a lieu que sous l'action de la lumière. Tout le monde sait, en effet, que des plantes mises à la cave ou couvertes de paille *blanchissent*, comme on dit en terme de jardinage, c'est-à-dire s'étiolent et perdent leur couleur verte.

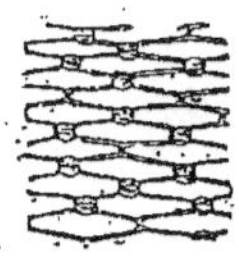

STOMATES D'UNE FEUILLE vus au microscope.

Leçons. — Organes des plantes : racines, tiges, feuilles ; structure et fonctions principales.

Expériences. — Culture dans l'eau pour l'étude des racines et culture en milieu stérile. — Expérience sur la fonction chlorophyllienne.

— En été, lorsque la sève monte, si l'on coupe près du sol un cep de vigne vigoureux et qu'on remplace la partie supprimée par un tube de verre, on verra s'élever dans le tube une colonne de sève qui permettra de juger la poussée de la sève ascendante.

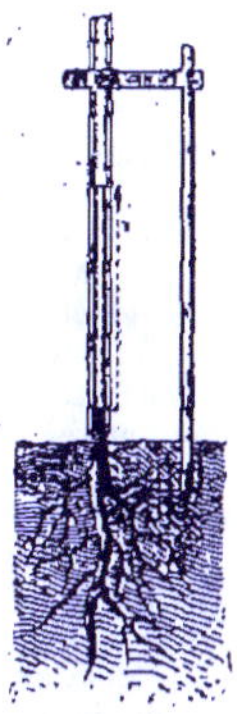

— En automne, si l'on pratique une incision à la base d'un érable à sucre, on pourra recueillir la sève descendante qui donne du sucre. On peut de même recueillir la sève descendante des sapins qui fournit l'essence de térébenthine, la colophane et d'autres résines.

Excursions. — Dans les champs, examiner les racines, les tiges et les feuilles des plantes herbacées. Dans les bois, étudier la forme et la disposition des feuilles, les tiges et les rameaux des arbres. Collectionner des feuilles de diverses formes et les classer ; en faire un croquis. Déterminer approximativement l'âge d'un arbre coupé ou d'une branche d'arbre par les couches concentriques ; faire des croquis.

Rédactions. — 1. Faire le compte rendu des excursions agricoles. Joindre des croquis aux devoirs écrits toutes les fois qu'on le pourra.

2. Du pain est sur la table. Vous passez en revue tous les ouvriers qui ont dû s'employer pour le faire. Vous en concluez qu'il ne faut pas le gaspiller. — (*Certificat d'études. Saône-et-Loire.*)

Problèmes. — 1. Pour 100 kilogrammes de blé, le meunier me rend 80 kilogrammes d'une farine dont 100 kilogrammes fournissent 136 kilogrammes de pain. Combien aurais-je de pain avec 5 hectolitres de blé, pesant chacun 75 kilogrammes? (*Certificat d'études. Aisne.*)

2. Un meunier vend 32 sacs de farine, pesant chacun 157 kilogrammes, à raison de 42 fr. 50 les 100 kilogrammes. Du produit de la vente, il garde 500 francs et achète avec le reste un pré de 345 ares. On demande ce qu'il a payé l'are de ce pré. (*Certificat d'études. Ardennes.*)

3. Le blé donne 83 0/0 de son poids de farine. D'après cela, quelle quantité de farine obtiendrait-on de 35 sacs de blé pesant chacun 147 kilogrammes? (*Certificat d'études. Ain.*)

4. Le blé pèse 750 grammes par litre et fournit 89 0/0 de farine et le reste de son. Quel poids de son et de farine retirerait-on de 160 hectolitres de blé ? (*Certificat d'études. Haute-Saône.*)

Questions. — Quelles sont les trois parties principales des plantes? — Qu'appelle-t-on radicelles — chevelu — coiffe — poils absorbants? — Quelle est la fonction des poils absorbants? — Comment a-t-on reconnu que les racines absorbent des minéraux? — Comment a-t-on reconnu qu'elles respirent? — Quelles sont les différentes racines que vous connaissez? — Qu'est-ce que la tige?

— Qu'est-ce que la sève ascendante — la sève descendante? — Nommez les différentes tiges que vous connaissez. — Quelles sont les parties dont se compose ordinairement une feuille? — Qu'appelle-t-on stomates et quelles en sont les fonctions? — Expliquez la fonction chlorophyllienne. — Quand les plantes blanchissent-elles? — Nommez les principales sortes de feuilles que vous connaissez.

Les principales sortes de racines sont : les racines pivotantes, les racines fasciculées, les racines tuberculeuses, les racines adventives.

La tige des plantes peut être herbacée ou ligneuse, simple ou ramifiée; elle est, selon sa forme, triangulaire, quadrangulaire, conique, etc.; elle peut être grimpante, volubile, souterraine.

Les mots dont on se sert pour désigner les feuilles sont assez nombreux; les principaux se trouvent réunis dans le tableau de la page suivante.

La respiration des racines est considérée comme une *combustion lente*, ainsi que la respiration des animaux et la putréfaction des matières organiques. On appelle *combustion vive* celle qui a lieu avec production de lumière; la bougie, le gaz, qui s'enflamment, en sont des exemple.

Pour prospérer, la plante a besoin de trouver sur le parcours des racines des aliments propres à sa nature.

Lorsque les deux fonctions des feuilles appelées *respiration* et *fonction chlorophyllienne* n'étaient pas comprises comme aujourd'hui, on constatait le résultat final en disant que les plantes rejettent de l'oxygène pendant le jour et de l'acide carbonique pendant la nuit.

« Pendant la nuit, dit M. Réné Leblanc, la fonction chlorophyllienne est suspendue faute de lumière, les plantes ne laissent pas dégager d'oxygène, mais seulement l'acide carbonique produit par la respiration. Pendant le jour, les deux fonctions s'exercent et il se produit un double dégagement : d'oxygène d'une part, d'acide carbonique de l'autre; mais comme la fonction chlorophyllienne, en pleine lumière surtout, est beaucoup plus active que la fonction de respiration, l'acide carbonique produit par celle-ci subit la décomposition chlorophyllienne et il ne se dégage que de l'oxygène. »

Outre ces deux fonctions, les feuilles en ont une troisième, très importante, la *transpiration*. Elles exhalent par les stomates, sous forme de vapeur, l'eau qui se trouve en excès dans la plantes.

RACINES

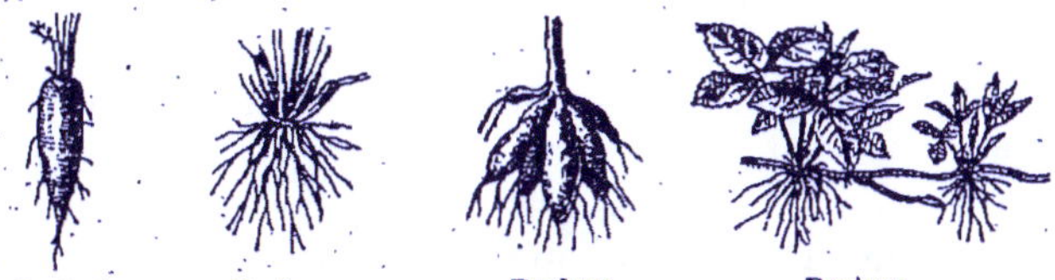

Racine pivotante. *Carotte.* — Racines fasciculées. *Blé.* — Racines tuberculeuses. *Dahlia.* — Racines adventives. *Fraisier.*

TIGES

Tige grimpante. *Lierre.* — Tige volubile. *Liseron.* — Tige souterraine. *Rhizome d'Iris.*

FEUILLES

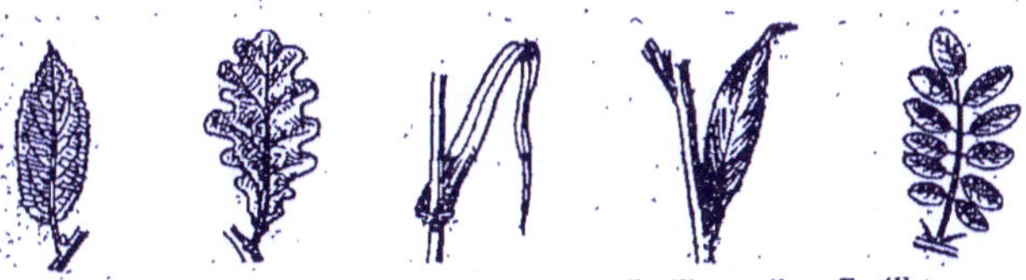

Feuille dentée. *Cerisier.* — Feuille lobée. *Chêne.* — Feuille engainante. *Blé.* — Feuille sessile. *Giroflée.* — Feuille composée. *Acacia.*

Feuille composée digitée ou palmée. *Marronnier.* — Feuilles alternes (*sur la tige*). — Feuilles opposées (*sur la tige*). — Feuilles verticillées (*sur la tige*).

FLEURS ET FRUITS

Le but final de toute végétation est la continuation de l'espèce.

Cette continuation est assurée par la *fleur*, qui contient les organes de la reproduction, et par le *fruit*, qui renferme la *graine*.

La fleur se compose extérieurement : 1° du *calice*, généralement vert, et qui tient de la nature des feuilles ; 2° de la *corolle*, le plus souvent ornée de brillantes couleurs. Le calice et la corolle sont destinés à protéger les organes de la reproduction, *étamines* et *pistil*, qui occupent ordinairement le centre de la fleur.

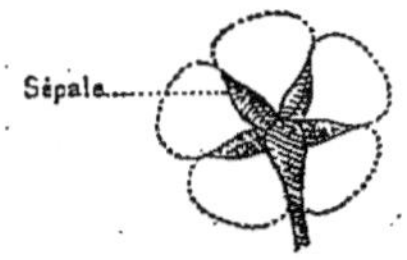

CALICE.

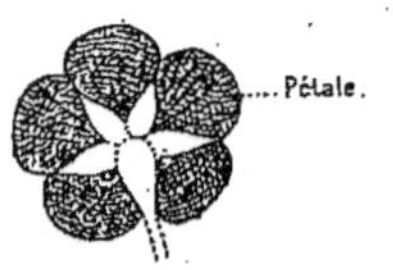

COROLLE.

Les étamines sont en nombre fort variable ; elles se composent ordinairement de deux parties distinctes, l'une en forme de fil et qu'on nomme *filet*, l'autre en forme de petit sachet fixé à l'extrémité supérieure du filet et qui s'appelle *anthère*.

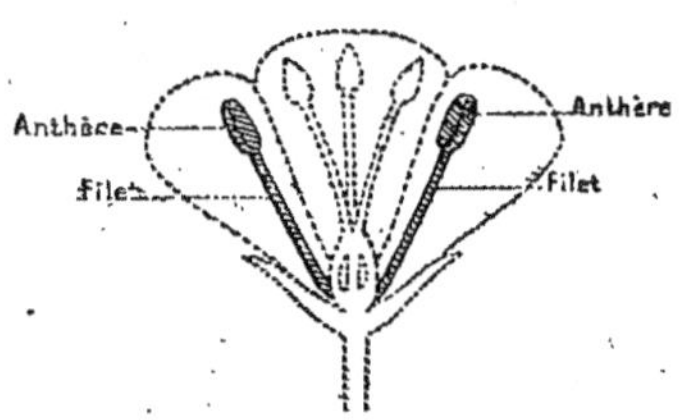

ÉTAMINES.

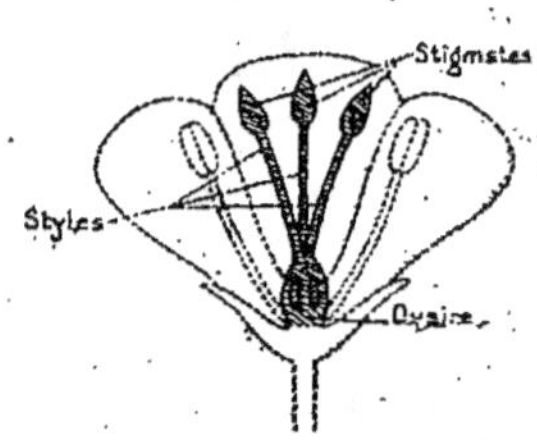

PISTIL.

Si l'on détache avec soin les étamines, il reste au centre un organe, le *pistil*, composé d'un ou de plusieurs *styles* longs, qui portent à la partie supérieure une sorte de petite pelote, le *stigmate*, et qui tiennent par leur partie inférieure à l'*ovaire*. Lorsqu'on fend en long le pistil d'une fleur, on voit qu'il contient des graines toutes petites qu'on nomme les *ovules*.

Lorsque la fleur est bien ouverte, les anthères se rompent et laissent échapper une poussière fécondante, le *pollen*. Une partie du pollen va se fixer sur le stigmate du pistil.

Ce transport du pollen se fait de différentes manières, tantôt par simple chute, tantôt par un mouvement des étamines, tantôt par le vent ou les insectes qui servent de véhicule.

Les insectes visitent les fleurs, vous le savez, pour puiser au fond de leur corolle un liquide sucré appelé *nectar*. Pendant cette visite la poudre du pollen s'attache à leur corps et ils portent ensuite cette poudre à la prochaine fleur qu'ils vont visiter. Ce rôle des insectes est bien connu. Dans certaines contrées les ruches sont mobiles et on les transporte dans les champs de sarrasin, afin que la plus grande quantité possible de fleurs soient fécondées. Il est bon d'avoir une ruche à portée de son verger.

Cette intervention du vent ou des insectes est d'autant plus nécessaire que dans certaines espèces végétales, telles que le maïs, les étamines et le pistil se trouvent sur la même plante, mais dans des fleurs distinctes, et que dans d'autres, comme le chanvre, les fleurs à étamines se trouvent sur un pied, et les fleurs à pistil sur un autre, parfois fort éloigné du premier.

De quelque manière que la fécondation se soit opérée, l'ovaire se développe et se transforme en fruits, pois, raisins, cerises, poires, etc., etc., selon l'espèce des végétaux. Les graines ou les pépins des fruits grossissent jusqu'à la maturité. A ce moment, si on laisse la nature agir, le fruit se détache, tombe sur le sol, et si l'endroit est favorable, il produit une ou plusieurs plantes nouvelles semblables à celle dont il est issu.

Les *dicotylédones* sont des plantes dont la graine est formée de deux lobes ou cotylédons ; exemple, le haricot. Les monocotylédones sont celles dont la graine est formée d'un seul cotylédon ; exemple, le blé. — Les *gamopétales* ont les pétales soudés en une seule pièce. Les *dialypétales* ont les pétales distincts.

PRINCIPALES FAMILLES VÉGÉTALES

LES FLEURS

Les Composées.

Dicotylédones gamopétales. Chaque composée est un groupement de fleurs. Type : Bleuet.

Bleuet.

Composées utiles : Camomille, arnica, pissenlit, topinambour, dahlia, chrysanthème, souci, laitue, chicorée.

Les Solanées.

Dicotylédones gamopétales. Type : Pomme de terre.

Fleur de pomme de terre.

Solanées utiles : Pomme de terre, tomate, aubergine, piment. *Solanées dangereuses :* Tabac, belladone, jusquiame.

Les Légumineuses.

Dicotylédones dialypétales. Corolle formée de cinq pièces dissemblables. Type : Pois.

Fleur de pois.

Principales légumineuses : Haricot, pois, fève, lentille, trèfle, luzerne, cytise, acacia.

Les Rosacées.

Dicotylédones dialypétales. Les pétales sont semblables. Type : Fraisier.

Fleur de fraisier.

Principales rosacées : Rosier, églantier, abricotier, cerisier, prunier, amandier, pommier, aubépine, néflier, coignassier, poirier.

Les Ombellifères.

Dicotylédones dialypétales. Les fleurs se présentent par groupes. Type : Carotte.

Ombelle de la carotte.

Ombellifères utiles : Persil, carotte, fenouil, anis, panais, céleri, angélique, cerfeuil. *Ombellifère dangereuse :* Ciguë.

Les Crucifères.

Dicotylédones dialypétales. Quatre pétales en croix. Type : Giroflée.

Fleur de la giroflée.

Principales crucifères : Giroflée, choux, radis, navets, cresson, moutarde, cameline, colza, raifort, julienne.

Les Papavéracées.

Dicotylédones dialypétales.
Type : Coquelicot.

Coquelicot.

Papavéracées utiles :
Coquelicot (ayant le calice dans le bouton), pavot donnant de l'huile.
Papavéracées dangereuses :
Pavot à opium.

Les Renonculacées.

Dicotylédones dialypétales.
Type : Renoncule.

Renoncule.

Renonculacées utiles :
Renoncule, anémone (sans corolle), clématite.
Renonculacée dangereuse :
Hellébore.

Les Graminées.

Monocotylédones.
Type : Blé.

Blé.

Graminées alimentaires :
Orge, seigle, maïs, riz.
Graminées fourragères :
Avoine, brome, fétuque, pâturin.

LES FRUITS

Drupe.

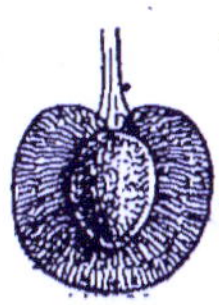

Cerise.

La drupe est un fruit charnu à noyau.

Exemple : Cerise, prune, pêche, abricot.

Baie.

Groseille.

La baie est un fruit charnu à plusieurs graines.

Exemple : Raisin, groseille, pomme, poire.

Gousse.

Gousse du pois.

La gousse est un fruit sec formé de deux valves portant chacune une rangée de graines. *Exemple :* Pois, haricot.

Silique.

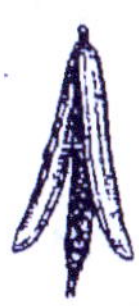

Silique de giroflée.

La silique est un fruit sec composé de deux valves et d'une cloison médiane sur laquelle sont disposées les graines. *Exemple :* Silique de giroflée, silique de moutarde.

Caryopse.

Caryopse du blé.

Le caryopse est un fruit sec ne contenant qu'une seule graine adhérente à l'intérieur de l'enveloppe.
Exemple : Blé, avoine, orge, seigle.

Capsule.

Capsule de pavot.

La capsule est un fruit sec comprenant un très grand nombre de graines.

Exemple :
Pavot, coquelicot.

Leçons. — Fécondation et fructification. — Cultures démonstratives (suite). — Résorption après fécondation.

Expérience. — On peut faire un croisement de la manière suivante, avec deux pieds de volubilis.

Lorsqu'une corolle blanche s'est épanouie, on coupe les étamines sans toucher au pistil ; ensuite on touche avec les anthères d'un volubilis coloré le pistil de la fleur blanche, de manière que le pollen du volubilis rouge ou violet se fixe sur le pistil de la corolle blanche. La graine obtenue donnera des volubilis blancs panachés de rouge ou de violet. Ce seront des *métis* des deux autres.

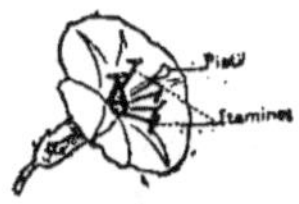

Excursions. — Chercher des fleurs et des fruits qui permettent de classer les plantes dont ils proviennent, au moyen des indications données ci-dessus.

Rédactions. — Compte rendu des observations faites sur les fleurs et les fruits, avec figures à l'appui du texte.

Questions. — Que contient la fleur des végétaux? — Que contient le fruit? — Énumérez les parties d'une fleur. — Montrer dans une fleur : le calice — la corolle — les étamines — le pistil — un pétale — un sépale — un style — un stigmate — une anthère — l'ovaire — les ovules — le pollen. — Comment les abeilles sont-elles utiles aux plantes? — Quelle est la partie qui se transforme en fruit après la fécondation?

NÉCESSITÉ DES ENGRAIS

Nous venons de voir que les plantes puisent les matières nécessaires à leur subsistance dans l'air par leurs feuilles, dans la terre par leurs racines. Il serait bien difficile, vous le comprenez, de changer la composition de l'air qui s'élève au-dessus de nos champs. Il contient d'ailleurs en quantité inépuisable tout ce qui est nécessaire aux végétaux, notamment en *carbone*.

Mais il en est autrement pour la terre, sur laquelle nous pouvons agir d'une manière très efficace. C'est donc par la terre que nous améliorerons toutes nos cultures.

Certaines substances telles que l'*azote*, l'*acide phosphorique*, la *potasse* et la *chaux* sont indispensables aux végétaux, et malheureusement elles n'existent pas dans le sol en quantité inépuisable : c'est donc sur celles-là que le cultivateur doit porter son attention.

Dans la nature sauvage, lorsqu'une plante a poussé et

qu'elle a absorbé toutes les matières du sol où elle est née, elle meurt et tombe en pourriture sur place. Elle rend donc à la terre ce qu'elle lui a pris ; elle lui rend même plus, car dans ses débris se trouve tout ce qu'elle a puisé dans l'air par ses feuilles, en carbone et azote. Pour les plantes cultivées, cela se passe tout autrement. Lorsque, par exemple, nous coupons notre blé, que nous le mettons en gerbe et le transportons au loin, nous ne rendons pas au sol ce que la plante lui a pris. Après la récolte, la terre a perdu toutes les matières que le blé lui a empruntées pour croître et grossir. Nous devons donc les lui rendre, sinon il arrivera un moment où la terre n'ayant plus rien à donner deviendra stérile. Mettre des engrais sur une terre, la fumer, ce n'est donc que lui faire une restitution nécessaire.

Les bestiaux ne donnent de bons produits qu'autant qu'ils sont bien nourris, personne n'en doute. Mais ce qu'on ne considère pas encore assez généralement, c'est qu'il n'en est pas autrement pour les plantes. Elles ne donneront une belle récolte que si elles trouvent en quantité suffisante dans la terre qui les porte les matières nécessaires à leur subsistance, c'est-à-dire des engrais appropriés.

Il faut, en un mot, que les terres soient bien garnies d'engrais pour les plantes, comme le ratelier doit être bien garni de fourrage pour les bestiaux. C'est là le fond de toute la science agricole.

Expériences. — Cultures en milieu stérile. — Pot sans engrais ; pot avec engrais (voir page 14).

Problèmes. — 1. On a employé pour fumer un champ 74 mètres cubes 250 décimètres cubes d'engrais coûtant 8 francs le mètre cube. Les autres frais de culture se sont élevés à 92 francs. La récolte a été de 44 hectolitres 70 litres de blé vendu à raison de 4 francs le double décalitre. Dire combien vaut le champ en calculant d'après son produit net au taux de 5 pour 100. (*Certificat d'études. — Basses-Pyrénées.*)

2. Un champ d'un hectare ayant reçu 45 mètres cubes de fumier a produit 530 gerbes, qui ont donné 28 hectolitres 5 décalitres de froment. Dans les mêmes conditions, combien faudra-t-il de mètres cubes de fumier sur un champ de 148 ares 34 centiares, et combien ce champ produirait-il de gerbes et d'hectolitres de froment? (*Certificat d'études. — Oise.*)

Questions. — Que doit faire le cultivateur pour que ses terres ne s'épuisent pas? — Comment se fait-il que dans la nature sauvage la terre ne perde rien en fertilité? — Quelle condition est nécessaire pour que les bestiaux donnent de bons produits — pour que les plantes donnent de bonnes récoltes?

En 1563, Bernard Palissy écrivait, dans son *Traité des Sels divers et de l'Agriculture :*

« Si quelqu'un sème un champ plusieurs années sans le fumer, les semences tireront le sel de la terre pour leur accroissement, et la terre, par ce moyen, sera dénuée de sel et ne pourra plus produire. Je ne parle pas d'un sel commun, mais je parle de *sels végétatifs*. Si je connaissais les propriétés des sels, je penserais faire des choses merveilleuses. »

En 1840, Liebig, dans un ouvrage intitulé *Chimie appliquée à l'agriculture et à la physiologie*, écrivait :

« Pour entretenir la fertilité du sol, il faut restituer les matières minérales que les récoltes lui ont enlevées.

La loi de toute exploitation bien conduite consiste à maintenir par les engrais l'équilibre de fertilité. Si par l'analyse chimique on détermine la quantité et la qualité des matières minérales qu'on exporte sous forme de viande, lait, graine, etc.; si, d'autre part, on dose les matières minérales qui retournent au sol par les fumiers, on peut faire la balance de l'exploitation : si on exporte plus qu'on ne restitue, on marche à l'épuisement. »

PALISSY (*Bernard*), célèbre céramiste, écrivain et philosophe français, né à La Capelle-Biron (Lot-et-Garonne). Manquant de combustible, il brûla ses meubles pour assurer la cuisson de ses belles poteries émaillées ornées de figures artistiques. Dans tous ses écrits Palissy se montre bien au-dessus de la science de son temps. Arrêté en 1588, il fut renfermé à la Bastille comme huguenot; il y mourut en 1590, âgé de plus de quatre-vingts ans.

LIEBIG (*Justin*, baron de), célèbre chimiste allemand (1803-1873). Il publia un grand nombre d'ouvrages sur la chimie, inventa des mets nouveaux : le *lait artificiel*, l'*extrait de viande*, le *pain chimique*, les *tablettes de bouillon*. Dans un discours prononcé à l'Académie de Munich en 1871, il proclama hautement sa reconnaissance pour les savants français qui avaient été ses maîtres et ses amis.

LES QUATRE SUBSTANCES FERTILISANTES

Les principales substances fertilisantes sont au nombre de quatre :

AZOTE
ACIDE PHOSPHORIQUE
POTASSE
CHAUX

Il importe de rendre au sol ce que les récoltes lui ont enlevé de ces quatre substances. Mais on se tromperait en croyant qu'il suffit de rendre ces matières sous une forme quelconque. Il faut qu'elles soient données au sol de manière que les végétaux puissent les utiliser en les absorbant.

La terre contient presque toujours, naturellement et sans l'intervention de l'homme, les matières fertilisantes, mais elle les contient à un état où elles ne sont pas immédiatement assimilables; il faut des siècles pour que, sous l'influence de l'air, des pluies et d'autres agents, ces matières puissent être entièrement utilisées par les végétaux.

Une terre d'une fertilité moyenne renferme par kilogramme environ 1 gramme d'azote et autant d'acide phosphorique, 2 grammes de potasse et beaucoup plus de chaux. En supposant à la couche arable 0m,25 d'épaisseur, on trouve qu'un hectare donne 3 000 à 4 000 kilogrammes d'azote, autant d'acide phosphorique, quelque chose comme 6 000 à 8 000 kilogrammes de potasse. Ces quantités de matières fertilisantes sont très supérieures à ce qu'exige n'importe quelle plante.

Comment se fait-il donc qu'avec les quantités considérables de matières fertilisantes que contiennent naturellement les terres elles ne soient pas d'une fertilité plus grande? C'est qu'en l'état où elles se trouvent dans la nature ces matières ne sont pas immédiatement assimilables et que chaque année elles ne mettent en circulation qu'une petite quantité de puissance fertilisante, suffisante pour produire des végétaux quelconques, mais trop peu importante pour nourrir des récoltes serrées.

Cette petite quantité n'est cependant pas à dédaigner; elle demande à être complétée. Si donc on apporte au sol sous une forme assimilable une quantité de substances nutritives égale à celle que la récolte précédente a enlevée, la fertilité sera non seulement maintenue, mais accrue; car à la quantité apportée vient s'ajouter celle que fournit le sol de lui-même.

Du reste, cela ne peut se présenter en pratique que dans le cas d'une terre nouvellement défrichée, car celles qui sont depuis longtemps en culture posséderont toujours quelques vestiges d'engrais.

Lorsqu'on emploie un engrais, il faut donc tenir compte de quatre choses:

1° *Du degré de fertilité du sol, c'est-à-dire de son engrais naturel;*

2° *De la richesse de l'engrais en azote, en acide phosphorique, en potasse et en chaux;*

Si l'on emploie un engrais trois fois plus riche qu'un autre, il suffit d'en prendre une quantité trois fois moindre. Par exemple, on peut remplacer 800 kilogrammes de tourteau de colza, contenant 5 pour 100 d'azote, par 275 kilogrammes de nitrate de soude en renfermant 15 pour 100. Dans les deux cas la quantité d'azote est de 40 kilogrammes.

3° *De la facilité de l'engrais à arriver à l'état assimilable.*

Le fumier, par exemple, ne se décompose que lentement et

ne livre guère la première année qu'une moitié de son azote, tandis que l'action des nitrates est presque immédiate.

4° *Des besoins ou exigences de la plante qu'on confie au sol.*

Toutes les plantes ont besoin des quatre éléments : *azote*, *acide phosphorique*, *potasse* et *chaux;* mais selon leur espèce elles ont une préférence marquée pour les unes ou les autres de ces matières.

Pour le chanvre, deux éléments sont prépondérants : la potasse et l'azote; les céréales réclament surtout de l'azote et de l'acide phosphorique.

Expériences. — Cultures démonstratives : 1° Engrais complet; 2° azote; 3° acide phosphorique ; 4° potasse.

Problèmes. — 1. Étant admis que 1 000 kilogrammes de blé enlèvent à la terre 20 kilogr. 8 d'azote, 8 kilogr. 20 d'acide phosphorique, 5 kilogr. 50 de potasse, 0 kilogr. 060 de chaux, calculer le poids de ces quatre substances enlevées au sol par 75 285 kilogrammes de blé.

2. Le fumier frais de cheval dose 5,8 pour 1 000 d'azote, 2,8 pour 1 000 d'acide phosphorique, 5,3 pour 1 000 de potasse et 2,1 pour 1 000 de chaux. Calculer d'après cela le poids de ces substances contenues dans 178 295 kilogrammes de fumier frais de cheval.

Questions. — Quelles sont les quatre principales substances fertilisantes? — Est-ce que les matières fertilisantes ne se trouvent pas naturellement dans le sol? — Qu'est-ce que l'assimilation? — Qu'appelle-t-on titre, dosage ou teneur d'un engrais? — Quelles sont les quatre conditions dont il faut tenir compte lorsqu'on emploie un engrais?

Dominante. — M. Georges Ville a appelé *dominante* d'une plante celle des matières fertilisantes qui doit dominer dans la composition de l'engrais que cette plante réclame. Il est évident que si les substances qui composent un engrais complet sont en quantités inégales, l'une d'elles domine, il y a une dominante ; mais si deux substances, ou trois, ou même toutes les quatre entrent en proportions sensiblement égales, il y aura deux, trois, quatre dominantes, ou plutôt il n'y en aura pas du tout.

Couche arable. — Terre labourable dans laquelle les plantes prennent leur nourriture.

Assimilation. — Fonction par laquelle les animaux et les plantes approprient à leur propre substance les matières qu'ils absorbent.

Titre, dosage ou teneur d'un engrais. — On désigne ainsi la proportion de matière fertilisante qui entre dans l'engrais. Par exemple, si l'on dit qu'un engrais dose 12 pour 100 d'acide phosphorique, cela signifie que sur les 100 kilogrammes, 12 kilogrammes seulement sont comptés ; le reste n'a aucune valeur et ne se paye pas au marchand.

LE FUMIER ET LE PURIN

Le plus important des engrais est le *fumier de ferme.* Il se compose des déjections des animaux domestiques, reçues sur des matières végétales qui servent de litière.

Entassé dans une fosse, le fumier fermente ou plutôt subit une *combustion lente* qui change les litières en terreau. L'urine des animaux qui imprègne le fumier contient de l'urée que la putréfaction transforme en carbonate d'ammoniaque ; celui-ci dégage les éléments nutritifs de leurs combinaisons en brûlant la matière organique.

Le *purin*, c'est-à-dire la partie liquide des fumiers mélangée à l'urine des animaux, est la partie active du fumier. Il contient, mais à plus haute dose, les mêmes matières fertilisantes que le fumier. Employé en arrosements, après avoir été étendu de cinq à six fois son volume d'eau, le purin produit des effets merveilleux.

L'emploi du fumier offre de nombreux avantages. Mélangé au sol, il l'ameublit quand celui-ci est argileux ; il lui donne au contraire du corps, en liant ses éléments, s'il est sablonneux. Il concourt encore, par les produits de sa putréfaction, à rendre assimilables aux plantes les substances minérales nutritives contenues naturellement dans le sol.

Le fumier est donc, aussi bien par ses qualités physiques que chimiques, la base de toute bonne culture. Aussi par-dessus tout le cultivateur doit-il soigner son fumier.

Il faut qu'il n'en laisse rien perdre, et qu'il recueille avec soin l'urine des animaux qui doit faire le purin.

A cet effet le sol des écuries et étables sera pavé, dallé ou mieux bitumé, afin qu'il n'absorbe pas l'urine, ce qui serait à la fois une cause de perte pour la culture et d'insalubrité pour les animaux. De plus, le sol des écuries sera disposé en pente douce, de manière que l'urine s'écoule par une rigole dans la citerne à purin.

La fosse à fumier sera rendue étanche, soit par une maçonnerie, soit par une couche épaisse d'argile, qui garnira le fond et les parois. Vers l'une des extrémités de la fosse on établira la citerne à purin dans laquelle s'écoulera l'excédent des urines qui n'imbibent pas le fumier. Dans cette citerne sera installée une pompe qui servira à arroser fréquemment le fumier et à modérer l'échauffement produit par la fermentation. Dans la fosse, le fumier sera fortement tassé de manière que l'air ne le pénètre pas. Sans cette précaution, il se développe dans la masse des moisissures qui ne sont autre chose que des champignons, lesquels, en poussant, lui enlèvent une partie de ses principes fertilisants. Ce tassement empêche aussi l'évaporation de l'ammoniaque qui donne une grande partie de ses qualités au fumier. D'après ce que nous venons de dire, il est facile de comprendre que le fumier, s'il est exposé à recevoir les eaux de pluie et les rayons du soleil, ne conservera qu'une faible partie de son pouvoir fertilisant.

Le sol de l'écurie est en pente douce; l'urine des animaux s'écoule par une rigole dans la citerne à purin.

Certains cultivateurs recouvrent d'un toit de chaume ou de tuiles leur fosse à fumier.

On est loin dans les villages de prendre ces soins du fumier; aussi laisse-t-on perdre une bonne partie des engrais. C'est là une pratique vicieuse dont on ne soupçonne pas les effets.

« Dans une exploitation bien conduite, dit M. Réné Leblanc[1], non seulement le fumier de ferme est soigné comme il convient, mais tous les déchets, résidus, etc., tels que cendres, débris d'animaux, chiffons de laine, déjections humaines surtout, en un mot tout ce qui contient de l'azote, de l'acide phosphorique ou de la potasse vient augmenter la quantité d'engrais qu'on pourra fournir aux terres.

Cette quantité sera toujours, quoi qu'il arrive, inférieure à ce que les récoltes enlèvent annuellement au sol ; on a calculé que *les cent millions de tonnes métriques de fumier produites annuellement en France ne peuvent fournir que* la moitié *des éléments fertilisants contenus dans les récoltes d'une année.*

Qu'est devenue l'autre moitié ?

La plus grande partie a été assimilée par le bétail, transformée en chair, cuir, etc., et ensuite exportée : au marché, sous forme de lait, d'œufs, etc. ; à la boucherie, sous forme de viande ; à la fabrique, sous forme de laine, etc., etc. Le reste, contenu dans le pain, les légumes, les fruits, les boissons, etc., sert surtout à l'alimentation de l'homme.

Mais toute cette seconde moitié des matières fertilisantes ne fait plus retour au sol cultivé, par suite d'habitudes déplorables consistant, dans les villes surtout, à jeter aux cours d'eau des quantités considérables d'engrais, dont la valeur atteint annuellement plusieurs centaines de millions de francs, et qui empoisonnent les rivières au lieu d'aller fertiliser des millions d'hectares. Sous ce rapport, nous sommes moins avancés que les Chinois, qui savent conserver à leur sol sa fécondité, en lui restituant *tous les résidus provenant de l'homme et des animaux.*

Puisque en France on ne produit que la moitié du fumier de ferme (supposé bien soigné) qui serait nécessaire à l'agriculture, et qu'on perd les autres engrais, il faut combler le déficit sous peine de voir notre sol s'appauvrir et sa fertilité diminuer. La solution de cette question capitale est dans l'emploi des *engrais complémentaires* du fumier. »

---

1. Réné Leblanc — *Notions de sciences physiques appliquées à l'agriculture* (André Guédon, éditeur, Paris).

Leçons et expériences. — Les effets du fumier et du purin.

Excursions. — Visiter une ou plusieurs exploitations agricoles et voir comment on y soigne le fumier. Étables, écuries, fosse à fumier, citerne à purin, etc.

Rédactions. — 1. Comptes rendus des visites faites dans les fermes voisines. Réflexions sur le gain ou la perte qui résulte des soins donnés aux fumiers.

2. Boussingault a dit : « Le bétail n'est pas producteur, mais destructeur d'engrais. » Peut-on admettre cette assertion ? — Comment pourrait-on restituer au sol tout ce que le bétail lui enlève ?

BOUSSINGAULT (*Jean-Baptiste-Joseph-Dieudonné*), né à Paris en 1802. Après l'illustre centenaire Chevreul, Boussingault fut le doyen de l'Académie des sciences. Durant sa longue carrière il fit des expériences scientifiques très remarquables sur l'agriculture ; l'un des premiers il appliqua la chimie aux études agricoles et fit d'importantes découvertes. Il mourut à Paris le 11 mai 1887.

Problèmes. — 1. Le purin contient 1,5 pour 1 000 d'azote, 0,1 pour 1 000 d'acide phosphorique, 4,9 pour 1 000 de potasse et 0,3 pour 1 000 de chaux ; quel est le poids de ces substances fertilisantes contenues dans 345 876 kilogrammes de purin ?

2. On fait construire une fosse à purin pouvant contenir 974 hect. 53 et ayant 6m,25 de longueur sur 4m,95 de largeur ; quelle profondeur devra-t-on lui donner ? (*Certificat d'études. Aude.*)

Questions. — Qu'est-ce que le fumier de ferme — le purin ? — Quels sont les effets du premier dans le sol arable ? — Quels soins doit-on prendre du fumier et du purin ? — La production du fumier en France est-elle suffisante ? — Que doit-on faire pour combler le déficit ? — Quelle différence y a-t-il entre un amendement et un engrais ? — Quels sont les amendements qui peuvent être considérés comme engrais ?

Engrais complémentaires et amendements. — On appelle engrais complémentaires les engrais de toute provenance destinés à compléter l'action fertilisante du fumier. On donne le nom d'amendements aux matières qui ameublissent le sol. Les uns servent à rendre compacts les terrains trop légers, les autres à rendre légers les terrains trop compacts. Les amendements les plus usuels sont l'*argile*, la *craie*, le *sable*, les *cendres*, le *plâtre*, la *marne* et la *chaux*.

L'argile convient comme amendement dans les sols légers, silicieux ou calcaires, aux éléments desquels elle donne plus de cohésion.

La craie, le sable, les cendres, le plâtre conviennent aux sols argileux et compacts qu'ils divisent. Ces matières permettent à l'air de pénétrer dans le sol, ce qui est nécessaire, comme on l'a vu, à la respiration des plantes. Le plâtre et les cendres apportent en outre des principes fertilisants dont les bons effets se font surtout sentir sur les prairies naturelles ou artificielles (luzerne, trèfle, etc).

La chaux est réservée surtout aux terrains argileux. Se délitant à l'air, se dissolvant dans l'eau, elle leur communique une porosité favorable. Il en est de même de la *marne*, sorte de craie mélangée d'argile, qui convient à un plus grand nombre de terrains : terres argileuses qu'elle divise, terres siliceuses auxquelles elle donne du corps, terres tourbeuses dont elle diminue avantageusement l'acidité en même temps qu'elle les rend plus compactes. Certaines matières telles que la chaux, peuvent être classées parmi les engrais et parmi les amendements; elles ameublissent le sol (amendements) et lui fournissent des éléments de fertilité (engrais).

ENGRAIS ANIMAUX

La *poudrette* est un engrais qu'on obtient en desséchant les déjections humaines.

Sous le nom d'*engrais flamand*, on comprend le mélange des déjections solides et liquides, telles qu'on les retire des fosses d'aisance. Son nom vient de ce qu'on en fait grand usage en Flandre.

Riches en acide phosphorique et en azote, la poudrette et l'engrais flamand s'emploient dans la culture des céréales et des graines oléagineuses. Comme leur décomposition est rapide, on répand la première au moment des semailles et le second au printemps *en couverture*, c'est-à-dire sans le mêler au sol par un labour. Ce qu'on peut reprocher à l'engrais flamand est son odeur repoussante; on le désinfecte ordinairement par l'addition de couperose verte ou sulfate de fer, à raison de 2 kilogrammes par mètre cube.

Le *guano*, formé des déjections d'oiseaux de mer qui se sont accumulées sur certaines îles désertes, est un des engrais les plus riches qu'on connaisse; il contient jusqu'à 6 à 7 pour 100 d'azote et 10 à 15 pour 100 d'acide phosphorique. Malheureusement les dépôts de guano ont été si exploités que cet engrais est devenu rare et par suite très coûteux.

On peut y suppléer, en partie du moins, en recueillant avec soin la *colombine*, déjections des pigeons et des autres volailles, mais la quantité, on le comprend, en sera toujours très restreinte.

Le sang desséché et les débris de toutes sortes produits par les abattoirs, les déchets de laine et de cuir qu'on trouve aussi dans le commerce sont des engrais puissants, mais d'action un peu lente. Ces matières doivent subir dans le sol une modification profonde connue sous le nom de *nitrification*, après laquelle seulement ils livrent leur azote aux végétaux.

Leur emploi est surtout indiqué pour les fumures d'automne qui ont lieu à l'époque des labours.

ENGRAIS VÉGÉTAUX

L'air qui nous environne est une source inépuisable d'azote. Il y aurait donc avantage à extraire cette précieuse matière de l'air. Mais on n'y est pas encore parvenu, du moins d'une manière pratique et directe. On y arrive en partie d'une façon détournée.

Déjà, depuis longtemps, on savait que certaines plantes, enfouies dans le sol, fournissent un riche engrais; mais on n'usait que modérément du procédé, dont on ignorait la véritable importance. Les chimistes en ont révélé la valeur. Ils ont constaté que les plantes de la famille des légumineuses, telles que la vesce, la luzerne, le trèfle, ont la faculté d'absorber et de fixer l'azote contenu dans l'air, et par suite de laisser intactes les matières azotées contenues dans le sol sur lequel elles végètent.

Si l'on veut cultiver une plante qui réclame beaucoup d'azote, le blé, par exemple, on peut le faire avec une culture préalable de trèfle.

Après avoir bien fumé la terre, on sème du trèfle. Dès qu'il est en fleur, ce qui a lieu fin mai en général, on l'enterre à la charrue. La terre sera-t-elle immédiatement enrichie d'azote? Non; il faut le temps que le trèfle pourrisse et se décompose dans la terre. On peut hâter la décomposition en répandant de la chaux sur le trèfle lors de l'enfouissement. — Mais n'est-ce pas une année de perdue, puisqu'on est en mai, et que le temps des semailles est passé? — Non, si l'on s'y prend bien; si l'on sème encore dans le champ ainsi fumé une légumineuse hâtive, telle que le haricot, le pois ou la vesce, les frais seront de cette manière couverts en partie. De plus, comme ces légumineuses consommeront surtout la potasse et l'acide phosphorique de la première fumure et qu'elles laisseront presque intact l'azote, apporté tant par cette première fumure que par le trèfle enfoui, le sol se trouvera amplement garni d'azote pour l'ensemencement prochain du blé, et la récolte, si les intempéries ne s'y opposent pas, compensera par son abondance le sacrifice d'une année qui paraît lui avoir été fait, tandis qu'en réalité ce n'était qu'une avance.

Parmi les engrais végétaux, il faut citer les plantes marines, que l'on confond sous les noms de *fucus* ou *varechs*. Desséchées, elles donnent un engrais presque deux fois aussi riche que le fumier de ferme; et alors qu'il faudrait 10 000 kilogrammes de celui-ci par hectare, on peut se contenter de 5 000 kilogrammes de varech. Mais cette sorte d'engrais ne peut s'utiliser qu'à peu de distance des bords de la mer.

On emploie plus généralement les *tourteaux*, résidus des graines qu'on a pressées pour en extraire l'huile. Ils dosent de 5 à 7 pour 100 d'azote, et se répandent en poudre grossière, avant les semailles, à la dose de 1 000 kilogrammes par hectare et par an. Les tourteaux les plus en usage sont ceux d'*œillette* et d'*arachide*. Ces derniers viennent de nos colonies et de l'étranger.

Leçons et expériences. — Le salpêtre et les sels ammoniacaux; leur formation; propriétés et caractères.

Problèmes. — 1. La vidange liquide dose 5,5 pour 1 000 d'azote, 2,8 pour 1 000 d'acide phosphorique, 2 de potasse et 1 de chaux; que renferment de ces substances 28 345 kilogrammes de vidange?

2. La colombine dose 17,6 pour 1 000 d'azote, 1,9 pour 1 000 d'acide phosphorique, 10 pour 1 000 de po-

tasse et 16 pour 1 000 de chaux : que contiennent de ces quatre substances *25 000 kilogrammes de colombine?*

3. Un cultivateur possède 45 kilogrammes de graines de trèfle qu'il désire semer à raison de 20 kilogrammes par hectare dans un terrain de 175 mètres de longueur. Sur quelle largeur doit-il faire l'ensemencement pour employer la graine? (*Certificat d'études. — Indre-et-Loire.*)

4. Les hannetons utilisés comme engrais donnent 35 pour 1 000 d'azote, 6 pour 1 000 d'acide phosphorique, 5 pour 1 000 de potasse et 1 pour 1 000 de chaux ; quel poids d'azote, d'acide phosphorique, de potasse et de chaux retirera-t-on de 36 224 kilogrammes de hannetons?

Questions. — *Comment obtient-on la poudrette?* — Qu'appelle-t-on engrais flamand et d'où lui vient ce nom? — Comment emploie-t-on ordinairement la poudrette et l'engrais flamand, et comment peut-on les désinfecter? — De quoi est formé le guano? — Qu'est-ce que la colombine? Qu'appelle-t-on nitrification? — Pourquoi les engrais d'action lente conviennent-ils aux labours d'automne? — Expliquez comment les légumineuses, telles que la vesce et le trèfle, forment un engrais vert très estimé. — Comment utilise-t-on les varechs, les tourteaux? — Citez les autres engrais de provenance animale ou végétale que vous connaissez.

Après le fumier de ferme, l'engrais naturel qui s'en rapproche le plus, ce sont les déjections humaines ou vidanges; l'homme en effet peut être considéré comme un producteur d'engrais; *comme il se nourrit de viandes* et de graines, ses déjections sont plus riches en azote et en acide phosphorique que celles des herbivores. Un des plus grands progrès agricoles à réaliser sera celui de l'utilisation intégrale des matières de vidanges. Laisser perdre les déjections humaines, alors qu'on se donne tant de mal à chercher par delà les mers les déjections d'oiseaux, c'est une inconséquence évidente et qui ne peut subsister plus longtemps.

Les gadoues ou boues de villes ont une valeur culturale voisine de celle du fumier.

Les eaux d'égout constituent un excellent engrais lorsqu'on peut les utiliser à l'arrosage des terres cultivées.

L'engrais vert en foin agit comme le *fumier*; il se *décompose* rapidement. Les engrais verts peuvent se diviser en deux groupes : ceux qu'on enfouit au printemps pour servir de fumure aux plantes semées en automne (féverole, vesce, colza, navette d'hiver, trèfle incarnat, seigle, lupin blanc) et ceux qu'on enfouit en été pour servir de fumure aux céréales de printemps (lupins, sarrasin, navette).

M. Dehérain, professeur au Muséum d'histoire naturelle de Paris, a indiqué à l'Académie des sciences, le 1er août 1892, un moyen d'utiliser les matières azotées qui restent sur les champs après la récolte. Les pluies d'automne dissolvent ces matières et font subir aux cultivateurs des pertes d'engrais évaluées à 70 francs par hectare. En semant immédiatement après la récolte des graines à végétation rapide, de la vesce par exemple, les jeunes plantes fixent les éléments fertilisants et s'enrichissent même aux dépens de l'azote de l'air. Enfouies lors des labours, elle constituent un engrais vert très énergique.

Le produit du curage des cours d'eau peut fournir tous les ans à l'agriculture une quantité considérable d'azote.

Les vases et détritus de toute sorte s'emploient souvent en *compost*, mélanges de substances animales et végétales qu'on appelle pour cette raison *engrais mixtes*.

ENGRAIS MINÉRAUX

On peut diviser les engrais minéraux en quatre groupes : engrais *azotés*, engrais *phosphatés*, engrais *potassiques* et engrais *calcaires*, selon qu'ils renferment en majeure partie l'une ou l'autre des quatre substances fertilisantes, azote, acide phosphorique, potasse ou chaux.

I. — ENGRAIS AZOTÉS

Lorsqu'on parle d'azote, il est bien entendu que ce n'est pas en nature qu'on le fournit aux plantes. L'azote, vous le savez, est un gaz, c'est-à-dire un corps d'une grande subtilité qu'il serait impossible de maintenir mélangé à la terre. Ce n'est donc pas en réalité de l'azote qu'on fournit aux plantes, mais des matières contenant une combinaison d'azote, qui, par suite d'actions chimiques, se fixe d'abord dans le sol et devient ensuite assimilable.

Les matières contenant des combinaisons d'azote, les plus employées en agriculture, sont les suivantes :

1° Le *sulfate d'ammoniaque*, qu'on extrait des eaux qui servent à la purification du gaz d'éclairage, des vidanges ou des eaux d'égout des villes. Le sulfate d'ammoniaque que le commerce livre à l'agriculture contient de 19 à 20 pour 100 d'azote.

2° Le *nitrate de soude*, qui donne 15 à 16 pour 100 d'azote, nous vient du Chili, où on le trouve en quantité considérable.

3° Le *nitrate de potasse* ou *salpêtre* ordinaire, qui se forme dans les murs des caves et des écuries. Moins riche que les précédents, il ne titre que 13 pour 100 d'azote, mais il renferme en outre environ 44 pour 100 de potasse. Il a donc une double valeur comme engrais.

Les nitrates, à cause de leur grande solubilité, ont un effet pour ainsi dire immédiat ; le sulfate d'ammoniaque agit plus lentement. L'agriculteur doit tenir compte de ces qualités. Il emploiera les nitrates *en couverture* au printemps pour donner, par exemple, aux blés éprouvés par l'hiver une nouvelle vigueur. En semant, il aura recours au sulfate d'ammoniaque ; en labourant, aux matières organiques,dont l'effet est encore plus lent.

2. — ENGRAIS PHOSPHATÉS

L'acide phosphorique, qui tient le second rang comme importance parmi les engrais, n'est pas employé en nature, ce qui serait impossible ; il est fourni aux plantes sous forme de *phosphate de chaux.*

Les matières premières servant à la préparation des engrais phosphatés sont les os et les phosphates minéraux. Ces derniers se trouvent, sous les noms de *phosphorites*, d'*apatites*, *nodules*, *coprolithes*, etc., en France, dans les départements des Ardennes, de la Côte-d'Or, de la Meuse, du Pas-de-Calais, du Lot, du Gard, etc. On les rencontre à l'état de pierres qu'on lave et qu'on pulvérise finement. La valeur fertilisante, et par suite commerciale, varie suivant qu'ils sont solubles ou insolubles. Les phosphates minéraux sont presque toujours insolubles ; ils ne deviennent solubles qu'après avoir été traités par l'acide sulfurique (huile de vitriol du commerce), et prennent alors le nom de *superphosphates* ou *phosphates acides de chaux.*

La *poudre d'os*, le *noir animal* ayant servi à la fabrication du sucre, les *os*, dont on a tiré la gélatine, sont également employés comme engrais phosphatés ; ils renferment en outre de l'azote.

3. — ENGRAIS POTASSIQUES

Les cendres des végétaux ont été pendant longtemps le seul engrais potassique employé. On parvint ensuite à extraire de l'eau de mer, qui avait déjà fourni le sel, du *chlorure de potassium*. Mais il y a une vingtaine d'années on découvrit, en Allemagne, un gisement presque inépuisable de *chlorure* et de *sulfate* qui contient de 25 à 50 pour 100 de potasse.

Les résidus de la distillation des betteraves et de la fabrication du sucre fournissent encore une certaine quantité d'engrais potassique à l'agriculture.

4. — ENGRAIS CALCAIRES

Parmi les engrais calcaires vient en première ligne la *chaux*, qui fait partie des matières constituantes des plantes, et qui doit par conséquent faire aussi partie des engrais.

Après s'être assuré que la terre est dépourvue de chaux, on y dépose des petits tas de chaux vive qu'on recouvre d'une mince couche de terre. En peu de temps, la chaux *s'éteint*, c'est-à-dire se réduit en poudre fine.

Le *chaulage* se fait communément à la dose de 5 à 10 tonnes à l'hectare, et dans ces conditions n'a pas besoin d'être renouvelé avant huit ou dix ans.

La chaux présente cet avantage de hâter la décomposition des matières organiques, et, à ce titre, elle produit d'excellents effets lorsqu'on l'emploie conjointement avec les *engrais verts*. Mais il faut éviter de la mêler au fumier, parce qu'elle décompose les sels ammoniacaux et met en liberté l'ammoniaque qu'il peut contenir.

La *marne* est un mélange de craie (carbonate de chaux) et d'argile. Cette substance s'emploie comme la chaux, mais à plus haute dose, de 100 à 200 mètres cubes à l'hectare.

Le *plâtre* ou *sulfate de chaux* est également employé

comme engrais. On ne sait pas encore bien de quelle manière il agit, mais ce qui est certain, c'est que le plâtrage des prairies naturelles et artificielles, exécuté en avril ou mai, donne d'excellents résultats.

Lorsqu'on a employé des phosphates de chaux naturels, la quantité de chaux qu'ils contiennent est presque toujours suffisante pour qu'il n'y ait pas lieu d'ajouter cette matière d'autre part.

Leçons et expériences. — Propriétés et principaux caractères des engrais commerciaux ; moyens de les distinguer et de les reconnaître.

Collections. — Réunir des engrais minéraux ; apprendre à les distinguer les uns des autres ; conserver un échantillon des principaux avec indication pour chacun du *nom*, de la *provenance*, du *titre* et du *prix*.

Problèmes. — 1. On veut donner à une terre 70 kilogrammes d'azote, 30 kilogrammes d'acide phosphorique et 80 kilogrammes de potasse. On met d'abord 10 tonnes (10 000 kilogrammes) de fumier de ferme titrant pour 1 000 : 5 d'azote, 2 d'acide phosphorique et 6 de potasse. Calculer le poids de l'engrais complémentaire en employant du nitrate de soude à 15 pour 100 d'azote, du superphosphate à 15 pour 100 d'acide phosphorique et du chlorure de potassium à 50 pour 100 de potasse.

2. Que doit-on payer 775 kilogrammes de nitrate de soude dosant 17 pour 100, à 24 francs les 100 kilogrammes ?

Questions. — Comment peut-on diviser les engrais minéraux ? — Dites ce que vous savez du sulfate d'ammoniaque ou du nitrate de soude, du nitrate de potasse ou salpêtre. — Sous quelle forme donne-t-on l'acide phosphorique aux plantes ? — Que fait-on pour faciliter l'assimilation des phosphates minéraux ? — Nommez les engrais phosphatés que vous connaissez. — Quel fut l'unique engrais potassique employé très longtemps ? — Quels sont les engrais potassiques aujourd'hui les plus employés ? — Comment peut-on employer la chaux — la marne — le plâtre ?

La fabrication et la vente des engrais commerciaux a donné lieu à de nombreux abus.

La loi du 4 février 1888 punit de trois mois à un an d'emprisonnement et d'une amende de 50 à 2 000 francs ceux qui, vendant ou mettant en vente des engrais ou amendements, auront trompé ou tenté de tromper l'acheteur sur la nature, la composition ou la provenance des matières. La teneur doit être exprimée par les poids d'azote, d'acide phosphorique, de potasse, contenus dans 100 kilogrammes de marchandise facturée telle qu'elle est livrée, avec l'indication de la nature ou de l'état de combinaison de ces corps. Une amende de 11 à 15 francs punit ceux qui, au moment de la livraison, n'auront pas fait connaître à l'acheteur la provenance naturelle ou industrielle de l'engrais vendu et sa teneur en principes fertilisants.

L'agriculteur, pour se mettre complètement à l'abri des tromperies, peut faire vérifier par les laboratoires des *stations agronomiques* la sincérité des livraisons qui lui sont faites.

Le prix des engrais se calcule toujours sur le titre des éléments fertilisants qu'ils renferment.

EFFICACITÉ DES ENGRAIS MINÉRAUX

On a cru longtemps, nous l'avons déjà dit, que les matières organiques possèdent seules la puissance fertilisante, après avoir subi les phénomènes de la putréfaction.

On reconnut plus tard l'efficacité des substances minérales comme engrais.

On prouva la vérité de cette découverte en faisant une série d'expériences, c'est-à-dire d'essais de culture dans lesquels il n'entrait aucune parcelle de matière animale ou végétale.

Première expérience. — Dans du sable calciné, on sema du blé qu'on arrosa avec de l'eau pure. Les graines levèrent; la végétation suivit son cours; la récolte ne fut pas grosse, bien entendu; mais il y eut cependant un excédent de récolte; on recueillit environ 6 grammes *sans aucun engrais;* c'était uniquement de l'air et de l'eau que la plante avait tiré ce surplus de substance.

Deuxième expérience. — On sema quelques grains de blé comme dans l'expérience précédente et on ajouta au sable calciné des *matières minérales sans azote*. La récolte ne fut pas beaucoup meilleure; elle atteignit 8 grammes seulement.

Troisième expérience. — Dans un autre essai, on ajouta au sable calciné des matières azotées *sans engrais minéraux*. La récolte s'éleva à 9 grammes.

Quatrième expérience. — Dans le sable calciné, on ajouta non seulement les éléments minéraux, potasse, acide phosphorique, chaux, etc., de l'expérience précédente, mais encore de l'azote. Les effets de cet *engrais complet* furent merveilleux : la récolte fut presque doublée.

Les résultats peuvent s'exprimer en chiffres à peu près comme suit :

Dans le sable pur, on a obtenu une récolte de 6 grammes.
Avec les minéraux sans azote. . . . . . 8 —
Avec l'azote seul. . . . . 9 —
Avec les minéraux et l'azote. . . . . . 25 —

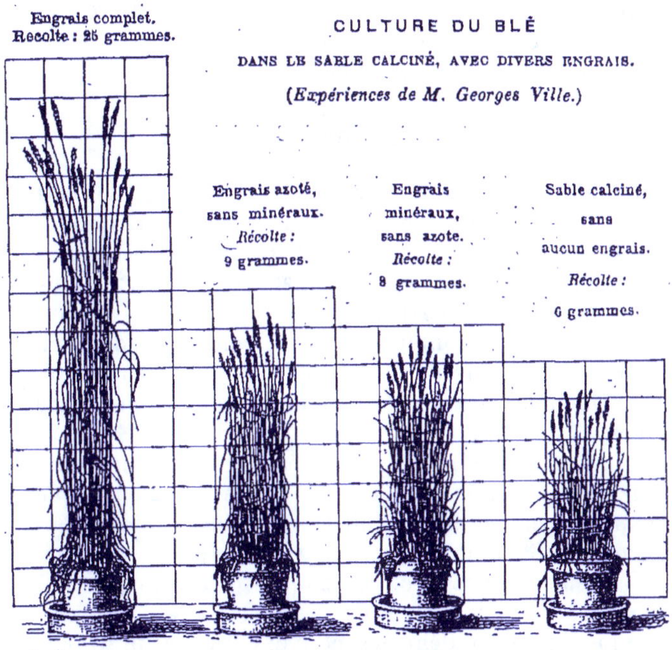

CULTURE DU BLÉ

DANS LE SABLE CALCINÉ, AVEC DIVERS ENGRAIS.

(*Expériences de M. Georges Ville.*)

De ces expériences, on peut donc tirer les conclusions suivantes :

1° *Les engrais minéraux ont une puissance fertilisante ;*

2° *Ces substances minérales sont les mêmes que celles qui se trouvent dans le fumier ;*

3° *C'est à ces substances que le fumier doit en grande partie sa puissance fertilisante.*

De là des savants, plus chimistes qu'agriculteurs, ont pu croire qu'il est possible de se passer de fumier de ferme et de se servir uniquement d'engrais minéraux. C'est une erreur. Le fumier n'a pas seulement des qualités chimiques, il améliore encore physiquement le sol. D'un autre côté le fumier forme comme un fonds de réserve qui ne livre à la terre que petit à petit sa matière fertilisante, qu'il est toujours facile d'entretenir au degré voulu, au moyen des engrais chimiques.

EMPLOI DES ENGRAIS MINÉRAUX

Dans l'emploi des engrais minéraux donnés à l'état solide, il est important de ne pas perdre de vue que les quatre éléments *azote*, *acide phosphorique*, *potasse* et *chaux* doivent entrer non seulement en quantité suffisante, mais dans une certaine proportion, en tenant compte de ce que contenait préalablement le sol. L'un des quatre éléments ne doit jamais manquer complètement, sinon les autres deviennent inutiles et peut-être dangereux.

Selon l'espèce de plantes cultivée, il est indispensable de faire prédominer l'élément ou les éléments que cette plante exige. Si l'on cultive du maïs, l'acide phosphorique doit dominer; pour la vigne, c'est la potasse.

Les éléments que préfère chaque plante ne peuvent être arbitrairement désignés. C'est à la suite d'analyses chimiques souvent délicates et d'expériences pratiques que cette désignation peut être faite.

Voici la représentation graphique d'une expérience destinée à démontrer l'action comparée des matières azotées sur les légumineuses (trèfle), et les plantes à dominante d'azote (chanvre), cultivées ensemble dans la même terre.

De cette expérience, il résulte que le trèfle utilise les engrais minéraux et qu'il n'a pas besoin d'azote;

que le chanvre, au contraire, réclame de l'azote. Des expériences de même nature, faites dans ses champs mêmes, peuvent renseigner le cultivateur sur l'état de sa terre. Dans un coin du champ, on peut semer côte à côte des légumineuses, qui peuvent se passer d'azote, et une céréale, du blé par exemple, qui en exige impérieusement.

Si les légumineuses viennent bien et que le blé, au contraire, vienne

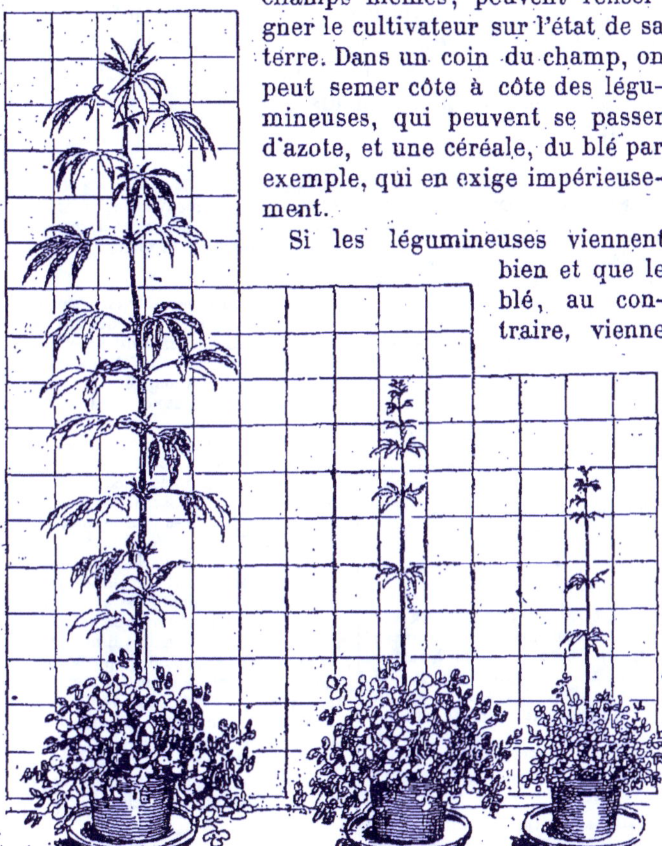

ENGRAIS COMPLET AVEC AZOTE. — ENGRAIS MINÉRAL SANS AZOTE. — TERRE SANS AUCUN ENGRAIS.

mal, c'est que les éléments minéraux, acide phosphorique, potasse et chaux, sont en quantité suffisante dans le sol, tandis qu'au contraire l'azote lui manque. Si le blé et les légumineuses viennent également bien, c'est que la terre renferme l'*engrais complet*, c'est-à-dire les minéraux ci-dessus, plus l'azote.

Cet essai donne les indications nécessaires pour faire connaître l'engrais complémentaire qui manque, et c'est là que se révèle l'incontestable utilité des engrais chimiques. Le fumier n'eût jamais permis de faire pareille constatation.

Expériences. — Conclusions des cultures démonstratives.

Problèmes. — 1. Dans un champ de 2 hectares 58 ares, on a récolté 33 hectolitres 49 de blé, qu'on a vendus 23 fr. 20 l'hectolitre. On demande quel a été le rendement et le produit en argent par hectare. (*Certificat d'études. Côtes-du-Nord.*)

2. Les frais d'exploitation d'un hectare de terrain cultivé en blé s'élèvent à 178 francs; d'autre part, le produit de l'hectare est de 17 hectolitres 5 de blé et d'une quantité de paille estimée 32 francs. A quel prix faut-il que se vende l'hectolitre de ce blé pour que le cultivateur gagne 225 francs par hectare? (*Certificat d'études. Dordogne.*)

3. Une terre de 17 arpents a été achetée il y a un siècle 13 000 francs; elle est vendue aujourd'hui à raison de 2 180 francs l'hectare. Sachant que l'arpent vaut 0 hectare 51 07, on demande quelle est la valeur actuelle de cette terre, et de combien s'est accrue, dans l'intervalle d'un siècle, la valeur par hectare. (*Certificat d'études. Eure.*)

Questions. — Quelles conclusions peut-on tirer des expériences de M. Georges Ville? — Pensez-vous qu'on puisse avantageusement remplacer le fumier par des engrais minéraux? — Comment un cultivateur peut-il connaître approximativement la composition de ses terres?

« Il ne serait pas souvent économique de remplacer le fumier par les engrais commerciaux, a dit excellemment M. René Leblanc (1), mais il y a toujours profit à compléter l'un par les autres. La richesse d'un fumier dépend nécessairement de celle de la nourriture donnée au bétail : supposons un fourrage récolté dans une terre pauvre en potasse, ce fourrage sera pauvre en potasse, et aussi le fumier résultant de sa consommation; pour enrichir une terre dépourvue de potasse, il faudra autre chose que le fumier ainsi obtenu. Il faut nécessairement ajouter au fumier des sels de potasse, si l'on veut fournir au sol celui des éléments fertilisants qui manque. Avec le fumier seul, on ne peut faire varier la proportion des quatre éléments qui s'y trouvent renfermés, tandis qu'au moyen des engrais complémentaires, où chaque élément est seul, on peut ajouter, à son gré, dans la proportion voulue, celui ou ceux des éléments qui font défaut. »

Les racines renferment un acide qui dissout les engrais et leur permet de pénétrer les tissus de la plante et

(1) René Leblanc. — *Notions de sciences physiques et naturelles appliquées à l'agriculture.* — 50 expériences.

de se mêler à la sève. Mais la condition indispensable à l'absorption de l'engrais par la racine, c'est que cet engrais, surtout s'il est solide et insoluble, soit en contact immédiat avec la racine. Il faut donc que les matières nutritives soient répandues à travers toutes les parties du sol où les racines doivent se développer. S'il existe un point dépourvu d'engrais, la racine n'absorbera aucune substance nutritive, lorsque sa région absorbante (les poils absorbants) s'étendra sur ce point, d'où la nécessité :

1° *De ne répandre les engrais que dans le plus grand état de division, en poudre ;*

2° *D'opérer le mélange avec le sol en y apportant le plus grand soin possible.*

SOL ET SOUS-SOL

La terre, au point de vue de l'agriculture, est composée du sol et du sous-sol. Le *sol* est la partie superficielle, celle sur laquelle nous marchons, et que l'on nomme aussi *couche arable* ou *végétale;* le *sous-sol* est la partie profonde située sous la précédente.

Le sol est constitué par les débris organiques des végétaux et des animaux décomposés, combinés avec les parcelles minérales de la terre elle-même sous l'action de l'air, de la chaleur, des gelées, des pluies, des vents, des labours, etc. Les divers éléments du sol sont associés entre eux dans des proportions très variables.

Le sol et le sous-sol sont composés essentiellement de quatre éléments : le calcaire, l'argile, la silice et le terreau.

Calcaire. — Le *calcaire* est une substance avec laquelle on fabrique la chaux. La *craie*, certaines pierres à bâtir, les marbres, la pierre à plâtre, etc., sont des calcaires.

Le calcaire se révèle par une propriété particulière : il fait effervescence lorsqu'on l'arrose d'un acide, de fort vinaigre, par exemple. Mélangé au sol, il contribue à le rendre perméable à l'air et à l'eau, et *meuble*, c'est-à-dire moins dur et moins compact. Il fournit aux plantes l'élément de la chaux, qui est indispensable à leur végétation.

Un bon sol doit renfermer de 5 à 10 pour 100 de calcaire *pulvérulent,* c'est-à-dire réduit en poudre.

ARGILE. — L'*argile* est une terre compacte, douce au toucher, qui durcit au feu, et dont le type est le *kaolin*, qu'on emploie à fabriquer de la porcelaine. Suivant qu'elle est plus ou moins pure, elle sert à la confection des pipes, des briques, des assiettes, etc.

Sa principale qualité est d'être *imperméable*, c'est-à-dire de ne pas se laisser traverser par l'eau, qu'elle absorbe avec avidité et qu'elle perd difficilement. Supposez un sol complètement argileux, les eaux séjourneront à sa surface, qui ne sera plus, en réalité, qu'un marais. Un sol dépourvu d'argile, d'un autre côté, agirait comme un tamis qui laisserait filtrer toute l'humidité dont les plantes ne peuvent se passer.

SILICE. — La *silice*, qui joue un très grand rôle dans la nature, se présente presque pure sous forme de *silex* ou *pierre à fusil*; réduite en poudre fine par l'action des agents naturels, elle forme certains *sables*.

TERREAU. — Le *terreau* est de couleur noirâtre. Il se compose surtout de substances organiques : matières végétales, provenant des débris des plantes cultivées sur le sol; matières animales, provenant des déjections des animaux, des fumiers, etc. Il est par suite riche en azote.

L'humus constitue la partie fertile du sol; c'est la réserve de fertilité que l'agriculteur doit mettre tous ses soins à entretenir et à augmenter par l'adjonction d'engrais convenables.

Selon qu'un des éléments que nous venons d'énumérer prédomine dans un terrain, on lui donne les noms de *calcaire*, *argileux*, *siliceux* ou *humifère*. On se sert aussi de mots composés tels que *argilo-calcaire*, *argilo-siliceux*, *sablo-humifère*, etc., dans lesquels l'élément qui domine est désigné le premier.

L'analyse chimique fait connaître la composition exacte des sols ; mais comme il est souvent difficile d'y recourir, on se contente des indications que peuvent fournir sur la nature de la terre les plantes qui y poussent spontanément à l'état sauvage.

Dans les terrains calcaires croissent naturellement le *mélampyre rouge*, l'*ononis* ou *arrête-bœuf;* dans les terrains argileux et humides, la *prêle*, le *tussilage* ou *pas*

d'âne; dans les terrains siliceux, sableux, la *bruyère* et la *fougère*.

On donne le nom de *terres franches* à celles qui ont une profondeur suffisante et qui sont composées de silice, d'argile, de calcaire et de terreau, dans des proportions qui s'équilibrent. Sur 100 parties, les terres franches contiennent 50 parties environ de silice, 25 parties d'argile, 3 à 10 parties de calcaire pulvérulent, 5 à 10 parties de terreau. Ces éléments ne sont pas simplement associés, mais combinés si intimement qu'on ne peut les distinguer même à l'aide d'un microscope.

La *chicorée sauvage*, le *sureau yèble* ou *herbacé* caractérisent les terres franches.

Le sous-sol a une certaine influence sur le sol. Ainsi un sous-sol argileux conserve la fraîcheur d'un sol sablonneux; tandis qu'un sous-sol sablonneux enlève au sol argileux son excès d'humidité.

On a parfois avantage à faire des labours profonds, pour mélanger au sol une partie du sous-sol et réunir ainsi les avantages de l'un et de l'autre.

Expériences. — 1. Mettre un morceau de craie dans un verre contenant du vinaigre. Remarquer une légère ébullition qu'on appelle effervescence. Des petites bulles de gaz se forment et viennent crever à la surface du liquide : c'est de l'acide carbonique. La craie, de même que le marbre et les pierres calcaires, est un composé de chaux et d'acide carbonique, c'est un *carbonate de chaux*.

2. Reconnaître si une terre est calcaire : cribler de la terre; la mettre dans un verre avec de l'eau; laisser l'eau redevenir claire et verser contre les parois du verre quelques gouttes d'acide chlorhydrique, sulfurique, etc. Si l'on ne voit aucune bulle monter dans l'eau, la terre ne renferme pas de carbonate de chaux.

Excursions. — Examiner les terrains rencontrés en promenade; visiter des carrières, des fours à chaux, s'il est possible.

Collections. — Réunir et classer des échantillons de terre recueillis dans les environs.

Questions. — Qu'appelle-t-on sol, couche arable ou végétale? — De quoi se compose le sol? Qu'est-ce que le sous-sol? — Quels sont les quatre éléments des terrains? — Qu'est-ce que le calcaire et comment le reconnaît-on? — Quel est le rôle du calcaire dans le sol? — Qu'est-ce que l'argile? — Citez quelques applications industrielles de l'argile. — Quelles sont les propriétés des sols argileux? — Sous quelle forme trouve-t-on la silice presque pure? — De quoi se compose l'humus ou terreau, et quel est son rôle en agriculture? — Qu'est-ce qu'un sol argilo-calcaire? — Quelles plantes croissent naturellement dans les terrains calcaires — dans les terrains argileux — dans les terrains siliceux — dans les terres franches? — De quoi se composent les terres franches? — Quelle influence le sous-sol exerce-t-il sur le sol? — Qu'appelle-t-on pouvoir absorbant des terres? — Expliquez comment les principes nutritifs des engrais sont restituées aux plantes après l'absorption.

Pouvoir absorbant. — Les terres arables ont une importante propriété, celle de fixer à *l'état insoluble* les composés azotés, la potasse, l'acide phosphorique et l'ammoniaque en dissolution qui se trouvent dans les engrais. Cette propriété se rencontre au plus haut point dans l'argile.

Une expérience le démontre :

EXPÉRIENCE. — On remplit un pot à fleurs d'une terre quelconque légèrement tassée. Puis on verse doucement sur la terre une quantité de purin égale à peu près au volume du pot. L'eau qui s'écoule en petite quantité par le trou inférieur du vase est claire, limpide, et par l'analyse chimique il serait facile de s'assurer qu'elle ne contient ni ammoniaque ni potasse, que le purin renferme cependant en notable quantité.

La terre a donc fixé l'ammoniaque et la potasse du purin. Elle les a fixées à l'état insoluble.

On peut s'en assurer de la manière suivante :

EXPÉRIENCE. — Après avoir laissé quelque peu se sécher la terre du pot à fleurs, on l'arrose d'un volume d'eau triple du sien. L'eau qui s'élèvera par le fond du pot sera limpide ; elle n'aura aucun goût de purin, et l'analyse chimique démontrerait qu'elle n'a pas enlevé de sels minéraux à la terre surchargée de purin qu'elle a traversée. Cette expérience fait voir comment les eaux de source peuvent traverser des couches de terre surchargées de détritus sans être pour cela altérées, à moins que les matières ne s'y mêlent directement.

Mais la fixation des matières fertilisantes n'est pas définitive, car *la terre finit par rendre aux végétaux par l'action acide des racines les principes dont elle semblait s'être emparée.*

DRAINAGE. IRRIGATIONS

Lorsque le sol est trop humide, on a recours au *drainage*, et lorsqu'il est trop sec, on fait des irrigations.

DRAINAGE

On s'aperçoit qu'un terrain est trop humide quand il conserve l'eau des pluies. Cela se produit surtout lorsque le sous-sol est imperméable. Il reste alors des flaques d'eau à la surface longtemps après la pluie, et quand on creuse un trou dans ces terrains, même par un temps de sécheresse, on trouve vite l'humidité.

Les plantes qui croissent sur le sol fournissent à elles seules l'indication de sa trop grande humidité. Elles se nourrissent mal, cessent d'être vigoureuses, elles languissent et s'étiolent ; parfois elles meurent. Au milieu d'elles on voit apparaître des végétaux qui aiment l'eau, tels que les *colchiques*, les *renoncules*, les *mousses*, ou quelques-uns qui sont de vraies plantes aquatiques, comme les *prêles* et les différentes sortes de *joncs*.

Les animaux domestiques sont exposés à de graves maladies en vivant sur un sol constamment détrempé qu'ils coupent et détériorent d'ailleurs avec leurs sabots, tandis que l'homme peut y contracter la fièvre paludéenne. Il faut donc porter remède à cet état de choses et enlever au sol sa trop grande humidité, en le débarrassant de l'eau qu'il contient en excès.

DANS LES TERRES HUMIDES

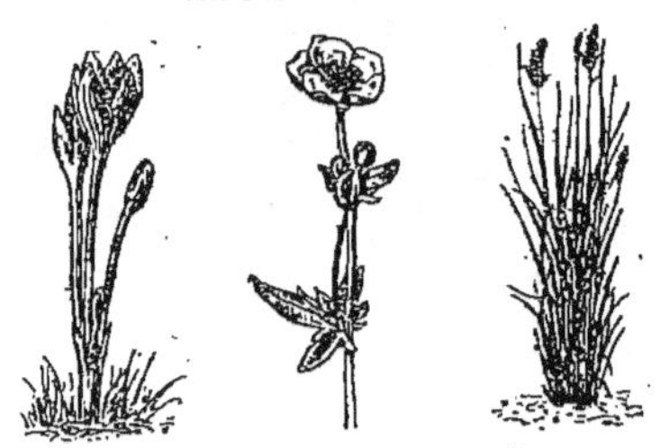

LE COLCHIQUE. LA RENONCULE. LES JONCS.

On y parvient par le *drainage*. Voici en quoi consiste cette opération. A l'aide de bêches spéciales, au fer étroit, concave et allongé, on creuse un réseau de fossés, qui, sur 1 mètre ou 1^{m},50 de profondeur, n'ont guère que 0^{m},50 à 0^{m},60 d'ouverture au sommet, et 0^{m},20 à 0^{m},25 au fond. On a soin de leur donner de l'inclinaison dans le sens de la pente du terrain, de façon à ce qu'ils se réunissent tous en un seul qui débouchera dans la partie la plus basse du sol. Puis, quand leur fond est bien uni, on dispose sur sa surface des tuyaux de poterie nommés *drains* qui sont fabriqués exprès, et d'où l'opération tire son nom de *drainage*. Ces tuyaux s'ajustent l'un dans l'autre, quand ils sont tronconiques ; s'ils sont cylindriques, on recouvre leurs joints d'un manchon en poterie destiné à empêcher l'eau de fuir et la terre d'entrer dans le conduit.

Quand on veut faire un drainage plus économique, au lieu de placer ces tuyaux au fond du fossé, on le garnit soit de fascines, soit de cailloux; ou bien on y établit à l'aide de briques ou de pierres plates une petite voûte

DRAINAGE

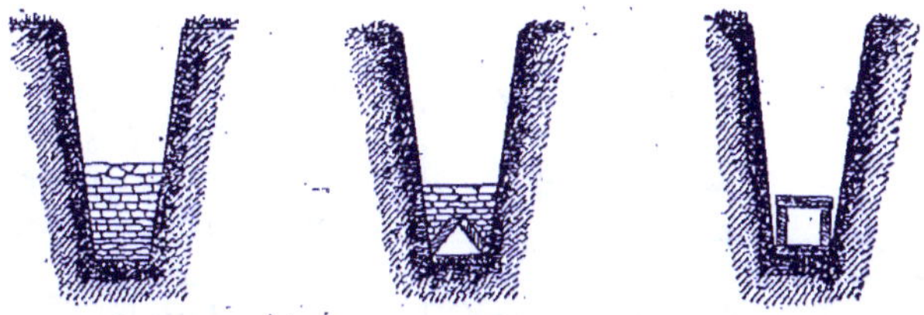

Tranchée de drainage à pierres perdues. Tranchée garnie d'un canal en pierres plates. Tranchée garnie d'un canal en briques.

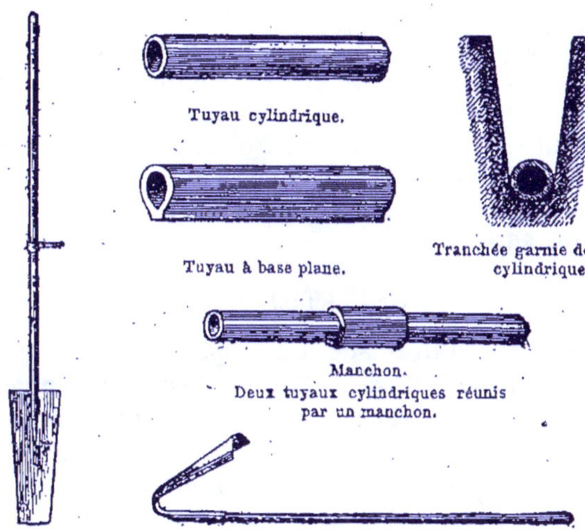

Bêche de drainage.

Tuyau cylindrique.

Tuyau à base plane.

Tranchée garnie de tuyaux cylindriques.

Manchon. Deux tuyaux cylindriques réunis par un manchon.

Drague de drainage.

carrée. Après que les *drains* ont été disposés dans le fossé, on le comble avec la terre du déblai qui se nivelle en peu de temps, en sorte que l'on ne perd aucune parcelle de la surface du sol.

L'eau contenue dans les terres suit les tuyaux, les fascines ou les pierres, et débarrasse ainsi le sol de son humidité.

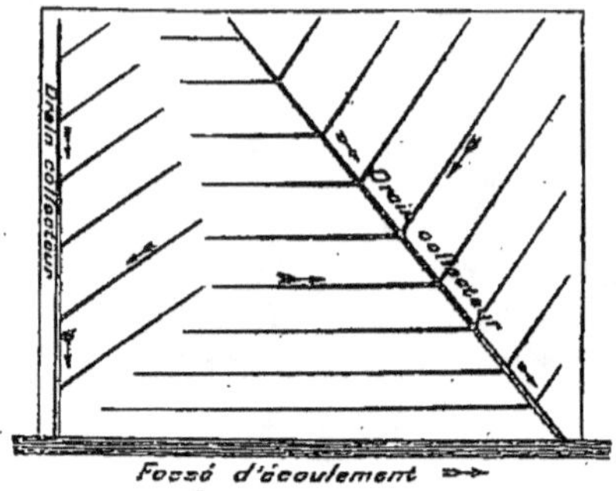

TERRAIN DRAINÉ. — L'eau s'écoule par les *drains* suivant les pentes du terrain marquées par les flèches ; elle est dirigée par les *drains collecteurs*, dans un *fossé d'écoulement*.

Il n'y a pas de règle fixe pour le nombre et l'écartement des fossés de drainage. On doit s'inspirer des circonstances et ne pas les multiplier à l'excès dans la crainte d'assécher le terrain.

Le drainage bien compris améliore le sol ; il peut, quand il est exécuté en grand, avoir la plus grande influence sur la santé de l'homme et des animaux en assainissant toute une contrée demeurée jusque-là insalubre par son excès d'humidité.

IRRIGATIONS

Au contraire du drainage, les *irrigations* ont pour but de donner à certains terrains l'humidité qui leur manque pour assurer la croissance normale des plantes qu'on leur confie, Il faut que la provision d'eau nécessaire à la vie de ces plantes soit incessamment renouvelée, car elles la dépensent continuellement dans l'atmosphère sous l'influence de la lumière et de la chaleur.

Le principe des irrigations est uniforme pour tous les pays du monde. Il consiste à prendre dans un réservoir naturel ou artificiel l'eau nécessaire à la quantité de terre que l'on veut irriguer, et à l'y répandre à l'aide de canaux ou rigoles, dont les dimensions varient avec les besoins qu'il s'agit de satisfaire.

Il est difficile de poser une règle fixe sur la quantité d'eau que l'on doit donner à la terre par les irrigations ; elle variera, on le comprend, avec la nature de la plante en culture, la composition du sol et les conditions météorologiques de l'année.

Les irrigations peuvent se faire en toute saison, Celles que l'on opère en hiver se complètent souvent par le *colmatage*, c'est-à-dire l'adduction sur le terrain irrigué de matières fertilisantes tenues en suspension dans l'eau boueuse des irrigations et déposées par celles-ci à la surface du sol, telles que limon, terre, détritus végétaux, etc.

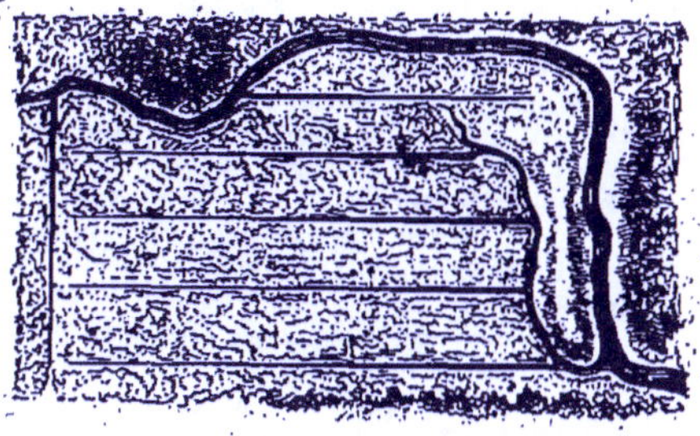

TERRAIN IRRIGUÉ.
L'eau est détournée de son cours et amenée sur le terrain par des rigoles.

Il faut se garder d'un excès dans les irrigations, car si l'humidité du sol à un certain degré est indispensable à la bonne production des plantes agricoles, dépasser ce degré leur serait absolument nuisible et pourrait amener promptement une stérilité radicale, surtout pour les terres de labour. Pour les prairies, le danger d'une irrigation trop abondante n'existe presque pas.

Problèmes. — 1. On évalue à 10 millions d'hectares les terrains humides. Si les deux tiers de cette superficie étaient drainés et donnaient une augmentation de 4 hectolitres de blé à l'hectare, quelle serait la plus-value résultant des drainages et quelle en serait la valeur à raison de 23 fr. 60 l'hectolitre ?

2. Il faut 800 mètres de tuyaux pour drainer 1 hectare de terre. Calculer la dépense nécessaire pour drainer une pièce de terre de 3 hectares 15 ares, en supposant que le mètre de tuyaux coûte 0 fr. 35, que chaque tuyau ait une longueur de 0m,25, et enfin que la pose soit de 5 francs par centaine de tuyaux.

Excursions et comptes rendus. — Visiter, s'il est possible, des travaux de drainage et d'irrigation. Reconnaître des terrains trop secs et des terrains trop humides, au moyen des indications qui précèdent et de celles qui suivent. Rendre compte, par écrit, des observations faites; joindre des croquis au texte.

Questions.— Que fait-on lorsque le sol est trop humide ou trop sec? — Que remarque-t-on dans les sols humides? — Expliquez brièvement l'opération du drainage. — Quels sont les effets du drainage ? — Le drainage peut-il avoir des inconvénients ? — En quoi consistent les irrigations ?— Qu'appelle-t-on colmatage?

La loi du 15 juin 1854 autorise tout propriétaire qui veut assainir son fonds par le drainage à conduire les eaux, moyennant indemnité, à travers les propriétés qui séparent ce fonds d'un cours d'eau ou de toute autre voie d'écoulement.

La loi du 29 avril 1845 autorise le propriétaire à faire passer par les fonds qui le séparent d'un cours d'eau l'eau nécessaire pour arroser ses propriétés; celle du 11 juillet 1847 l'autorise à appuyer sur la propriété du riverain opposé les ouvrages d'art nécessaires à sa prise d'eau.

« Partout où, quelques heures après la pluie on aperçoit de l'eau qui séjourne dans les sillons ; partout où la terre est forte, grasse, où elle s'attache aux souliers, où le pied, soit des hommes, soit des chevaux, laisse après son passage des cavités dans lesquelles l'eau demeure comme dans de petites citernes ; partout où le bétail ne peut pénétrer après un temps pluvieux sans enfoncer dans une sorte de boue; partout où le soleil forme sur la terre une croûte dure, légèrement fendillée, resserrant comme dans un étau les racines des plantes ; partout où l'on voit les dépressions du terrain notablement plus humides que le reste des pièces, trois ou quatre jours après les pluies ; partout où un bâton enfoncé dans le sol à une profondeur de 0m,40 à 0m,50 forme un trou qui ressemble à une sorte de puits, au fond duquel l'eau stagnante s'aperçoit ; partout où la tradition a consacré comme avantageux l'usage de la culture en sillon, on peut affirmer que le drainage produira de bons effets. »

BARRAL, *Drainage des terres arables.*

Les terres drainées sont plus faciles à cultiver ; elles sont moins humides en hiver et moins sèches en été. Elles sont aussi moins froides et les plantes mûrissent plus tôt ; en effet, l'eau qui séjourne à la surface des terres non drainées devient, en s'évaporant, une cause de refroidissement, à mesure que l'eau emprunte au sol la chaleur nécessaire à son évaporation.

EXPÉRIENCE. — Si l'on verse sur la main quelques gouttes d'un liquide tels que l'éther ou l'alcool, qui s'évaporent rapidement, on sent ausitôt un froid produit par l'évaporation. On éprouve une sensation semblable, mais qui s'étend à toutes les parties du corps, lorsqu'on sort vivement d'un bain.

Dans l'irrigation par *ruissellement*, l'eau passe sur le sol sans s'y arrêter. L'irrigation a lieu par *submersion* lorsque l'eau séjourne quelque temps à la surface du sol qu'elle recouvre. Elle est dite par *infiltration* lorsque l'eau ne dépasse pas le bord des rigoles d'arrosement, de manière qu'elle arrive aux racines des plantes en s'infiltrant à travers le sol. L'opération du *colmatage* consiste à faire arriver des eaux troubles sur le terrain en couches aussi épaisses que possible, à laisser déposer les matières qu'elles contiennent, puis à faire écouler les eaux quand elles se sont éclaircies.

L'irrigation est certainement une des opérations de l'agriculture les plus essentielles et en même temps les plus négligées en France. Des pays naturellement stériles, comme l'Egypte, sont devenus très fertiles grâce à des travaux d'arrosement qui utilisent les eaux des fleuves et des rivières.

Les irrigations pratiquées par le gouvernement belge dans la Campine, entre la Meuse et l'Escaut, ont fait de cette contrée un véritable jardin. 25 000 hectares d'un terrain improductif ont pu être utilisés aux plus riches cultures. Des bruyères qui valaient 15 à 20 francs l'hectare se sont vendues en prés 400 francs.

Dans la Sologne, les prairies naturelles donnent au plus 2 000 kilogrammes de foin à l'hectare : les prés arrosés en fournissent jusqu'à 8 000 kilogrammes.

ASSOLEMENTS

Dès l'origine de l'agriculture, on s'est aperçu que le même terrain, si riche qu'il soit et si bien entretenu qu'on le maintienne, ne peut produire pendant un grand nombre d'années consécutives des plantes de la même espèce. La raison de ce phénomomène est facile à comprendre : chaque sorte de plante emprunte au sol, pour sa nourriture, des éléments spéciaux qui sont toujours les mêmes, en sorte que ces éléments sont vite épuisés, si on les laisse longtemps à la disposition de la même plante. C'est l'observation de ce fait qui a conduit, depuis bien des siècles déjà, les agriculteurs à alterner les cultures sur le même terrain. Cette alternance se nomme *assolement*, et l'on appelle une *sole* la période, généralement d'une année, pendant laquelle une plante peut demeurer utilement dans le même champ.

La *rotation* des *soles*, ou *rotation* de l'*assolement*, peut s'accomplir en deux, trois, quatre, cinq ans ou plus. L'assolement est dit alors biennal, triennal, quadriennal, quinquennal, etc.

L'assolement n'est pas laissé au hasard; dans chaque contrée l'expérience a montré quelles plantes doivent se succéder, et dans quel ordre. En général, on a soin de remplacer les plantes les plus épuisantes par celles qui le sont le moins, celles qui ont des racines profondes par celles qui les ont superficielles, etc., c'est-à-dire de changer aussi souvent que possible la nature de la production du sol et la culture qu'elle impose.

Au temps où l'agronomie était moins développée qu'aujourd'hui, on craignait de fatiguer la terre, d'autant plus que les engrais étaient rares. Aussi on avait adopté presque généralement en France l'assolement biennal, suivant lequel on faisait succéder pour les champs une année de repos à une année de culture. Mais on sait mieux tirer parti du sol aujourd'hui. L'assolement triennal a vite remplacé l'autre, d'abord en accordant à la terre une année de repos ou *jachère* seulement sur trois, puis, dans beaucoup de régions, en cultivant durant les trois années consécutives des plantes d'espèces différentes, et en soutenant la terre à force d'engrais. Certaines contrées même ont passé aux assolements quadriennaux et quinquennaux sans année de repos.

EXEMPLES D'ASSOLEMENT :

ASSOLEMENT TRIENNAL AVEC JACHÈRE		
1re année	**2e année**	**3e année**
Froment ou seigle	Orge ou avoine	Jachère

ASSOLEMENT TRIENNAL SANS JACHÈRE		
1re année	**2e année**	**3e année**
Avoine	Sarrasin	Froment ou seigle

ASSOLEMENT QUADRIENNAL			
1re année	**2e année**	**3e année**	**4e année**
Betteraves, navets, carottes	Avoine ou orge	Trèfle ou vesce	Blé d'automne

On fait généralement précéder les céréales d'une culture de betteraves, pommes de terre, ou autres plantes qui exigent des binages, et détruisent ainsi les mauvaises herbes, ou d'une prairie artificielle qui les étouffe.

Aux plantes à racines profondes doivent succéder des plantes à racines superficielles. Par exemple à une récolte de betteraves doit succéder une récolte de blé.

Les plantes qui prennent plus particulièrement dans le sol certains éléments doivent être suivies par les plantes qui en prennent certains autres. Ainsi, aux céréales, blé ou seigle, qui usent beaucoup d'azote, on fera succéder du trèfle qui aime la potasse, ou du colza qui aime l'acide phosphorique.

Quelquefois on introduit dans les assolements la culture de plantes qui, croissant très vite, n'occupent le sol que pendant un mois ou deux, entre deux autres espèces d'exploitation, telles que le maïs-fourrage destiné à être coupé en vert. Ces sortes de cultures transitoires se nomment *dérobées* ou *intercalaires*.

Rédaction. — Vous avez interrogé *un cultivateur qui vous a fait connaître les motifs qui le guidaient dans le choix de ses assolements. Rapportez votre conversation, sous forme de dialogue.*

Questions.— Pourquoi l'alternance des cultures dans un même terrain est-elle préférable à la culture d'une même plante pendant plusieurs années consécutives ?— Qu'appelle-t-on assolement biennal, triennal, quadriennal, quinquennal ? — Qu'appelle-t-on jachère ? — Quelles conditions doit-on observer pour les assolements ?— Donnez un exemple d'assolement triennal avec jachère — triennal sans jachère — quadriennal. — Qu'appelle-t-on culture dérobée ou intercalaire ?

Les plantes sont dites *salissantes*, telles que le blé, lorsqu'elles laissent envahir le sol par les mauvaises herbes ; *étouffantes*, comme la luzerne, lorsqu'elles les étouffent; *nettoyantes*, comme la betterave, lorsqu'elles permettent de les détruire par des sarclages.

Jachères. — La question des jachères a soulevé bien des discussions, surtout vers la fin du siècle passé et au commencement de celui-ci. Les partisans des jachères disaient que la terre se fatigue à produire, et que, comme nous, elle a besoin de repos après le travail. Ils avaient remarqué dans leur pratique, en effet, qu'un sol qui s'était reposé rendait une meilleure récolte que celui qu'on n'avait pas cessé d'ensemencer, surtout avec le même végétal, et ils l'attribuaient à son prétendu repos...

La terre prend soin de nous prouver elle-même qu'elle ne se repose jamais, et que, par conséquent, elle n'a pas besoin du repos qu'on veut absolument lui imposer. Si elle ne donne pas des récoltes qu'on refuse de lui confier, elle donne autre chose; ici de l'herbe, là de la bruyère, ailleurs des broussailles, des ronces, des mousses, des lichens, des fougères, des champignons, etc. C'est peu de chose, dira-t-on; mais enfin elle ne se repose pas, elle produit toujours. Ce n'est donc pas parce qu'elle a besoin de repos qu'on est quelquefois obligé d'avoir recours aux jachères, mais parce qu'on ne peut pas lui rendre une partie, au moins, des éléments qu'elle a prodigués avec générosité aux récoltes qu'elle nous a données.

Si l'on manque de capital, si celui dont on peut disposer est insuffisant pour l'étendue de terre qu'on peut cultiver, on sera obligé d'avoir recours aux jachères, non pas pour laisser reposer la terre, mais parce qu'on est dans l'impossibilité de lui rendre ce qu'il lui faut pour la mettre en état de produire avec bénéfices ce qu'on lui demande. Toute la question des jachères est renfermée dans la limite des ressources du cultivateur.

RICHARD du Cantal.

PRÉPARATION DU SOL

OUTILS ET MACHINES AGRICOLES

Quelque riche que soit le sol, il faut qu'il soit travaillé pour produire. La culture du sol favorise les combinaisons des éléments qui le constituent; elle aide à l'action de la chaleur et de la lumière; elle ameublit la terre et permet à l'air et à l'eau de pénétrer jusqu'aux racines, enfin elle détruit les mauvaises herbes.

L'homme cultive la terre avec des outils et des machines.

On nomme spécialement *outils* les instruments actionnés par la main, tandis que les *machines* sont mises en mouvement, sous la direction de l'homme, par la force des animaux ou par la vapeur.

Les instruments de culture sont de deux sortes : 1° ceux qui servent à remuer le sol; 2° ceux avec lesquels on l'ameublit. Avec les premiers on fouille la terre, avec les seconds on l'étale, on l'arrange de la façon la plus propre à recevoir la semence.

Les principaux outils destinés à creuser le sol sont la *bêche* et la *pioche*, qui affectent toute sorte de formes suivant les habitudes des agriculteurs, dans les différentes régions. Les outils les plus usuels pour ameublir la terre sont le *râteau* et le *rouleau*, que tout le monde connaît.

La principale machine qui sert à remuer le sol est la *charrue*. C'est le premier de tous les instruments agricoles. Sous les formes les plus variées, la charrue est connue depuis l'antiquité la plus reculée.

La charrue a d'abord été sans roues, on l'appelait

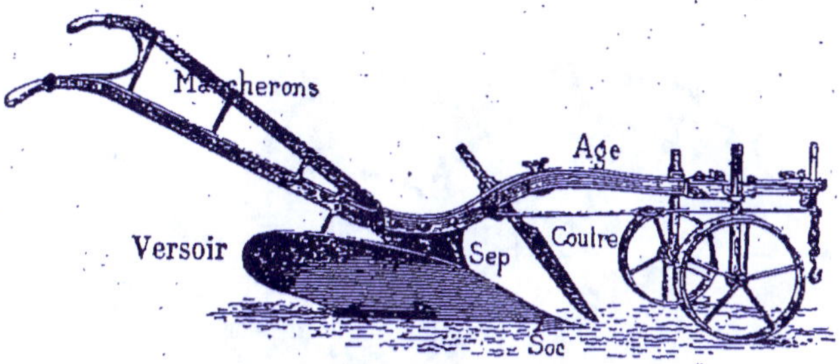

LA CHARRUE.

Le *coutre* est une sorte de couteau qui tranche le sol verticalement. Le *soc*, autre couteau en fer de lance placé à plat, le coupe horizontalement. Le *versoir* ou oreille renverse la bande de terre découpée par le coutre et le soc. Ces trois pièces principales sont fixées au moyen du *sep* sur un bâti appelé *age*, terminé par deux branches servant à diriger la charrue. Ce sont les *mancherons*.

araire; il s'en trouve encore dans certains de nos départements. On ajouta ensuite un avant-train avec des roues.

Il a été créé un nombre considérable d'instruments d'après ce type plus ou moins modifié.

Avec les charrues simples il est difficile, à moins de prendre des dispositions particulières dans le travail, de renverser toujours la terre du même côté, ce qui est indispensable si l'on veut bien couvrir le fumier et enterrer d'une manière utile les chaumes et les mauvaises herbes.

Le *brabant double* se compose de deux corps de charrue superposés et tournant autour de l'age. Chaque côté comprend un coutre, un soc et un versoir.

Le maniement de cet instrument est facile. Le laboureur, lorsqu'il a terminé une *raie*, fait tourner le corps de la charrue. Le soc et le versoir se trouvent dans la position voulue pour renverser la terre du même côté qu'en faisant la raie précédente.

LA CHARRUE BRABANT DOUBLE.

La charrue est ordinairement traînée par un attelage d'animaux domestiques, bœufs, chevaux, mulets, etc. Il existe aussi des charrues qui fonctionnent par l'action de la vapeur, mais dont l'usage est peu répandu.

La *herse* sert à ameublir la surface du sol ; c'est en réalité un énorme et lourd râteau. Elle sert encore à détruire les mauvaises herbes et à enterrer les petites graines. Elle est triangulaire, oblique ou articulée.

Les *rouleaux* sont de deux sortes : 1° les rouleaux à surface unie en bois ou en fonte, qui servent à tasser le sol après les semis; 2° les rouleaux squelettes ou brise-mottes, comme le rouleau *Croskill.*

Les instruments intermédiaires, tels que les *extirpa-*

LA HOUE A CHEVAL.

teurs, les *buttoirs*, les *houes à cheval*, etc., ne sont, en somme, que des dérivés de la herse ou de la charrue.

LABOURAGE

On peut labourer en toute saison, toutes les fois que le temps le permet; mais ceci n'est absolument vrai que pour les terrains légers et perméables. En effet, si on labourait les terres fortes et compactes quand elles sont trop humides, elles adhéreraient à la charrue, ce qui rendrait le travail très difficile, ou bien, en séchant, elles se convertiraient en bandes dures, résistantes comme de la pierre, sur lesquelles la herse n'aurait aucune action. Il en résulterait que le sol ne serait pas suffisamment ameubli pour présenter les conditions nécessaires à un bon ensemencement.

Il est toujours avantageux de labourer le plus tôt possible après l'enlèvement des récoltes, car on enfouit ainsi les *fanes* et les *chaumes* qui se convertissent dans le sol en un utile engrais.

Un bon laboureur doit avoir soin que la terre enlevée par sa charrue soit assez renversée pour recouvrir les mauvaises herbes et les engrais. Il ne faut pas la retourner complètement, mais seulement la coucher sur la lisière de la bande précédente. En opérant ainsi, on facilite le travail de la herse, qui déchirera plus aisément les arêtes des mottes, et mélangera au sol les fragments du sous-sol que la charrue a ramenés à l'air.

Il faut labourer suivant toutes les exigences du sol, et notamment suivant sa disposition. Il convient de labourer *à plat*, c'est-à-dire en laissant le sol aussi horizontal que possible, toutes les fois que le terrain le permet, parce que c'est le meilleur labour. Par le labour à plat, toute la surface arable est cultivée, et il se prête mieux à l'usage de tous les instruments, surtout de ceux qui serviront à couper la récolte; enfin, il permet à la semence d'être plus également répartie. Mais il ne peut être pratiqué que pour les terrains à surface bien plane, légers et perméables; autrement on s'exposerait à voir séjourner les eaux pluviales dans les champs, au grand détriment de la récolte.

Dans les terrains compacts, à sous-sol imperméable, on adopte un autre système, et on laboure soit en *planches*, soit en *billons*.

Le labour en *planches* consiste à diviser le champ en bandes d'égale largeur, séparées les unes des autres par des raies parallèles profondes. L'humidité du sol s'en va par les raies formant des petits ruisseaux d'asséchement. Cette façon d'opérer présente l'inconvénient de laisser improductive toute la surface des raies.

Le *labour en billons* a aussi pour but de faciliter l'écoulement des eaux qui demeureraient sur le sol et nuiraient considérablement aux récoltes par leur stagnation. Il s'emploie dans les terrains dont le sous-sol est imperméable, mais de préférence pour ceux qui sont lourds et compacts.

Pour faire les billons, on divise le champ en bandes plus ou moins larges, comme dans le labour en planches, mais au lieu de laisser ces bandes horizontales, on forme, sur le milieu de celles-ci, une sorte de petite colline sur la convexité de laquelle glisseront les eaux pour s'en aller dans les petits vallons formés entre chaque billon.

La partie réservée à l'écoulement des eaux est improductive avec les billons comme avec les planches.

Quand une terre est fatiguée, on lui rend une grande vigueur en opérant son *défoncement*. On nomme ainsi un labour plus profond que le labour ordinaire, dont le but est de ramener à la surface les couches profondes du sol. Elles apporteront à la partie arable des éléments nouveaux qui, mélangés aux engrais et soumis aux influences atmosphériques, pourront la renouveler et même la transformer d'une façon très avantageuse.

Après le labour, on soumet la terre à l'action des instruments d'ameublissement, qui rentrent tous dans le genre *herse* et dans le genre *rouleau*. La herse, avec ses dents, divise la terre en parcelles menues à travers lesquelles les racines se traceront aisément un chemin et trouveront leur nourriture.

Le rouleau écrase les mottes résistantes, les pulvérise pour ainsi dire, et fait, malgré la différence des formes, un travail dont le but et le résultat sont semblables à ceux de la herse. En outre, le rouleau assujettit les terres friables, et parfois on le passe sur les céréales naissantes, soit pour ralentir la végétation trop vive, soit pour consolider les racines et les faire *taller*.

SEMAILLES

La réussite d'une culture dépend beaucoup des soins qu'on apporte aux semailles. Il ne suffit pas de bien préparer le sol et de lui donner l'engrais convenable et en quantité suffisante, il faut encore que la graine qu'on confiera à la terre soit de bonne espèce et bien choisie. Il

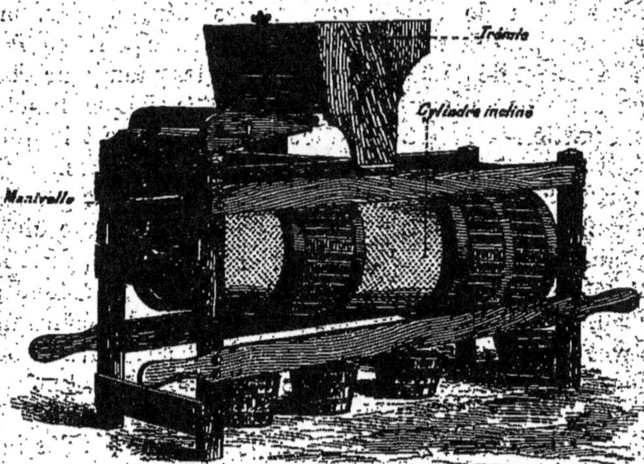

TRIEUR.

Les graines sont déposées dans la *trémie* d'où elles passent dans le *cylindre incliné*, mis en mouvement par la *manivelle*. Le cylindre se compose de plusieurs cribles. Les graines passent à travers l'un ou l'autre des cribles suivant leur grosseur et tombent dans les baquets A destinés à recevoir les produits du triage.

faut qu'elle provienne de sujets vigoureux, qu'elle soit mûre, saine et propre.

Une même espèce cultivée présente souvent de nombreuses variétés ; il en est ainsi pour les céréales, notamment pour le blé. Ici la pratique peut seule indiquer quelle espèce convient à tel sol dans telle région. Mais une fois que l'espèce est choisie, il faut essayer son *pouvoir germinatif*.

Il faut, de plus, que la graine de semence soit débarrassée de la graine des mauvaises herbes qu'elle contient. Divers appareils permettent d'épurer la graine. Sous ce rapport, les cultivateurs ne sont pas toujours assez soigneux; les uns négligent d'épurer leurs semences, les autres les épurent et jettent au fumier les

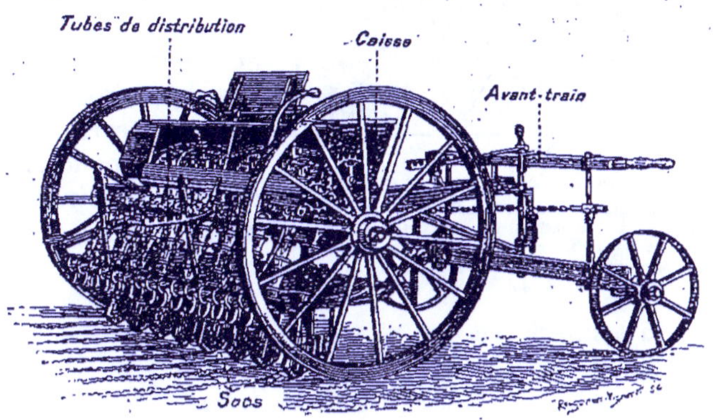

SEMOIR.

La semence est placée dans une *caisse;* des cuillers, actionnées par le mouvement des roues, la font passer dans les *tubes de distribution,* d'où elle tombe dans les sillons tracés par les *socs.*

résidus du trieur, de sorte que les graines séparées à la ferme se retrouvent dans les champs avec l'engrais.

Les semailles se font ou à la *volée*, à l'aide de la main, ou en lignes au moyen de *semoirs mécaniques.* Ces derniers offrent des avantages considérables. Avec eux, la semence est toujours à une distance régulière; ils permettent de réaliser une économie d'un bon tiers sur la graine; en outre, les sarclages et les binages sont beaucoup plus faciles à exécuter. Ils n'ont que le défaut de coûter assez cher. On ne se sert pas de semoirs pour les prairies artificielles, le sarrasin et autres cultures de ce genre, parce qu'on répand leurs graines par masses serrées.

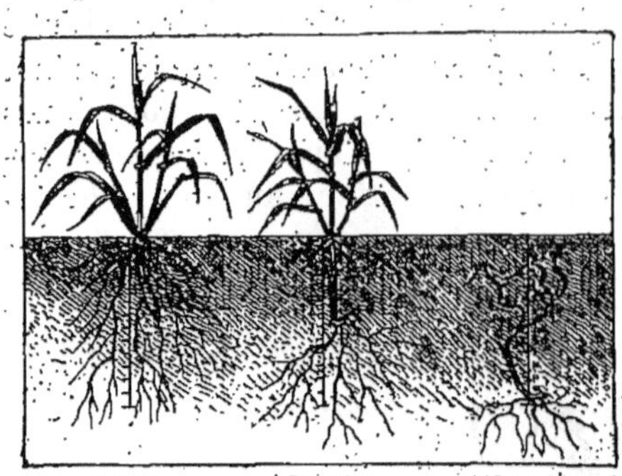

1 cent. 7 cent. 13 cent.

LA GRAINE A DIVERSES PROFONDEURS.

A 1 centimètre, croissance normale, plante vigoureuse — à 7 centimètres, croissance difficile, plante faible — à 13 centimètres, croissance très difficile : la plante s'étiole avant d'atteindre la surface du sol.

La profondeur à laquelle est enterrée une graine a une sérieuse importance : mise trop profondément en terre, la semence manque d'air, germe mal, et perd en tout cas beaucoup de temps avant de gagner la lumière, ce qui retarde sa maturation.

Promenades et devoirs écrits. — 1. Comparer les outils du jardinier aux instruments du laboureur : la bêche et la charrue; le râteau et la herse.

2. Voir et étudier sur place les outils et instruments de culture employés dans la région; faire des croquis cotés et les dessiner ensuite à une échelle donnée.

3. Visiter des jardiniers et des laboureurs. Voir comment la terre est cultivée par les uns et les autres, comment leur travail mélange les engrais à la terre végétale, comment ils réussissent à diviser, aérer, ameublir le sol.

4. Comparaison entre une terre qui n'a reçu qu'un seul labour et une terre très ameublie dans laquelle les racines des plantes pourront se développer à leur aise.

5. Examiner les semis, la quantité des grains par mètre carré, la profondeur, le mode de distribution (à la volée ou en ligne.)

6. Essayer de prévoir, en comparant les divers travaux de culture, dans quelles terres les récoltes devront le mieux croître et se développer selon leurs besoins.

Rédaction. — Un cultivateur possède un champ stérile sablonneux dont le sous-sol est argileux. Il le défonce et il constate aussitôt une très grande amélioration. Dites comment il se fait que le sol se soit amélioré par des labours profonds.

Problèmes. — 1. On estime qu'il faut 18 hectolitres de froment pour ensemencer un champ. Mais après essai du pouvoir germinatif, on a reconnu qu'il ne faut compter que sur 65 0/0 de la semence employée. Quelle quantité de semence doit-on prendre?

2. On a ensemencé une prairie de graine de luzerne qui coûte 42 fr. le quintal métrique. On demande quelle est la superficie de cette prairie, sachant qu'il a fallu 31 kilogrammes de graine par hectare et qu'on a dépensé 154 fr. 07. (*Certificat d'etudes. Haute-Saône.*)

3. Quel sera le prix de la semence nécessaire pour un champ carré qui a 78m,5 de côté, sachant qu'il faut 5 litres pour 2 ares, et que le double décalitre de semence vaut 5 fr. 60? (*Certificat d'études. Ain.*)

4. Un laboureur emploie 63 minutes pour tracer 9 sillons; combien tracera-t-il de sillons en 2 heures 48 minutes? (*Certificat d'études. Meuse.*)

Questions. — Quels sont les principaux outils destinés à creuser le sol — destinés à l'ameublir? — Dites ce que vous savez de la charrue appelée araire et des autres charrues qui vous sont connues. — A quoi sert la herse? — Quelles sont les herses que vous connaissez? — Citez deux sortes de rouleaux très employés. — Qu'appelle-t-on extirpateurs, buttoirs, houes à cheval? — A quelle époque doit-on labourer? — Qu'arriverait-il si on labourait les terres fortes et compactes quand elles sont humides? — Pourquoi est-il avantageux de labourer le plus tôt possible après l'enlèvement des récoltes? — Comment le laboureur doit-il retourner la terre? — Qu'est-ce que le labour à plat — en planches — en billons? — Dans quels cas laboure-t-on à plat — en planches — en billons? — Qu'est-ce que défoncer une terre? — Le rouleau est-il uniquement employé pour écraser les mottes et ameublir le sol? — Quelles conditions doit remplir la semence qu'on emploie? — Comment trouve-t-on le pouvoir germinatif d'une graine? — Quels soins doit-on prendre pour débarrasser la semence des mauvaises graines qu'elle contient? — Quelles sont les différentes manières de faire les semailles? — A quelle profondeur doit-on semer normalement les graines?

Fanes. — Feuilles ou tiges des plantes légumineuses : les fanes de la vesce, des pommes de terre.

Chaume. — Tige des céréales qui tient au sol après la moisson : le chaume du blé, de l'avoine. Le chaume est enterré par le labourage ou on l'arrache pour former la litière des animaux domestiques.

Talle. — Pousse qui, après le développement de la tige, sort du collet d'une plante. Les végétaux tallent plus ou moins quand on a supprimé la tige principale. Certaines opérations agricoles ont pour effet de produire ce résultat. Le recépage des arbrisseaux, le roulage des blés au printemps, le fauchage des prairies vertes, etc., provoquent le tallage.

Pouvoir germinatif. — Pour connaître le pouvoir germinatif, on prend 100 graines de la semence à essayer, et l'on place chacune d'elles dans une cavité creusée sur un bloc de plâtre ou une brique très poreuse. On place le bloc ou la brique dans une assiette d'eau, de manière que le niveau de l'eau atteigne la moitié de l'épaisseur du bloc ou de la brique. En tenant le tout dans un endroit chaud, toutes les graines saines germeront. On comptera les graines germées et on aura le tant pour cent indiquant le pouvoir germinatif de la semence, et, par suite, l'indication de la quantité de graine qu'il convient de semer.

Profondeur des semis. — L'expérience a démontré que pour être dans de bonnes conditions de germination une graine doit être à une profondeur de cinq fois son diamètre moyen.

CÉRÉALES

On nomme *céréales* toute une catégorie de plantes dont les graines constituent par elles-mêmes un aliment ou fournissent de la farine quand on les broie. Leur nom leur vient de *Cérès* qui, au temps du paganisme, était la déesse des moissons, et qui, croyait-on, avait créé ces plantes ou tout au moins appris aux hommes à les connaître.

CÉRÈS, déesse des moissons ; d'après une statue antique.

Les principales céréales sont : le *froment* ou *blé*, le *seigle*, l'*orge*, l'*avoine*, le *maïs*, le *sarrasin* et le *millet*.

LE BLÉ

Le blé se compose d'une tige creuse à nœuds espacés, implantée sur un collet de racines fibreuses; ses feuilles allongées embrassent la tige à chaque nœud : elles sont engainantes. En haut de la tige se forme l'épi, composé d'épillets.

Autrefois, on ne connaissait guère en France que quelques variétés de *blé indigène* ou *blé de pays* dont l'épi porte, à l'ordinaire, de 20 à 24 grains. Depuis, par l'importation des blés étrangers et par la *sélection*, c'est-à-dire par un choix intelligent, on est arrivé à trouver des espèces qui portent communément de 70 à 80 grains.

Le *blé*, qu'on appelle aussi *froment*, se sème en automne ou au printemps. Les *blés d'automne* appelés aussi *blés d'hiver* se sèment en automne et passent l'hiver en terre. Les *blés de mars* ou de *printemps* se sèment ordinairement en mars et ne passent guère en terre que cinq ou six mois.

On peut citer parmi les blés les plus recommandables :

Blés d'automne ou d'hiver : *Blé à épi carré*, *blé Victoria d'automne*, *blé bleu de Flandre*, *blé Chiddam d'automne*.

Blés de mars ou de printemps : *Blé Chiddam de mars*, *blé de Bordeaux* ou *rouge inversable*, *blé bleu* ou *de Noé*. Ces deux derniers peuvent aussi être semés en automne.

Sur terres convenablement fumées, ces espèces donnent une moyenne de 23 à 30 hectolitres à l'hectare.

En général, il est bon d'avoir, dans toutes les grandes cultures, plusieurs variétés de blé.

C'est aussi un fait bien établi que, dans un même champ, le mélange de deux variétés distinctes de blé donne presque constamment un rendement en grain plus considérable que celui qu'on aurait obtenu de l'une ou de l'autre de ces variétés cultivées isolément. Par ce moyen, on obtient aussi un grain de plus belle apparence, lorsqu'on a soin de mélanger un blé à grain jaune ou blanc avec un blé à grain rouge, ou un blé dur avec un blé tendre. Mais il ne faut pas se servir du blé ainsi récolté comme semence, il y a presque toujours une dégénérescence.

Dans tous les cas, avant de semer un blé étranger, il faut s'assurer qu'il peut s'*acclimater* dans le pays, soit en se renseignant près des cultivateurs qui en ont déjà essayé la culture, soit en faisant soi-même un essai en petit.

LES BLÉS

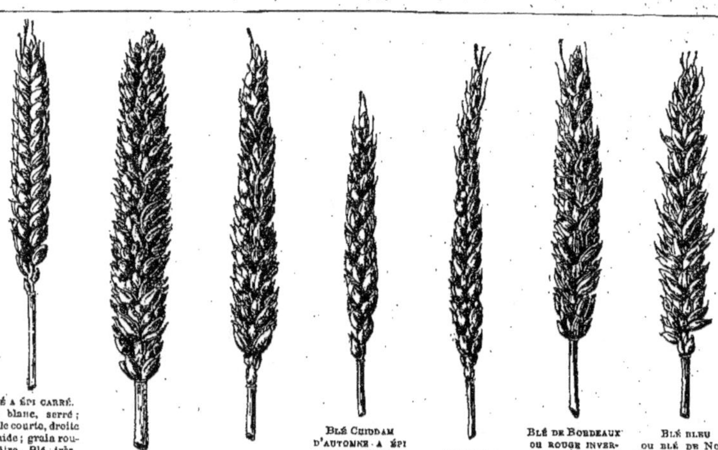

BLÉ A ÉPI CARRÉ. Épi blanc, serré; paille courte, droite et raide; grain rougeâtre. Blé très productif, peu sujet à la verse, mais craint les coups de chaleur à la maturation.

VICTORIA D'AUTOMNE. Épi blanc, fort; paille haute; grain jaune rougeâtre.

BLÉ BLANC DE FLANDRE ou DE BERGUES. Épi pyramidé; paille haute; excellent grain.

BLÉ CHIDDAM D'AUTOMNE A ÉPI ROUGE. Paille droite, un peu courte; grain blanc. Blé d'un grand rendement, très rustique.

CHIDDAM DE MARS. Épi effilé; paille fine, de hauteur moyenne; grain blanc.

BLÉ DE BORDEAUX OU ROUGE INVERSABLE. Épi rouge brun de moyenne grosseur; paille forte; grain rouge. Bon blé d'automne et de printemps.

BLÉ BLEU OU BLÉ DE NOÉ. Épi blanc à épillets écartés; paille peu élevée; grain jaune. Blé précoce d'automne et de printemps.

LE SEIGLE

Le seigle ressemble au blé ; son grain est plus mince, plus allongé, plus pâle que celui du blé ; son épi est plus grêle, plus maigre et moins fourni. Il sert aussi à faire du pain, mais le pain de seigle est moins nourrissant que celui du froment. En revanche, il est plus rustique que ce dernier, craint moins le froid et se contente de terrains plus pauvres. C'est la céréale des pays de montagnes.

On se sert de la paille du seigle à différents usages, notamment pour faire des liens.

Bien qu'il y ait plusieurs variétés de seigle, le *seigle d'hiver*, ou seigle commun, est la plus généralement employée.

Quelquefois on sème un mélange par moitié de blé et de seigle, qui prend le nom de *méteil*. Les deux plantes poussent sans se nuire, et, comme l'une des deux peut résister aux mauvaises conditions qui nuisent à l'autre, on a plus de chance d'obtenir une récolte moyenne.

L'ORGE

L'orge se distingue des autres graminées par une barbe assez longue et finement dentelée.

L'*orge d'hiver*, ou *escourgeon*, se sème en général à l'automne. L'*orge commune*, l'*orge à deux rangs*, *orge chevalier* ou *paumelle*, se sèment en mars.

L'orge donne un pain de qualité inférieure. Employée à l'état de farine grossière à la nourriture du bétail, elle augmente la production du lait chez les vaches, et amène un engraissement rapide des bœufs, des porcs et des volailles. Dans le Midi de la France et en Algérie, elle remplace l'avoine dans la ration des chevaux. Mais le véritable usage de l'orge est dans la fabrication de la bière, qui en emploie des quantités considérables.

Malgré le préjugé contraire, la paille d'orge peut être

avantageusement donnée aux animaux; elle est très nourrissante, et les barbes de l'épi n'ont aucune influence mauvaise sur leur santé.

L'orge aime les terres de moyenne consistance, légères et un peu humides. On la sème vers la fin de l'hiver ou le commencement du printemps.

Elle demande particulièrement à être moissonnée avant maturation complète, car l'épi mûr devient très fragile à son point d'attache avec la tige; il se brise facilement, et le risque de la perte par l'égrenage est plus considérable qu'avec les autres céréales.

L'AVOINE

L'*avoine* diffère par sa physionomie des autres céréales; ses grains ne sont pas disposés en épi compact, mais en grappe, en forme de panache.

Quelques variétés d'avoine se sèment en automne; le plus grand nombre,en février et mars ; on récolte vers le mois de juillet.

L'*avoine de Hongrie*, l'*avoine noire de Brie*, l'*avoine jaune de Flandre*, sont les meilleures variétés dans les bonnes terres. Dans les terres médiocres l'*avoine Joannette* convient mieux.

L'avoine est surtout destinée à la nourriture des chevaux, auxquels elle donne l'énergie et la résistance au travail. Elle peut aussi faire du pain, mais de qualité fort médiocre ; elle fournit le gruau, très employé dans l'alimentation des tout petits enfants.

LE MAÏS

Cette plante est originaire d'Amérique; sa paille et son épi sont beaucoup plus gros que ceux des autres graminées. Sa culture n'est rémunératrice que dans l'est, le centre et surtout le midi de la France.

Seigle.

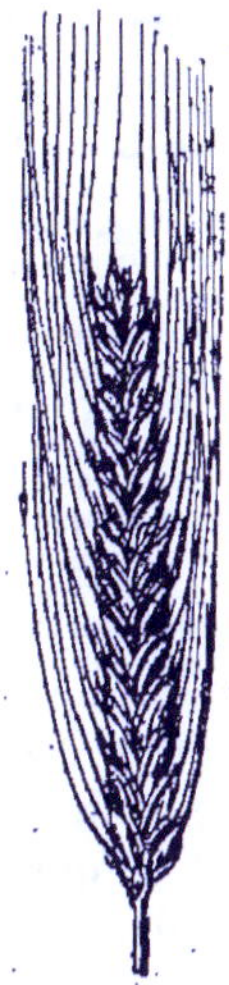

Orge.

Avoine.

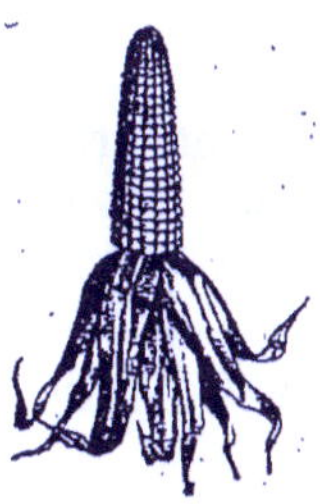

Maïs.

Sarrasin.

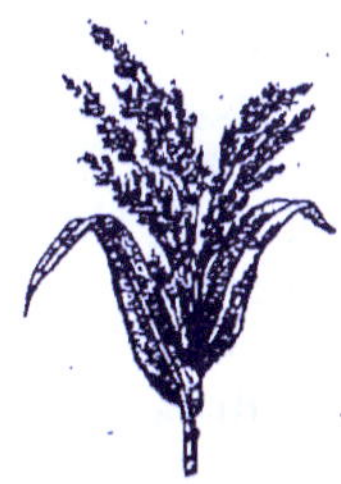

Millet.

Le maïs se sème en avril, généralement en lignes espacées de 0m,50 à 0m,60. Quand sa floraison est passée, on lui fait subir une opération spéciale, l'*écimage*, qui consiste à retrancher le bout des tiges pour concentrer la sève dans les épis. Tous les animaux recherchent le grain de maïs ; il est précieux pour l'engraissement de la volaille. Sa farine sert à faire des galettes ; elle est sous forme de bouillie, nommée *gaudes*, d'un usage fort répandu dans tout l'est de la France.

L'importance du maïs s'est considérablement accrue dans ces derniers temps par l'application industrielle qu'on en a faite à la fabrication de l'alcool.

LE SARRASIN

Le *sarrasin* ou *blé noir* est de la même famille que l'oseille; il a comme celle-ci des graines brunes de forme très angulaire à base arrondie. Peu difficile sur le choix du terrain, mais préférant cependant les sols légers, poussant très vite et demandant peu de soins, le sarrasin est délaissé aujourd'hui dans la grande culture, peut-être à tort, car son grain contient presque autant de principes azotés que le blé.

Le sarrasin se sème de la fin de mai au milieu de juin ; il craint la gelée.

LE MILLET

Dans l'extrême midi de la France, on cultive encore le *millet*, mais comme il mûrit en général assez inégalement, et qu'il faut s'y reprendre à différentes reprises pour couper successivement les épis au fur et à mesure de leur maturation, il ne peut faire l'objet d'une culture bien étendue.

Expériences. — Séparation du gluten et de l'amidon.

Rédaction. — La charrue : pièces principales dont elle se compose : comment elle fonctionne; services qu'elle rend. (*Certificat d'études. Haute-Marne.*)

Promenades. — 1. Examiner les épis du blé, de l'orge, du seigle, etc. Distinguer les épillets, la balle, le grain; compter les grains de quelques épis.

2. Étudier les variétés de céréales cultivées dans la région ; les comparer; interroger les cultivateurs sur

les essais qu'ils ont dû faire avant d'adopter telle ou telle céréale.

Problèmes. — **1.** On a acheté 125 doubles décalitres de blé à 5 fr. 20 le double décalitre, puis 235 à 4 fr. 60. Quel est le prix moyen du décalitre ?

2. Un fermier vend la récolte de son blé pour 5 583 fr. 50, à raison de 28 francs les 100 kilogrammes. On demande en hectares, ares et centiares la surface du terrain qui a produit cette quantité de froment, sachant qu'un hectare de terre a donné 20 hectolitres et que l'hectolitre pèse 75 kilogrammes. (*Certificat d'études. Doubs.*)

3. Dans une chambre rectangulaire, longue de 5m,60, large de 3m,40, il y a du blé répandu uniformément à la hauteur de 0m,50 : trouver la valeur totale du blé à raison de 21 fr. 50 l'hectolitre. (*Certificat d'études. Seine-et-Oise.*)

4. Un cultivateur loue un hectare de terre 90 fr., le laboure, le fume, et y sème 2 hect. 50 de blé coûtant 22 fr. 40 l'hectolitre ; les frais de main-d'œuvre et de fumure s'élèvent à 238 fr. 60 ; il récolte 19 hectolitres de blé estimé 26 fr. 50 l'hectolitre et 3 900 kilogrammes de paille valant 2 fr. 75 le quintal métrique. On demande quel est le bénéfice net du cultivateur. (*Certificat d'études. Nord.*)

5. Un fermier arrive au marché avec 12 sacs de blé contenant chacun 140 litres, 25 sacs d'avoine de chacun 120 litres et 18 sacs d'orge de 6 doubles décalitres chacun. Il vend le tout au prix moyen de 12 fr. 50 l'hectolitre. On demande : 1° combien ce fermier avait en tout d'hectolitres de grains ; 2° combien il a reçu d'argent; 3° quel était le poids total de son chargement, si le poids moyen d'un sac était de 110 kilogr. (*Certificat d'études. Pas-de-Calais.*)

Questions. — D'où les céréales tirent-elles leur nom ? — Quelles sont les principales céréales? — Quelles sont les variétés de blé que vous connaissez ? — Que savez-vous du seigle? — Qu'est-ce que le méteil ? — Comment l'orge est-il employé ? — Quelle différence y a-t-il entre l'épi d'avoine et l'épi de blé ? — A quoi l'avoine est-elle surtout employée ? — Quel engrais le maïs réclame-t-il de préférence ? — Qu'est-ce que l'écimage ? — Comment le grain du maïs est-il utilisé ? — Que savez-vous du sarrasin, du millet ?

On distingue parmi les blés : les blés à *grain nu*, dont la balle n'est pas adhérente ; les blés à *grain vêtu*, chez lesquels au contraire se produit l'adhérence de la balle ; les blés *tendres*, dont le grain s'écrase facilement ; les blés *durs*, dont le grain est compact avec une consistance cornée.

CULTURE DES CÉRÉALES

ENGRAIS. — Toutes les céréales, le sarrasin excepté, ont besoin des mêmes substances fertilisantes, c'est-à-dire d'azote et d'acide phosphorique. On les donnera donc, comme nous l'avons dit, sous forme de fumier de ferme, complété par du sulfate d'ammoniaque, de la poudrette ou du sang desséché, associés au phosphate de chaux. Ces engrais seront mis en terre au labour d'automne, avant l'ensemencement. Au printemps, surtout si les plantes sont souffreteuses, on répand en couverture du nitrate de soude ou de potasse.

MATHIEU de DOMBASLE, agronome français, né en 1777, mort en 1843; dirigea la ferme expérimentale et l'institut agricole de Roville (Meurthe), où il forma des agriculteurs habiles; inventa plusieurs instruments aratoires, entre autres une charrue qui porte son nom; rédigea plusieurs ouvrages importants : les *Annales agricoles de Roville*, la *Théorie de la charrue*, le *Calendrier du bon cultivateur*, etc. La statue ci-dessus, du grand sculpteur David d'Angers, a été érigée à Nancy, ville natale de Mathieu de Dombasle.

Il est de règle de ne pas mettre les céréales sur du fumier frais; car, dans ce cas, l'expérience a montré qu'elles sont exposées à la verse. Dans une rotation où sont compris des céréales et du trèfle, par exemple, on fera bien de mettre le trèfle sur le fumier frais.

Préparation de la semence. — Les céréales sont sujettes à deux maladies, qui sont dues à la présence de champignons microscopiques, le *charbon* et la *carie*. Pour détruire les *germes* ou *spores* de ces champignons qui pourraient se trouver mêlés aux semences, on a recours au *chaulage* ou mieux au *sulfatage* ou *vitriolage*.

Le chaulage consiste à mouiller le grain avec un lait de chaux qu'on obtient en délayant 3 kilogrammes de chaux vive pour 8 litres d'eau environ. Pour le sulfatage, on dissout 250 grammes de sulfate de cuivre, *vitriol* ou *couperose bleue*, dans 5 litres d'eau, et l'on mouille le grain avec le liquide. Les quantités indiquées suffisent pour 1 hectolitre de grain.

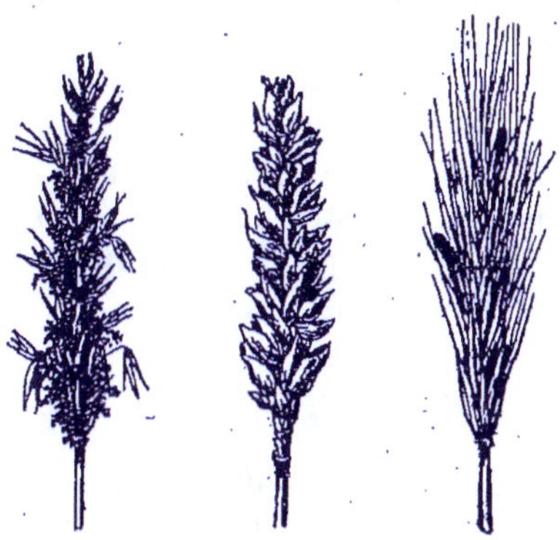

Charbon de l'avoine. — Carie du blé. — Ergot du seigle.

Préparation de la terre. — Pour les semailles de céréales, il ne suffit pas que la terre soit convenablement labourée et nettoyée, il faut encore, au moment où se fait le semis, qu'elle soit tassée et bien rassise, c'est-à-dire que les sillons de la charrue ne laissent pas de vides intérieurs. Si, pressé par le temps, on ne pouvait attendre que la terre se fût rassise d'elle-même, il faudrait y passer un vigoureux coup de rouleau.

Ce que nous venons de dire est indispensable pour obtenir une profondeur convenable et régulière pour le semis. En effet, si la terre se tasse après qu'on a semé, elle peut entraîner la semence à une profondeur telle que celle-ci ne puisse parvenir à la lumière ; ou bien encore, par suite du tassement du sol, les racines se trouvent déchaussées et à découvert, ce qui nuit à la végétation.

Dans les terres fortes, la profondeur à laquelle il faut chercher à placer les semences peut varier de $0^{m},02$ à $0^{m},08$; la meilleure est de $0^{m},03$ à $0^{m},05$; un peu plus dans les terres légères. Pour les blés de printemps, il faut une plus grande profondeur que pour ceux d'automne. Dans le Midi, et en général dans les pays secs, on doit semer plus profondément que dans le Nord et dans les pays humides.

LES SEMAILLES DES CÉRÉALES

On distingue, selon l'époque où on les sème, les *céréales d'automne* et les *céréales de printemps*. Les premières comprennent certaines variétés de blé, le seigle, l'orge escourgeon et certaines variétés d'avoine. Les secondes, certaines variétés de blé, d'avoine et d'orge, le maïs et le sarrasin.

Semailles d'automne. — Ces semailles se font généralement en France du 15 septembre au 15 octobre, si l'on veut que les plantes aient pris quelque force avant l'hiver. Les semailles faites dans la deuxième quinzaine d'octobre sont tardives ; elles peuvent être compromises si un excès de sécheresse retarde la germination ou si la température baisse au commencement de novembre. Plus on sème tôt, plus les semences ont chance de germer, et par conséquent moins grande est la quantité qu'on en doit répandre. Il y a donc économie à semer de bonne heure.

Semailles de printemps. — Dans le midi de la France, les semailles se font en février ; dans le nord et le centre, généralement en mars.

Pour le maïs et le sarrasin, qui craignent les gelées, on retarde les semailles jusqu'en mai.

Quantité de semence. — On emploie à peu près la même quantité de semence pour le blé, le seigle, l'orge et l'avoine : 2 à 3 hectolitres par hectare.

> Semez clair vous récolterez épais.
> Qui sème dru, recoltera menu.

Si l'on sème trop épais, les plantes, serrées les unes contre les autres, privées d'une quantité d'air et de lumière suffisante, arrêtées dans la croissance de leurs racines, s'étiolent, ne peuvent résister ni au vent ni à la pluie, et donnent un grain léger. Le semoir évite ces inconvénients.

Travaux du printemps. — Lorsque la terre est dure, compacte, après l'hiver, il y a lieu de passer à plusieurs reprises et en différents sens sur les jeunes plantes une herse à dents de fer. Un coup de rouleau complétera avantageusement l'opération et rétablira les plantes que la herse aurait bouleversées.

Si au contraire les céréales sont déchaussées par des alternatives de gel et de dégel, qui ont laissé la surface de la terre ameublie, on ne fera que passer le rouleau.

Le semis en ligne présente dans ces circonstances de sérieux avantages, surtout si on a adopté un écartement suffisant de 0^{m},18 à 0^{m},20. On peut alors détruire les mauvaises herbes, en même temps qu'on rechausse ou qu'on butte les touffes au moyen d'une *houe à cheval* ou *bineuse mécanique*. Mais si les plantes ont été semées à la volée, on sarcle ou on bine à la main au moyen d'une *binette* ou *rasette*.

Ces travaux se font quand les plantes ont de 0^{m},20 à 0^{m},25 de hauteur, c'est-à-dire en avril ordinairement, en choisissant bien entendu un temps sec.

LA MOISSON

Les étés chauds avec un ciel couvert sont les plus favorables à la prompte et bonne maturation des céréales. Celle-ci s'annonce par la teinte de plus en plus jaunissante de la paille, qui indique le moment précis où l'on peut commencer la récolte.

La moisson se fait généralement en France entre le 15 juillet et le 15 août, un peu plus tôt dans le Midi, un peu plus tard dans le Nord.

Il est bon de ne pas attendre que les céréales soient tout à fait mûres pour les couper, si l'on veut éviter l'*égrenage*, qui peut causer des pertes très appréciables. Si la maturité n'est pas tout à fait complète, elle s'achève fort bien dans les *moyettes*. On nomme ainsi de petits abris provisoires qui se font sur le champ même, en posant à terre plusieurs gerbes debout l'une près de l'autre, les épis en l'air, que l'on recouvre d'une autre gerbe écartée les épis en bas. Les céréales peuvent se conserver ainsi durant plusieurs semaines sans inconvénient, ce qui permet au cultivateur de choisir le jour le plus favorable pour rentrer sa récolte.

Comme tous les instruments agricoles, ceux qui sont employés pour couper les céréales se sont perfectionnés peu à peu. Autrefois on employait généralement la *faucille*, et c'est ce qu'on est encore obligé de faire partout pour les blés versés. Mais la faucille ne permet pas à un homme de couper plus de 15 à 20 ares par jour. Les moissonneurs flamands, qui se répandent dans une grande partie de la France au moment de la moisson, coupent avec la *sape* de 30 à 35 ares par jour. Avec la *faux* armée d'une sorte de rateau, un ouvrier robuste peut arriver à couper 50 à 60 ares par jour.

La faux, employée à peu près partout, rase mieux le sol que la faucille; elle augmente la quantité de paille et détruit mieux les mauvaises herbes, car elle tranche

LA MOISSON. — Dessin de LHERMITTE.

L'artiste a représenté un moissonneur qui coupe le blé au moyen de la *faux*. Une femme le suit : c'est une javeleuse, munie d'une *faucille*, qui ramasse le blé coupé et le dépose à terre en petits tas appelés *javelles*. Une troisième personne lie les javelles pour en former des *gerbes*.

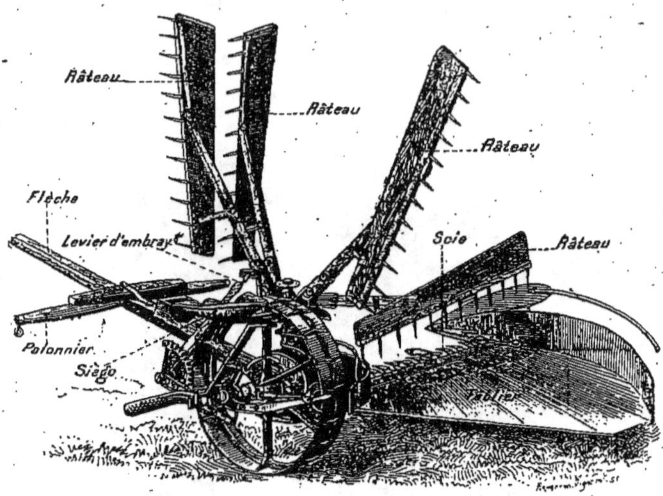

MOISSONNEUSE.

Lorsque le conducteur, assis sur son *siége*, agit sur le *levier d'embrayage*, toutes les pièces de la moissonneuse sont mises en action par la marche de l'attelage. Les céréales sont coupées par la *scie*; elles tombent sur le *tablier* et sont ramassées par les *râteaux* qui les déposent sur le sol en javelles.

plus bas la tige, en sorte que souvent celles-ci ne peuvent se mettre en graine et sont dans l'impossibilité de se reproduire.

Dans les grandes exploitations, le travail des *moissonneuses* ou *machines à moissonner* est plus économique.

Promenades et devoirs écrits. — 1° les labours; 2° les semailles; 3° les sarclages; 4° la moisson.

Rédaction. — Expliquer pourquoi il est nécessaire de rendre au sol les matières fertilisantes que les récoltes lui ont enlevées.

Problèmes. — 1. Dans un champ de 125 ares, on a semé 220 litres de blé; le rendement a été de 350 gerbes, et 100 gerbes ont donné 7 hectolitres de blé. Quel est le produit : 1° d'un hectare ; 2° d'un litre de semence? (*Certificat d'études. Gard.*)

2. Le poids de l'hectolitre de blé est d'environ 80 kilogrammes. Quel sera le poids du blé récolté dans un champ qui a produit 3 954 gerbes, sachant que 9 gerbes fournissent un demi-hectolitre de blé? (*Certificat d'études. Drôme.*)

3. Un faucheur peut couper 54 ares de blé en une journée de 12 heures: 1° combien lui faudra-t-il de temps pour faucher un champ de 2 hectares 11 ares 4 centiares; 2° combien gagnera-t-il par hectare et par jour, si, le travail terminé, il reçoit 32 fr. pour son salaire? (*Certificat d'études. Somme.*)

Questions. — Quelles sont les substances fertilisantes qui conviennent surtout aux céréales ? — Sous quelle forme doit-on donner aux céréales l'engrais convenable ? — Met-on des céréales sur un fumier frais — pourquoi? — Qu'appelle-t-on charbon — carie ? — Expliquer comment se fait l'opération du chaulage — du vitriolage. — Que doit-on faire au moment des semailles, si la terre présente des vides intérieurs — Pourquoi? — A quelle profondeur sème-t-on les céréales ? — Quand fait-on ordinairement les semailles d'automne — de printemps? — Que fait-on après l'hiver si la terre est trop compacte et s'oppose au libre développement des plantes — si les céréales sont déchaussées? — Comment peut-on détruire les mauvaises herbes dans les semis en ligne — dans les semis à la volée ?—A quel moment et par quel temps se font les binages et sarclages des céréales ? — Pourquoi n'est-il pas bon d'attendre la maturité complète pour couper les céréales ?— Qu'appelle-t-on moyettes? — Quels sont les outils qu'on emploie pour la moisson? — Quels avantages les machines à moissonner présentent-elles?

Binage. — Le binage a un double but : il ameublit le sol et il le débarrasse des plantes nuisibles.

Sarclage. — Le sarclage consiste à *sarcler* les plantes, c'est-à-dire à les débarrasser des mauvaises herbes qui gênent leur développement. Le sarclage se fait soit à la main, soit avec divers instruments tels que les échardonnoirs, les ratissoires, les binettes, les serfouettes, les sarcloirs, les houes, etc. Parfois l'opération se désigne par l'instrument qu'on emploie; ainsi l'on dit *échardonnage, ratissage, binage*.

Buttage.— Cette opération consiste à élever la terre autour de la tige d'un végétal pour le *chausser*. On butte le céleri pour faire blanchir ses tiges, les artichauts en automne pour les préserver de la gelée, etc. Le buttage se fait avec la houe à main, le buttoir, etc.

LES GLANEUSES. — Dessin de LHERMITTE.

FOURRAGES

Le mot *fourrage* désigne l'ensemble des plantes herbacées qui servent à la nourriture du bétail.

Ces plantes ou bien sont consommées sur place, au lieu où elles ont poussé, qu'on appelle *prairie*, *pré*, *pâturage*, *pâture*, etc.; ou bien elles sont coupées, séchées et données en nourriture aux bêtes sous forme de *foin* ou de *paille*.

Les fourrages sont en général fournis par les prairies, qui sont de deux sortes : les *prairies naturelles* et les *prairies artificielles*.

PRAIRIES NATURELLES

Les prairies naturelles (ou *prés*) sont celles qui se trouvent créées spontanément par la nature sur des terrains spéciaux, ou qui y ont été constituées par la main de l'homme, pour y demeurer indéfiniment. Les prairies naturelles sont exclusivement composées de plantes vivaces herbacées, de variétés très nombreuses, mais empruntées pour la plus grande partie aux graminées et aux légumineuses, telles que *trèfle*, *avoine fromental*, *brome*, *houque*, *pâturin*, *fétuque*, etc., etc., dont les représentants sont plus ou moins nombreux dans la prairie, selon la nature de son terrain.

Pour faire une prairie naturelle, voici la méthode la plus généralement suivie : on nivelle le sol, on le fournit abondamment d'engrais et on le laboure plusieurs fois profondément; après cela on sème un mélange d'une graine de céréale avec des graines de plantes herbacées appropriées à la nature du terrain; mais il faut avoir soin que la céréale (habituellement de l'avoine) ne soit qu'en très faible proportion dans le mélange. Il faut bien se garder d'employer comme semence les fonds et balayures de greniers à fourrages, nommés dans certaines localités *poussiers de foin*, il s'y trouve trop souvent mêlées les graines des plantes dangereuses, telles que le *colchique* d'automne, la *renoncule* âcre, etc.

Il est préférable à tous les points de vue de composer le mélange de graines à volonté, en ayant soin toutefois de bien choisir des semences appropriées à la nature du terrain qui doit les recevoir. On sème séparément les petites graines d'avec les grosses, pour obtenir une dispersion plus égale et plus de régularité dans le mélange. L'époque la plus favorable pour semer une prairie est le printemps, bien qu'on réussisse parfois avantageusement à l'automne. On donne un coup de herse et un coup de rouleau sur la semence.

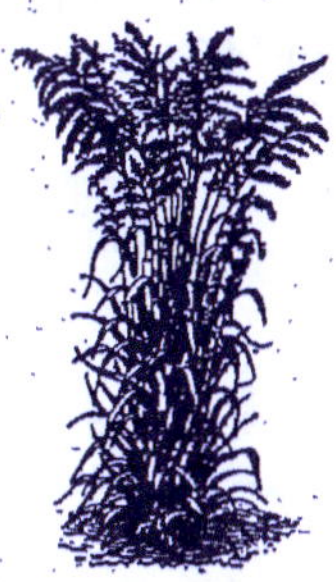

AVOINE FROMENTAL.

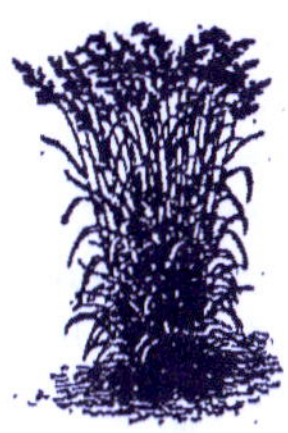

FÉTUQUE DES PRÉS.

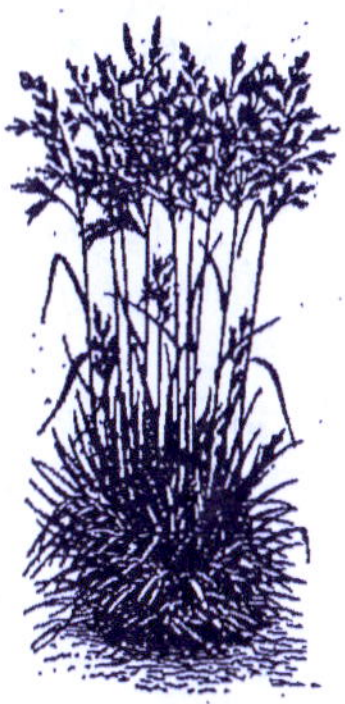

BROME A GRAPPES.

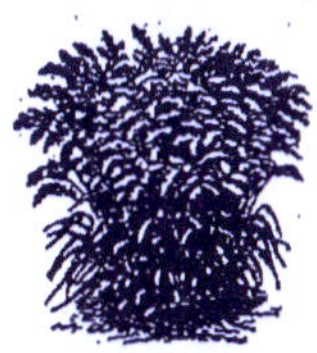

HOUQUE LAINEUSE.

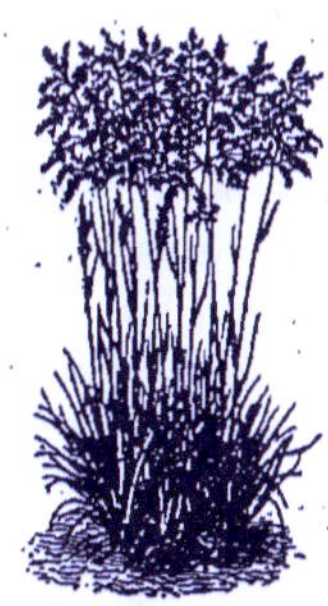

PATURIN DES PRÉS.

On ne doit pas abandonner sans soins à elle-même une prairie naturelle, alors même qu'elle remonterait à une époque immémoriale et serait toujours productive. Quand on ne la livre pas au pâturage des animaux, qui lui donnent du fumier, il est bon de l'amender tous les deux ans par des engrais (en choisissant de préférence les engrais en poudre, qui sont plus facilement décomposés par le sol), phosphate acide de chaux, nitrate d'ammoniaque, sulfate de chaux. Un excellent procédé consiste à l'arroser avec du purin mélangé de moitié d'eau quand les grandes pluies d'hiver sont passées.

Il convient d'irriguer les prairies sèches, et d'enlever par des fossés ou des drainages l'excès d'eau de celles qui seraient trop humides.

Il faut détruire les *taupinières*, et répandre sur le sol la terre fine qui les constitue. Mais il est avantageux de protéger les *taupes*, car, à part quelques bouleversements causés par certaines galeries parfois un peu trop superficielles, les taupes ne portent aucun préjudice aux prairies. Bien au contraire, elles leur rendent de sérieux services en détruisant beaucoup d'insectes nuisibles parce qu'ils se nourrissent des racines des herbes. En outre les galeries des taupes forment autant de petits canaux qui concourent avantageusement à l'irrigation profonde du sol et à son aération.

Quand les prairies sont destinées au pacage, il ne faut pas y lâcher les animaux au moment où le sol est détrempé par l'humidité, car leurs pieds, en s'enfonçant profondément dans la terre, causeraient un réel préjudice aux plantes, dont les racines s'arracheraient en outre avec une trop grande facilité sous la dent des bestiaux.

PRAIRIES ARTIFICIELLES

Les prairies artificielles, comme leur nom l'indique, sont toujours le produit du travail de l'homme. Elles sont constituées par des *légumineuses* et permettent d'élever un nombreux bétail et de produire beaucoup de fumier. On en distingue plusieurs sortes.

PRAIRIES ARTIFICIELLES DE PLANTES VIVACES. — Les principales plantes vivaces sont la luzerne, le sainfoin et le ray-grass.

La *luzerne* est par excellence la plante des prairies artificielles. Elle aime un sol profond, bien fumé, un peu frais, mais sans trop d'humidité. On sème en général la luzerne au printemps, à la volée, et on la couvre avec le rouleau. Une luzerne n'est bien garnie qu'au bout de trois ans; elle atteint de $0^m,60$ à $0^m,80$ et dure en général de sept à huit ans en plein rapport; elle décline ensuite.

A la fin de l'hiver, il est bon de la herser et de la couvrir de cendres; au printemps, on lui donne du purin ou du chlorure de potassium. Le plâtre, à la dose d'environ 2 hectolitres par hectare, qu'on répand en poudre à la volée, produit d'excellents effets.

On distingue deux variétés de luzerne: la *luzerne du pays* ou *de Poitou*, et la *luzerne de Provence*. Celle-ci, plus grande que l'autre, est plus productive en bonne terre, mais demande un climat chaud.

On coupe la luzerne deux ou trois fois par an.

Le *sainfoin* est une plante à racines pivotantes, à fleurs roses; il réussit très bien dans les sols calcaires et profonds. On le sème en mars ou avril à la volée, dans une céréale de printemps. Sa hauteur moyenne est de $0^m,50$ à $0^m,60$. On en connaît deux variétés : l'*esparcette* ou sainfoin ordinaire, qui donne une coupe, et le *sainfoin chaud*, qui en donne deux. Cette dernière demande une meilleure terre que l'autre. La durée du sainfoin ne dépasse pas six à huit ans. Séché au soleil, il constitue une excellente nourriture pour le cheval.

Le *ray-grass* ou *ivraie vivace* est la graminée qui forme

les gazons. Il en existe deux variétés : le *ray-grass d'Italie* et le *ray-grass d'Angleterre*. On les sème à la volée au printemps associés avec une céréale, ou seuls à l'automne. On les recouvre d'un coup de rouleau.

Le ray-grass aime les sols frais et substantiels. Il constitue un excellent fourrage, mais à condition d'être

LUZERNE. SAINFOIN. RAY-GRASS.

fauché de bonne heure. Si on le laisse trop mûrir, il devient dur et perd de sa qualité. Livré au pacage, le ray-grass, rongé par les animaux, repousse avec une extrême rapidité et forme un fond de pâturage pour ainsi dire inépuisable. Malgré cela, ce n'est pas une plante très épuisante ; cependant il ne convient pas de le laisser plus de quelques années dans le même terrain.

PRAIRIES ARTIFICIELLES DE PLANTES BISANNUELLES OU ANNUELLES. — Les prairies artificielles se composent surtout de trois espèces de trèfles, trèfle commun ou violet, trèfle incarnat, trèfle blanc, et de lupuline.

Le *trèfle commun* se sème au printemps, à la volée avec une céréale, dans un terrain plutôt léger que fort, calcaire, frais et perméable, garni d'engrais potassiques. Il est bon de semer isolément la céréale, puis le trèfle. On recouvre à la herse garnie d'épines ou au rouleau.

Quand la céréale est mûre, on moissonne le champ et

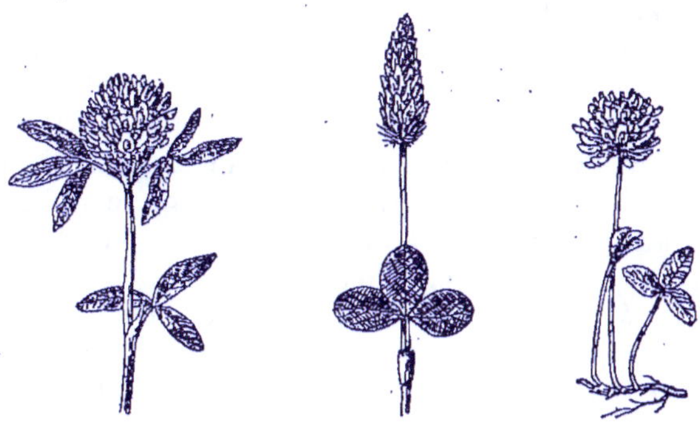

TRÈFLE COMMUN. TRÈFLE VIOLET. TRÈFLE INCARNAT. TRÈFLE BLANC.

l'on ne touche plus au trèfle. Il est possible, au besoin, de le faire pâturer s'il est bien pris, et si le terrain est suffisamment sec pour résister au foulage des animaux. C'est l'année suivante seulement que le trèfle donnera le fourrage. Il fournit habituellement trois coupes, mais il peut aller exceptionnellement jusqu'à quatre quand il est cultivé dans des conditions tout à fait favorables.

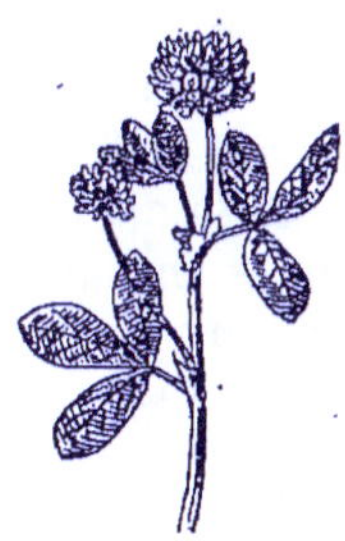

LUPULINE.

La première coupe se fait lorsque la plante est en pleine fleur. Si l'on veut récolter de la graine en vue de semailles ultérieures, l'expérience a démontré qu'il faut la demander à la seconde coupe, dont la floraison est plus égale et plus fournie que celle de la première.

On peut faner le trèfle violet en lui donnant les mêmes soins qu'au foin ordinaire. Au bout de dix-huit mois le trèfle pourrait encore végéter, mais il ne serait plus assez productif; aussi on le laboure et on le remplace par une autre culture.

Le *trèfle incarnat* est d'une végétation plus rapide que le trèfle commun. Semé à la fin de septembre après une céréale, sur un léger labour,dans un sol plutôt sec qu'humide, il pousse très vite et donne du fourrage dès le mois de mai, quelquefois même dès la fin d'avril. On le fait généralement manger en vert, parce qu'à l'état sec il constitue un médiocre fourrage. Il ne donne qu'une coupe. Pour le reste, tout ce que nous avons dit du trèfle commun s'applique au trèfle incarnat.

Le *trèfle blanc* réussit un peu partout; on le sème également au printemps; en général on le fait pâturer.

La *lupuline*, *minette* ou *mignonnette* est une plante qui ressemble à la luzerne quant à la structure, mais elle vient beaucoup moins haute, s'entrelace davantage et porte des fleurs jaunes au lieu d'être violettes. La lupuline se sème à raison de 15 à 18 kilogrammes par hectare, et on la cultive dans les mêmes conditions que le trèfle. Elle est très recherchée par le bétail, et comme elle ne produit pas la météorisation, on peut la faire consommer sans risques en pâturage. On y met les animaux au printemps qui suit sa semaille d'automne. Elle peut fournir un bon fourrage sec, mais elle est plus généralement consommée en vert.

PLANTES FOURRAGÈRES DIVERSES. — La *vesce*, la *lentille à une fleur* ou *jarosse* d'Auvergne, la *gesse chiche* (jarosse, garousse, jarat, pois cornu) peuvent être cultivées dans de mauvaises terres calcaires ou siliceuses. On les sème avec du seigle dont les tiges leur servent d'appui. Pour les vaches et les moutons surtout, elles donnent un excellent fourrage, trop échauffant pour les chevaux. La graine de gesse chiche est, dit-on, un aliment dangereux pour l'homme, elle peut occasionner des empoisonnements et des paralysies.

VESCE.

LENTILLE A UNE FLEUR.

GESSE.

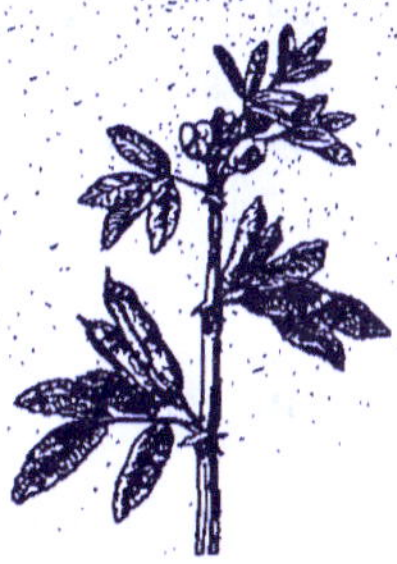

FÉVEROLE.

SORGHO.

Le *seigle*, surtout la variété appelée *multicaule*, c'est-à-dire qui pousse des tiges nombreuses, le *maïs ordinaire*, le *maïs géant* ou dent de cheval, le *sorgho*, le *moha* de Hongrie sont employés comme fourrages verts. Le bétail les mange avec plaisir en raison du sucre qu'ils contiennent.

Les *féveroles* produisent l'un des meilleurs fourrages qu'on puisse donner aux chevaux qui supportent de rudes fatigues ; elles ne sont pas épuisantes ; elles empruntent beaucoup à l'atmosphère et consomment peu d'engrais.

Les *choux fourragers* sont cultivés en grand dans les départements de la Loire-Inférieure, de la Mayenne, de la Sarthe, du Maine-et-Loire, de la Vendée, des Deux-Sèvres, et dans certains départements du nord de la France. — Les espèces cultivées sont : le *chou Chollet*, le *fourrager de la Sarthe*, le *chou cavalier* (ou *à vaches*),

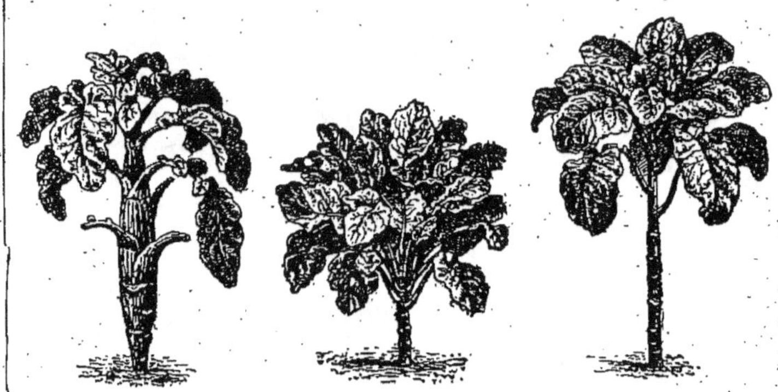

CHOU CHOLLET. CHOU BRANCHU. CHOU CAVALIER.

le *chou moellier blanc* (ou *rouge*), et le *chou branchu du Poitou*.

Le chou Chollet et les autres choux à moelle se sèment en pépinière de mars en mai, et les choux verts en septembre, et se repiquent deux ou trois mois après, en lignes assez espacées pour pouvoir les cultiver à la charrue. Sarclage et binage comme pour toutes les plantes sarclées. — Il convient de repiquer par un temps frais. Quand les choux sont bien repris, ils sont extrêmement résistants. — On les fait, en général, succéder à une plante fourragère ou à une céréale, sur un simple labour, après une mise d'engrais de 300 à 500 kilogrammes de superphosphate, ou 15 000 à 20 000 kilogrammes de fumier de ferme.

On coupe les feuilles des choux Chollet une ou deux fois, puis les tiges à partir d'octobre. La consommation, suspendue pendant les gelées, recommence en mars, au moment de la montée du chou en graines.

Cette culture peut rendre jusqu'à 50 000 kilogrammes de fourrage vert par hectare.

Promenades et devoirs écrits. — 1. Les prairies naturelles. — 2. Les prairies artificielles.

Problèmes.—1. Une personne a acheté, pour la somme de 3250 fr., un pré qu'elle loue à raison de 165 fr. par an, et pour lequel elle paye 15 fr. 50 de contributions. A quel taux a-t-elle placé son argent? (*Certificat d'études. Belfort.*)

2. Un père laisse à trois enfants, qui doivent se le partager également, un pré rectangulaire valant 12500 francs l'hectare et mesurant 160 mètres de long sur 80 mètres de large. Quelle est la valeur de chaque part, défalcation faite du droit d'héritage, qui est de 1 fr. 25 0/0? (*Certificat d'études. Ariège.*)

3. Un champ de 1 hectare 2/3 a été semé en luzerne. Les frais de culture de la première année s'élèvent à 389 fr. 75, et à 167 fr. 85 pour chacune des 9 années suivantes. Cette luzernière, dont la durée a été de 10 ans, a donné annuellement 4 coupes, produisant en moyenne 48 quintaux métriques de foin, que l'on a toujours vendu 2 fr. 61 les 50 kilogrammes. On demande : 1° le revenu net de 1 hectare pour une année ; 2° le taux de l'intérêt produit par cette terre, qui représente une valeur vénale de 0 fr. 65 le mètre carré et pour laquelle on paye 13 fr. 87 de contributions. (*Certificat d'études. Pyrénées-Orientales.*)

Questions. — Qu'appelle-t-on prairies naturelles? — Quelles sont les plantes qui composent les prairies naturelles? — Comment procède-t-on habituellement pour faire une prairie naturelle? — Que doit-on faire lorsqu'une prairie n'est pas livrée en pâturage aux animaux domestiques? — Que fait-on lorsque les prairies sont trop sèches — trop humides? — Comment doit-on traiter les taupes et les taupinières? — Quelles précautions doit-on prendre à l'égard des prairies destinées au pacage? — Qu'appelle-t-on prairies artificielles et de quelles plantes se composent-elles? — Qu'est-ce que la luzerne et quel sol réclame-t-elle? — Combien d'années dure une bonne luzerne et quels soins doit-on lui donner? — Combien la luzerne donne-t-elle de coupes par an? — Que savez-vous du sainfoin — du ray-grass? — Comment sème-t-on le trèfle commun? — Combien de coupes donne-t-il? — A quelle coupe récolte-t-on de préférence la graine de trèfle? — Combien de temps laisse-t-on le trèfle en culture? — Dites ce que vous savez du trèfle incarnat — du trèfle blanc — de la lupuline — de la vesce — de la lentille à une fleur — de la gesse. — Quelles sont les autres plantes utilisées en fourrages verts? — Que savez-vous du chou Chollet — du chou branchu du Poitou — du chou cavalier? — Quels soins exige la culture des choux fourragers?

RÉCOLTE DES FOURRAGES

Le moment le plus favorable pour la *récolte* des foins et des prairies artificielles est celui où la majeure partie des herbes est en fleur. Il ne faut pas attendre que les graines soient entièrement développées, parce qu'une

LES FOINS. — Tableau de Julien DUPRÉ.

grande partie des sucs de la plante devant concourir à ce développement, elle deviendrait par cela même moins nourrissante.

La récolte des foins comprend plusieurs opérations, qui sont : le *fauchage*, le *fanage* et l'*emmagasinage*.

FAUCHAGE

Le *fauchage* se fait avec la *faux*, que tout le monde connaît, et qui varie peu de forme pour tous les pays du monde, ou à la *faucheuse* mue par les chevaux, ou par la vapeur.

Le meilleur fauchage est celui qui rase la terre de plus près : d'abord il augmente la quantité du foin, ensuite il introduit dans celui-ci beaucoup de plantes des petites espèces qui sont fines et courtes, et qui sont souvent les plus recherchées par les animaux.

Au fur et à mesure que le faucheur ou la machine avance, le foin est couché en lignes et forme ce que l'on appelle des *andains*.

FANAGE

Le *fanage* est la manipulation à laquelle on soumet le foin pour le sécher. Il consiste à défaire les andains et à éparpiller l'herbe coupée pour qu'elle soit également exposée aux rayons du soleil.

On opère au moyen de la fourche vulgaire en bois, ou d'une machine spéciale appelée *faneuse*, qu'un cheval met en mouvement.

Il ne faut pas que le foin sèche trop vite et soit *saisi* par le soleil; aussi, après l'avoir laissé étendu au grand air pendant une durée qui varie avec l'état de l'atmosphère, il est ramassé avec un *râteau* à main ou un *râteau* mécanique, et on le met en tas que l'on nomme *meulons* ou *bouillots*.

Cette opération se fait généralement le soir, pour soustraire le foin à l'humidité de la nuit. Il subit assez souvent dans les bouillots un petit commencement de fermentation qui favorise sa bonne conservation et développe son parfum.

Le lendemain, quand la rosée est suffisamment évaporée, on éparpille les bouillots au grand soleil; les mêmes manipulations sont continuées jusqu'à ce que le foin soit suffisamment sec pour être emmagasiné.

Quand le temps est incertain, le foin peut rester dans les andains pendant un ou deux jours sans inconvénient. On peut aussi conserver les meulons pendant deux jours sans danger si le foin est encore un peu

RATEAU A CHEVAL.

humide, et durant trois ou quatre jours si le foin est bien sec.

EMMAGASINAGE

Pour rentrer la récolte, il faut, autant que possible, choisir un beau temps et veiller à ce qu'il ne reste plus d'humidité dans le foin.

Le foin est étendu dans les greniers ou dans les meules par couches uniformes, épaisses d'environ $0^m,50$, que l'on tasse bien afin de ne laisser aucun vide. Si le foin était récolté avant d'être suffisamment sec, il moisirait, ce qui lui enlèverait ses qualités et pourrait même le rendre impropre à tout usage.

Mais un inconvénient plus grave est à craindre avec du foin rentré encore humide : il se forme, par la fermentation, des vapeurs qui peuvent prendre spontanément feu. Qu'on se garde bien, si le foin fermente, de lui donner de l'air; c'est dans le mélange de l'air avec les gaz produits par la fermentation qu'est le danger. Il faut, au contraire, tout fermer hermétiquement, et préserver le foin de tout courant d'air. Une excellente pratique consiste à saupoudrer chaque couche légèrement de sel; cela aide à sa conservation et combat les tendances à la fermentation. Le fourrage devient en outre plus savoureux et convient mieux au bétail.

On empêche encore la fermentation, soit en le comprimant à haute pression, soit en le desséchant au moyen d'une ventilation qui fait passer une masse d'air considérable à travers les meules.

Lorsque les conditions climatériques, par exemple des pluies fréquentes, ne permettent pas d'obtenir la dessiccation des foins, il y a lieu de recourir à l'*ensilage*, qui consiste à enfermer dans des *silos* ou *fosses* parfaitement sèches les fourrages encore verts, aussitôt après la coupe.

Les silos sont ou maçonnés ou simplement creusés dans la terre, en lieu sec et élevé, à sous-sol perméable.

On dépose, avec la plus grande rapidité possible, les herbes par couches successives qu'on fait presser fortement par des hommes et même par des animaux si les dimensions le permettent. Lorsque le tas est arrivé à la hauteur voulue, on le recouvre de tous côtés de paille ou de planches, puis d'une couche de terre qu'on tasse fortement, de façon à préserver la masse du contact de l'air.

Dans un autre système, qui produit le *foin brun*, le remplissage du silo se fait lentement en trois, quatre ou cinq jours et même plus; l'herbe n'est pas tassée : on la laisse sans couverture et sans charge jusqu'à ce que la fermentation soit bien établie. On recouvre ensuite. On s'accorde généralement pour trouver les produits de ce système d'ensilage supérieurs à ceux du premier que nous avons décrit. Tandis que dans celui-ci les herbes deviennent âcres, acides, moisissent et peuvent fatiguer l'estomac des animaux, dans l'autre elles conservent leur goût et leur sapidité. Mais il faut remarquer que dans le premier cas, pendant l'ouverture du silo, les fourrages se conservent presque intacts, tandis que dans le second ils se couvrent rapidement de moisissures.

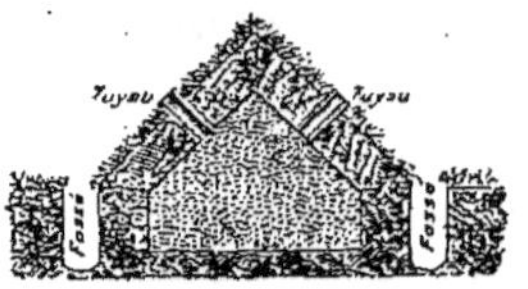

COUPE D'UN SILO.

L'ensilage a été appliqué à toute la nourriture des animaux : maïs, trèfle violet et incarnat, luzerne, vesce, herbes des prairies naturelles, seigle, sorgho, choux, betteraves, pulpes de betteraves, etc. Mais, au dire des gens compétents, il ne faut en user pour les fourrages verts qu'autant qu'on ne peut avoir recours à la dessiccation naturelle, car cette manière de les conserver leur enlève une assez grande partie de leur valeur alimentaire.

Promenades et devoirs écrits. — 1. Le fauchage. — 2. Le fanage. — 3. L'emmagasinage.

Rédaction. — Vous vous promenez dans les champs ; vous rencontrez un champ de trèfle en fleur. — Décrire son bel aspect. — Un laboureur le retourne avec sa charrue. — Vous lui demandez pourquoi il agit ainsi : sa réponse.

Problèmes. — 1. On a obtenu d'une prairie 4 830 bottes de foin de chacune 5 kilogrammes. En admettant que l'herbe perde environ 58 pour 100 de son poids après la fenaison, calculer le poids de la récolte en vert.

2. Dans une prairie de 124m, 75 de long et 84m,25 de large, valant 123 francs l'are, on a récolté 583 bottes de foin qu'on a vendues à raison de 65 francs le cent. Quel a été le rapport pour 100 de cette prairie. (*Certificat d'études. Ardennes.*)

3. L'herbe perd environ 58 pour 100 de son poids après la fenaison. On a obtenu d'une prairie 25 840 kilogrammes de fourrage sec. Quel était le poids de la récolte en vert ? (*Certificat d'études. Ain.*)

Questions. — Quel est le moment le plus favorable pour la récolte des foins ? — Comment se fait le fauchage ? — De quels instruments se sert-on pour faucher ? — Que fait-on lorsque le temps est incertain ? — Qu'arriverait-il si l'on rentrait les foins encore humides ? — Que doit-on éviter lorsque le foin fermente ? — Comment évite-t-on la fermentation ? — Expliquez l'opération de l'ensilage.

LÉGUMINEUSES

Les *légumineuses* sont des plantes dont le fruit est une *gousse* comme celle des pois. Celles qu'on cultive en grand pour la nourriture de l'homme sont : le *haricot,* le *pois* et la *lentille.*

Pourvues de tiges ramifiées et de feuilles nombreuses, les légumineuses sont *étouffantes*, c'est-à-dire qu'elles empêchent les autres herbes de croître autour d'elles. Aussi on les considère comme une bonne préparation à la culture des céréales. Elles sont d'autant plus désignées pour précéder les céréales dans un assolement, qu'empruntant à l'atmosphère l'azote dont elles ont besoin elles laissent disponible tout l'azote qu'a pu recevoir le sol par les engrais. En revanche, elles demandent surtout des sels de potasse. Le chlorure de potasse, les cendres, les marcs de raisin, sont donc les matières fertilisantes qu'on devra leur donner de préférence. Il convient toutefois de ne pas employer un excédent de potasse tel, que les autres engrais, azote, acide phosphorique, chaux, se trouvent comparativement en trop minime quantité ; nous avons vu que, dans ce cas, la potasse elle-même ne servirait pas à la nourriture de la plante.

Les haricots. — On distingue les *haricots ramants*, à tiges élevées qui doivent être soutenues par des *rames* ou branchages, et les *haricots nains*, qui poussent en touffes de $0^m,30$ à $0^m,40$ de haut. Les premiers sont plus productifs.

Les haricots nains, hors du jardin, sont souvent plantés dans les intervalles des pieds de pommes de terre, ou des ceps de vigne.

Quand on veut cultiver le haricot en grand, il faut choisir un sol léger et pourtant substantiel et un peu humide, que l'on préparera bien, comme pour toutes les plantes sarclées.

Les haricots craignent la gelée. On les sèmera donc en mai ou juin, dans une terre bien fumée, en lignes espacées de 0m,35 à 0m,40, selon la variété, et dans des trous ou *poquets* distants de 0m,20 à 0m,25, à raison de cinq à six grains par poquet. La quantité de semence à employer est environ de 150 litres par hectare, qui rendent environ 30 hectolitres. Les haricots demandent à être binés plusieurs fois.

HARICOTS RAMANTS.

Haricots intestins, sans parchemin, hâtifs, productifs. Cosses tendres et charnues.

HARICOTS NAINS.

Haricots flageolets, à feuilles gaufrées, à parchemin, très hâtifs, productifs. Très bons pour la culture sous châssis.

La culture des haricots offre une grande ressource alimentaire. Les haricots se mangent verts ou secs ; on les prépare de différentes manières, en purée, en salade, avec de la viande, etc. ; ils fournissent un aliment sain et nutritif.

Il existe un grand nombre de variétés ; citons parmi les plus recommandables : le *haricot intestin*, le *haricot flageolet*, le *haricot de Plainpalais*, le *haricot Émile*, le *haricot beurre ivoire*, le *haricot de La Val d'Isère*, le *haricot zébré*, le *haricot blanc géant*.

Dans les haricots *à écosser* ou *à parchemin*, la graine seule est comestible ; dans les haricots *sans parchemin* ou *mange tout*, on mange la cosse et la graine.

Haricot de Plainpalais, haricot blanc de Genève, ramant.

Haricot Émile, nain, *sans parchemin*, précoce.

Haricot beurre ivoire, ramant, sans parchemin.

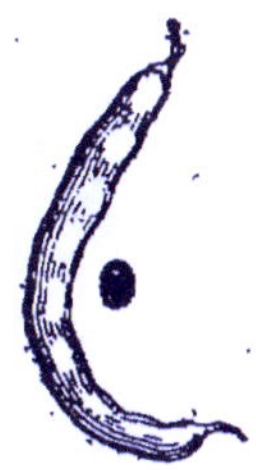

Haricot de La Val d'Isère, sans parchemin.

Haricot zébré, gris, ramant, sans parchemin.

Haricot blanc géant, ramant, sans parchemin ; très productif.

Les pois. — Les pois comprennent, comme les haricots, les *pois à rames* et les *pois nains*.

La culture du pois est la même que celle du haricot, mais comme il ne craint pas la gelée, on peut le semer de février jusqu'en mai. Les semis faits en lignes sont préférables ; ils facilitent le binage et surtout le buttage, qui a pour but de protéger les plantes contre la sécheresse ; on l'effectue lorsqu'elles ont de $0^{m},20$ à $0^{m},25$ de hauteur.

Les pois, de même que les haricots, sont d'une

grande ressource pour l'agriculture ; on les mange en purée, dans la soupe, ou préparés au gras ou au maigre.

On cultive dans les jardins diverses variétés de pois consommés dans les ménages comme légumes verts. Dans les environs de Paris, ils donnent lieu à une industrie très répandue pour l'approvisionnement des marchés, où ils sont connus sous le nom de *petits pois*. Les variétés hâtives sont celles qui produisent le plus de bénéfices lorsqu'elles réussissent bien, parce que les petits pois de primeur se vendent toujours un prix très élevé.

POIS RAMANTS.

Pois William, à écosser, cosses recourbées en serpette, grains ronds. Hâtifs et productifs.

POIS NAINS.

Pois très hâtifs, à châssis, à écosser, grains ronds. Très bons pour forcer.

Parmi les nombreuses variétés de pois, nous citerons : le *pois serpette*, le *pois corne-de-bélier*, le *pois sabre*, le *pois de Clamart*, le *pois Michaux*, le *pois gros nain vert*.

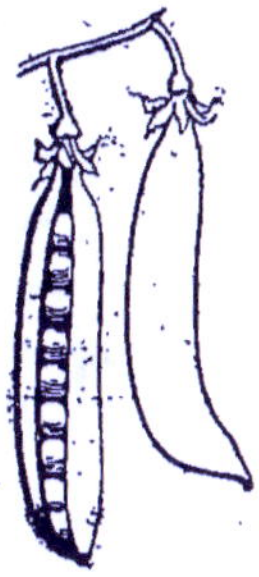

Pois serpette,
ramant, à écosser,
gros grain vert,
productif,
demi-hâtif.

Pois corne-de-bélier,
ramant,
sans parchemin,
grand à fleurs blanches, grains ridés.

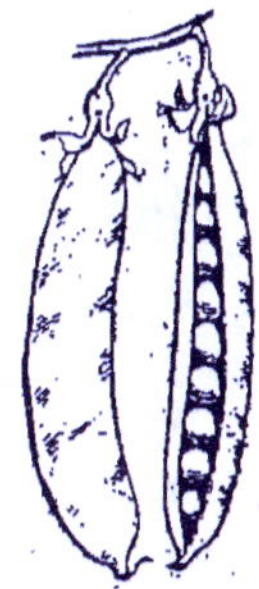

Pois sabre,
ramant, à écosser,
blanc,
grains ronds,
très productif.

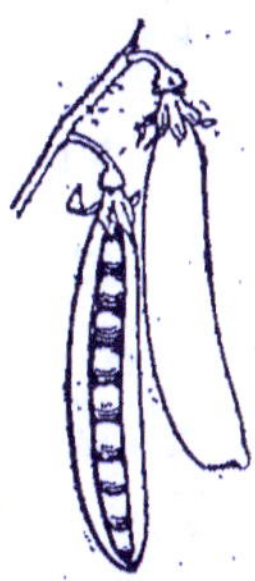

Pois de Clamart,
ramant, à écosser,
carré, grains ronds.

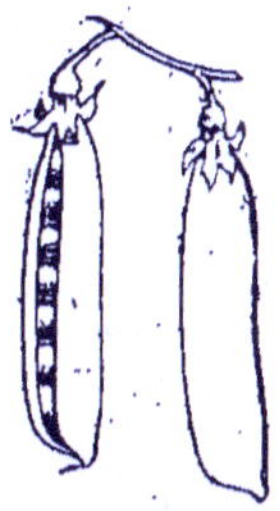

Pois Michaux,
ramant, à écosser,
grains ronds.

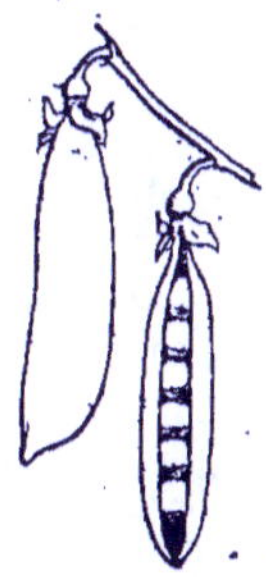

Pois nain vert,
gros grains
ronds, à écosser.

Les lentilles. — La tige de la lentille est ramifiée et mince, mais n'a pas besoin de rames. La gousse est petite, et ne contient jamais que deux ou trois grains ronds et aplatis en forme de disques. Il y a plusieurs variétés de lentilles; les plus connues sont : la *blonde*, cultivée dans l'est de la France; la *lentille verte*, propre aux contrées du Centre; le *lentillon*, préféré dans le Nord. Cette dernière variété peut être semée à l'automne, alors que les autres le sont généralement en mars. La lentille aime les terres légères, sèches et calcaires.

LENTILLE.

Concassée ou réduite en farine grossière, la lentille est mangée avidement par les animaux; elle aide puissamment à leur engraissement. La paille de lentille peut être employé comme fourrage sec, surtout pour les moutons.

Expériences. — 1. Ouvrir des gousses de légumineuses et examiner le mode d'attache des graines. — Faire des croquis. — 2. Faire germer des haricots et des pois; observer les cotylédons des haricots et ceux des pois dans la germination. — 3. Les élèves qui disposent de quelques mètres carrés dans un jardin feront bien de s'y exercer à cultiver des variétés de légumineuses de leur choix.

Rédaction. — Les élèves de l'école ont visité une des fermes de la localité sous la conduite de leur maître. Ils ont parcouru le jardin, les champs ensemencés, visité les étables et la basse-cour. Paul écrit à son frère Jules, qui est depuis peu à Paris, et lui raconte ce qu'il a vu. Il lui dit pourquoi il veut rester au village et s'adonner aux travaux des champs. Pour terminer sa lettre, Paul donne à Jules des nouvelles de leurs parents et lui raconte ce qui s'est passé dans la commune depuis son départ. (*Certificat d'études. Sarthe.*)

Problèmes. — 1. On achète pour 250 francs de haricots au prix de 5 fr. le double décalitre. Combien faut-il les revendre le litre pour gagner 65 fr. sur le tout?

2. Que valent 76 décalitres de petits pois à 0 fr. 12 le litre?

3. Une charrue trace un sillon de 0m,25 de largeur et 200 mètres de longueur en 5 minutes. On demande: 1° combien elle fera de chemin pour labourer un hectare; 2° combien elle y emploiera de temps. (*Certificat d'études. Seine-Inférieure.*)

Questions. — Quelles sont les légumineuses qu'on cultive en grand pour la nourriture de l'homme? — Quel engrais les légumineuses réclament-elles? — Que prennent-elles à l'air? — Qu'appelle-t-on haricots ramants — haricots nains? — Comment sème-t-on les haricots? — Quelles sont les variétés de haricots que vous connaissez? — Quelles sont les variétés de pois que vous connaissez? — Que savez-vous des lentilles?

PLANTES-RACINES ET TUBERCULES

Les principales plantes à racines ou à tubercules comestibles, cultivées en grand pour la nourriture des hommes et des animaux, sont : la *pomme de terre*, la *betterave*, la

LA RÉCOLTE DES POMMES DE TERRE. — Tableau de BASTIEN-LEPAGE.

carotte, le *panais*, le *rutabaga*, le *navet*, le *chou-navet* et le *topinambour*.

Toutes ces plantes réclament un sol bien pourvu des quatre fertilisants : azote, acide phosphorique, chaux, mais où la potasse domine sensiblement. La préparation de la terre est d'une grande importance pour la culture des plantes-racines. Il faut éviter de les placer dans une terre caillouteuse qui empêcherait leur croissance; le sol doit être fouillé profondément pour qu'elles puissent s'y enfoncer aisément. On donnera donc deux labours, l'un en automne, de manière à ce que la terre s'émiette pendant l'hiver, et l'autre au printemps, avant l'ensemencement ou la plantation des tubercules.

La pomme de terre. — La pomme de terre est une plante à tige herbacée et dont les racines sont garnies de *tubercules* ou renflements charnus qui sont propres à l'alimentation.

Un pied de pommes de terre.

On plante la pomme de terre en avril, en ligne sur le labour de printemps. La plantation doit se faire à 0m,50 ou 0m,60 dans tous les sens. Plantés trop près, les tubercules entravent mutuellement leur croissance.

Après avoir biné plusieurs fois les plantes, on les butte. Ces travaux détruisent les mauvaises herbes, ameublissent le sol, et facilitent l'arrachage, qui se fait en automne, à la fin de septembre.

La pomme de terre est sujette à une *maladie grave*. Un champignon microscopique, le *peronospora infestans*, attaque d'abord les feuilles et la tige, puis pénètre jusqu'au tubercule dont il provoque la pourriture. De tous les moyens qu'on a essayés pour le combattre, le plus efficace consiste à répandre sur les feuilles de la pomme de terre du *sulfate de cuivre* pulvérisé, ou de la *bouillie bordelaise*, mélange de sulfate de cuivre, de chaux et d'eau, qu'on peut injecter sur les feuilles à l'aide d'un *pulvérisateur*.

Les variétés de pommes de terre destinées à la nourriture des hommes et des animaux sont très nombreuses. Parmi les meilleures, nous citerons : *Hollande jaune*, *hollande rouge*, *chardon*, *vitelotte de Paris*, *marjolin*, *Richters imperator*. Cette dernière est d'un rendement très considérable.

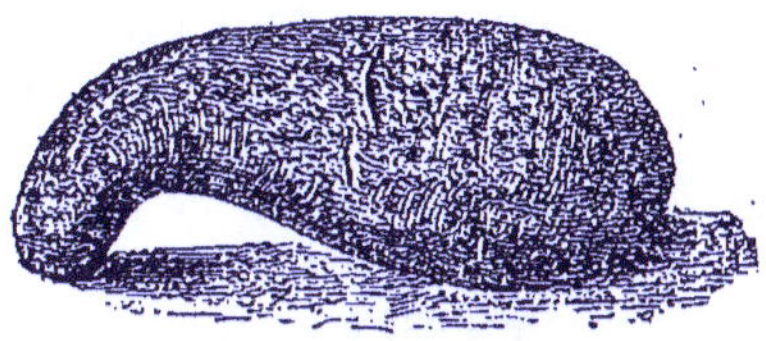

POMME DE TERRE HOLLANDE ROUGE, très estimée.

POMME DE TERRE CHARDON, jaune, grosse, ronde, productive; très tardive.

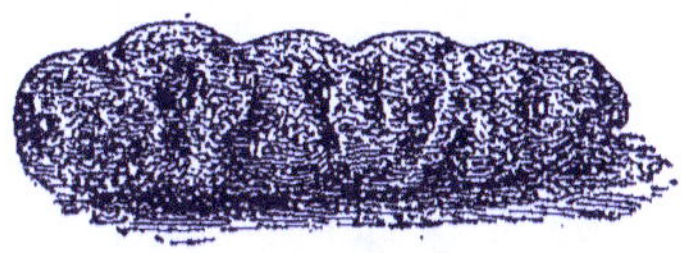

POMME DE TERRE VITELOTTE, rouge, longue, productive, tardive.

POMME DE TERRE MARJOLIN, jaune, très tardive, se plante lorsqu'on l'a fait germer à l'air.

POMME DE TERRE IMPERATOR, jaune pâle, très farineuse, très productive.

La betterave. — La *betterave* possède une racine très grosse, charnue, du collet de laquelle sort un bouquet de feuilles larges et luisantes.

La betterave peut être considérée comme plante potagère ou à salade, comme plante sucrière ou comme plante fourragère.

Comme plante potagère, elle n'a qu'une importance secondaire ; quelques variétés, comme la *rouge* ou *crapaudine*, se mangent cuites sous la cendre et se mêlent à la salade.

Les variétés destinées à la fabrication du sucre sont tout entières enfoncées dans le sol. La partie souterraine des racines est celle qui renferme du sucre. La *betterave de Silésie*, blanche, à collet vert, est le type de la betterave sucrière ; un agronome français, M. Vilmorin, a trouvé des variétés qui donnent des quantités de sucre considérables.

Comme plante fourragère, la betterave a une grande valeur agricole ; c'est une excellente nourriture d'hiver pour les bestiaux, soit seule, soit associée à la paille hachée ou à la balle de céréale. Les variétés cultivées pour le bétail sont la *mammouth*, l'*ovoïde des Barres*, la *corne-de-bœuf*, la *globe jaune*.

Ce qui distingue ces variétés fourragères, c'est qu'elles sortent en grande partie de terre et qu'elles contiennent de grandes quantités de matières azotées et minérales nécessaires à l'alimentation des bestiaux.

Il y a une grande différence entre la culture de la betterave, selon qu'elle est fourragère ou sucrière.

Dans le premier cas, comme on veut obtenir de gros produits nourrissants, on donnera l'engrais complet, mais avec une prédominance d'azote, et l'on ne mettra pas plus de six plantes sur un mètre carré, afin qu'elles puissent prendre tout leur développement. Dans le second cas, on usera très modérément des engrais azotés qui empêchent la formation du sucre et on donnera

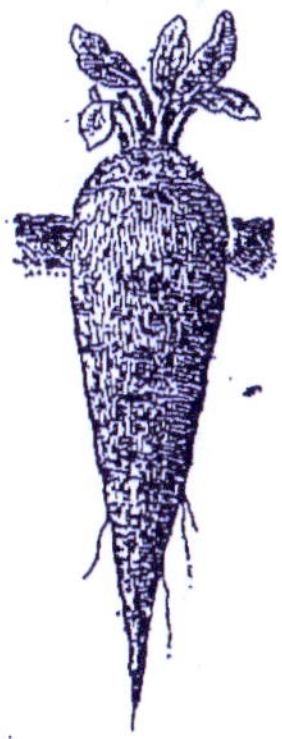

BETTERAVE ROUGE CRAPAUDINE ou ÉCORCE, sucrée. Betterave potagère à écorce rugueuse.

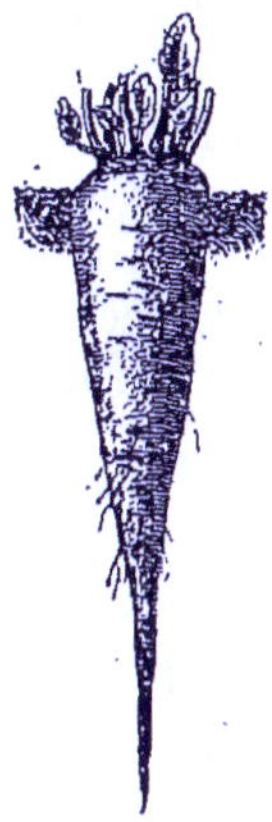

BETTERAVE ROUGE DE CASTELNAUDARY. Betterave potagère à écorce lisse.

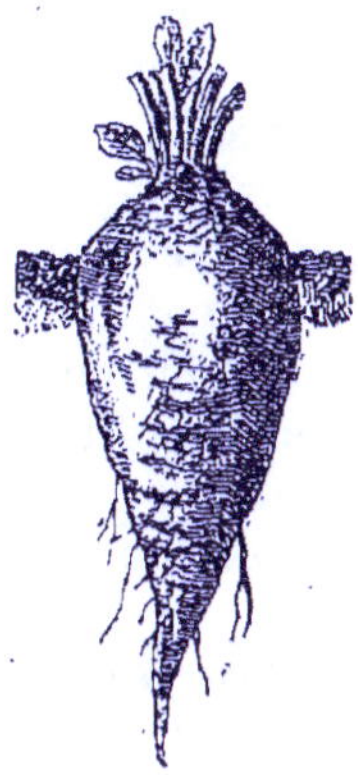

BETTERAVE BLANCHE de Silésie. Betterave sucrière.

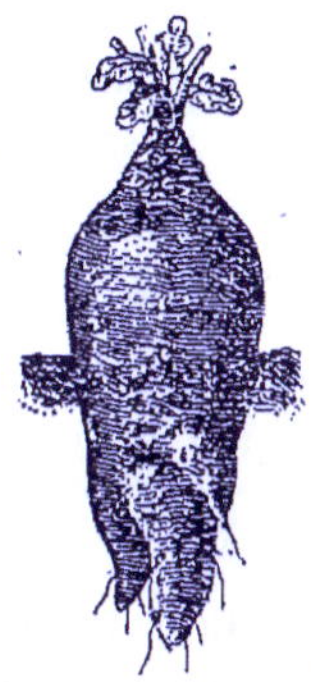

BETTERAVE MAMMOUTH, disette ou champêtre. Betterave fourragère à grand rendement.

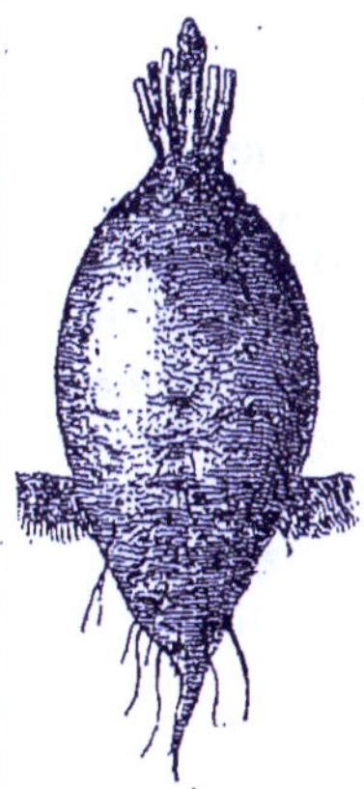

BETTERAVE JAUNE OVOÏDE DES BARRES. Betterave fourragère, très productive ; se conserve très bien.

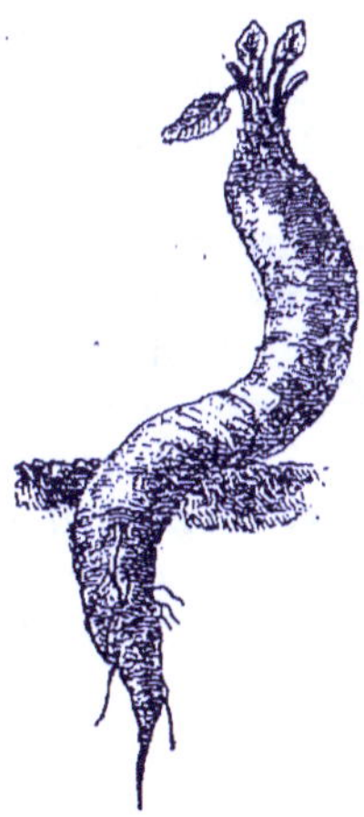

BETTERAVE DISETTE CORNE-DE-BŒUF. Bonne betterave fourragère.

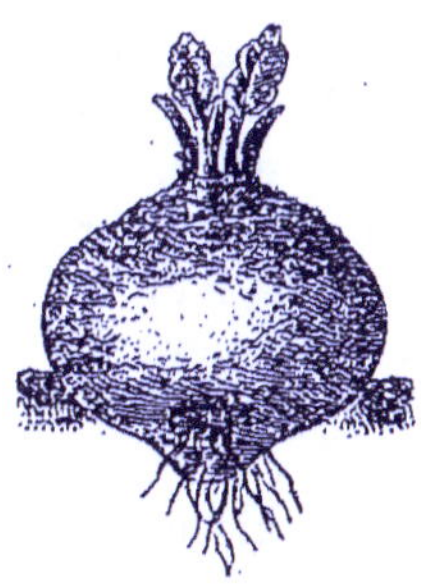

BETTERAVE GLOBE JAUNE. Excellente betterave fourragère ; productive ; se conserve très bien.

au contraire un excédent d'engrais potassique, qui favorise la production saccharine, et on laissera dix betteraves par mètre carré.

Pour le surplus, les soins à donner sont les mêmes, qu'il s'agisse de betteraves sucrières ou fourragères. On sème en ligne au commencement d'avril, puis, à intervalles, on donne trois binages. Au second binage, on opère le *démariage*, c'est-à-dire qu'on retranche les jeunes sujets qui sont trop serrés.

La betterave peut se conserver en silos.

La carotte. — La *carotte* est une plante bisannuelle de la famille des *ombellifères*. Elle offre de nombreuses variétés qui toutes se rangent en deux catégories : les carottes *potagères*, que l'on cultive dans les jardins, et les carottes *fourragères*, cultivées pour la nourriture des bestiaux.

Les carottes potagères se recommandent par un goût plus relevé, mais elles sont peu productives. Il faut remarquer que la qualité des carottes ne dépend pas exclusivement de la variété, elle dépend autant et plus encore de la nature du terrain où on les cultive. La carotte est moins exigeante que la betterave, mais elle est très sensible à la sécheresse. Comme presque toutes les plantes cultivées pour leur racine, elle demande un sol meuble qui n'offre point trop de résistance à son développement. Elle réussit bien dans les sols marneux et dans tous ceux qui contiennent de la chaux ; mais il faut qu'ils soient labourés profondément, parce que de toutes les plantes sarclées c'est celle dont les racines traversent la plus grande épaisseur de terre.

Les principales variétés sont : la *carotte rouge longue d'Altringham*, la *jaune longue*, la *rouge pâle de Flandre*, la *rouge courte hâtive*, la *blanche des Vosges*, la *carotte grelot à châssis*, la *carotte blanche à collet vert*.

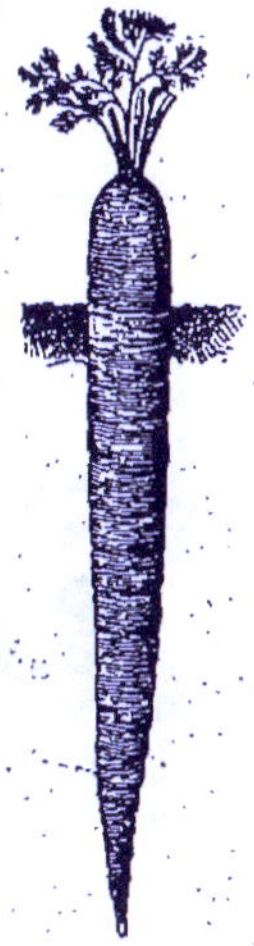
CAROTTE ROUGE LONGUE D'ALTRINGHAM.

CAROTTE JAUNE LONGUE.

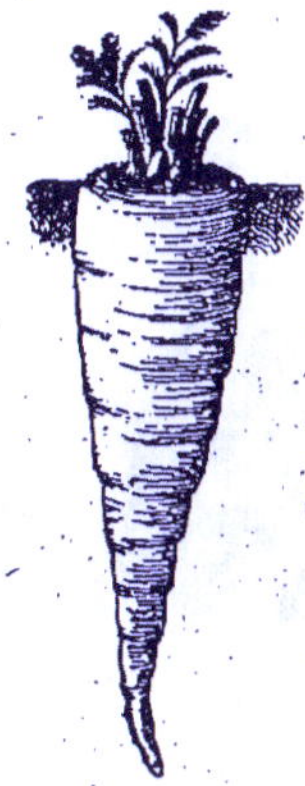
CAROTTE ROUGE PALE DE FLANDRE.

CAROTTE ROUGE COURTE HATIVE DE HOLLANDE.

CAROTTE BLANCHE DES VOSGES.

CAROTTE ROUGE TRÈS COURTE A CHASSIS. CAROTTE GRELOT.

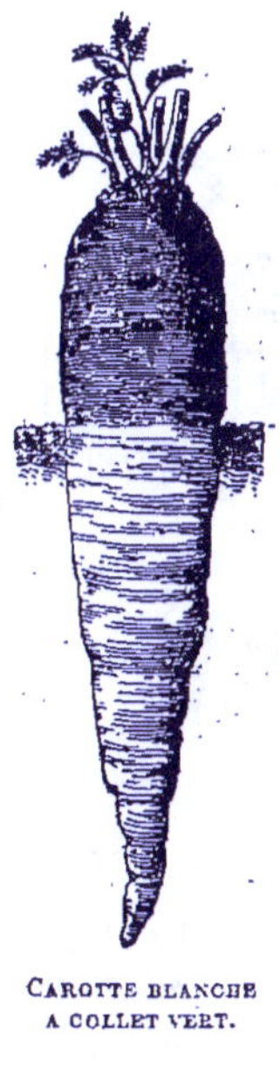
CAROTTE BLANCHE A COLLET VERT.

LE PANAIS, LE RUTABAGA, LE NAVET, LE CHOU-NAVET. — Les autres racines fourragères demandent la même

PANAIS. RUTABAGA. NAVET. CHOU-NAVET.

TOPINAMBOUR.

culture que la betterave. Le *panais* ressemble beaucoup à la carotte. Le *rutabaga*, le *navet*, désigné aussi sous les noms de *rave*, *rabioule*, *turneps*, le *chou-navet*, le *chou-rave*, sont des variétés de la grande famille crucifère des choux. Toutes ces racines se sèment au printemps dans un sol bien préparé et bien fumé. On peut les conserver en silos.

LE TOPINAMBOUR. — Le *topinambour* est une plante vivace, mais dont la tige, qui atteint et dépasse même parfois 2 mètres de haut, est annuelle. Cette tige est chargée de larges feuilles dentelées. La fleur ressemble à celle des *soleils* vulgaires pour la couleur et la conformation.

Les racines du topinambour se chargent de tubercules,

comme celles de la pomme de terre. C'est pour la production de ces tubercules que l'on cultive la plante, bien que la feuille puisse être employée comme fourrage, même à l'état sec.

Tous les terrains conviennent au topinambour, même les plus arides, et comme ses racines vivaces repoussent indéfiniment, on peut le cultiver pendant plusieurs années de suite à la même place. On plante les tubercules au commencement du printemps, dès que la terre est dégelée, en employant les mêmes procédés que pour la pomme de terre. On doit biner et sarcler, mais il est inutile de butter.

Les tubercules du topinambour, cuits dans l'eau ou sous la cendre, fournissent à l'homme un aliment qui n'est point trop à dédaigner, et dont le goût rappelle celui de l'artichaut. On les donne au bétail plutôt cuits que crus. Les moutons, les porcs et les vaches, quand ils y sont habitués, les mangent avec avidité. Le topinambour présente sur les autres racines un énorme avantage : ses tubercules ne craignent pas la gelée, en sorte qu'ils n'exigent nuls soins d'emmagasinage ; ils peuvent rester en terre et être recueillis selon les besoins. Le rendement moyen est de 60 000 kilogrammes à l'hectare.

La culture du topinambour mériterait d'être généralisée, car elle permet de tirer profit d'une grande quantité de terrains médiocres que la cherté de la main-d'œuvre contraint aujourd'hui de laisser en friche. Le seul inconvénient qu'on puisse reprocher à cette plante, c'est la difficulté qu'il y a d'empêcher sa réapparition dans les cultures qui lui succèdent, parce que les plus petits tubercules, les moindres racines laissés dans le sol suffisent pour produire de nouvelles tiges.

Expériences. — Séparation de la fécule de pomme de terre.

Promenades et rédaction. — 1. La pomme de terre; culture; utilité. — 2. La betterave fourragère. — 3. La betterave sucrière.

Problèmes. — 1. Quel est le prix de 15 sacs de pommes de terre, pesant en moyenne 725 kilogrammes, à raison de 8 fr. 30 le quintal métrique? (*Certificat d'études. — Vaucluse.*)

2. Les deux tiers d'un champ sont ensemencés en blé, le quart en trèfle et le reste en carottes. Quelle est la surface de ce champ, si les carottes occupent une étendue de 67 ares 6 centiares? Quelle en est la valeur si l'hectare est estimé 2 630 francs? (*Certificat d'études. Lot-et-Garonne.*)

Questions. — Quelles sont les principales plantes à racines et à tubercules comestibles? — Quels soins de culture réclament-elles? — Quels sols la pomme de terre préfère-t-elle? — Comment la plante-t-on et quelles opérations réclame-t-elle? — Quelles sont les variétés de pommes de terre qui vous sont connues? — Quels sont les produits industriels tirés de la pomme de terre? — A quelle maladie la pomme de terre est-elle sujette et comment la soigne-t-on? — Que savez-vous de la betterave considérée comme légume — comme plante fourragère — comme plante industrielle? — Quelles sont les variétés que vous connaissez? — Quels soins de culture réclame la betterave fourragère — la betterave sucrière? — Comment peut-on conserver les betteraves? — Quelles sont les plantes qui demandent la même culture que la betterave? — Qu'est-ce que le topinambour? — Doit-on sarcler et butter les topinambours? — Quel avantage le topinambour présente-t-il sur les autres racines? — Quel inconvénient présente-t-il?

Olivier de Serres, né en 1539, mort en 1619; surnommé le *Père de l'agriculture*.

Henri IV avait en grande estime son livre intitulé *Théâtre d'agriculture*. Après dîner, dit un écrivain, il se le faisait apporter et le lisait pendant une demi-heure. Olivier de Serres s'occupa des prairies artificielles, du maïs, du houblon, de la betterave et de la pomme de terre. Il introduisit en France la culture du mûrier : plus de 20 000 plants furent par ses soins placés dans les jardins du roi; une partie du palais des Tuileries fut destinée à loger les *magnaniers* chargés d'élever les vers à soie. Lyon, tout le midi et une partie du centre et du nord de la France professent un culte particulier pour le *Père de l'agriculture*. On sait qu'il seconda efficacement Henri IV dans les généreux projets que le Béarnais conçut pour raviver les sources de la richesse publique et qu'il contribua au soulagement de la misère en donnant à beaucoup de gentilshommes le goût de l'agriculture.

LE ROUISSAGE DU CHANVRE. — Dessin de LHERMITTE.

PLANTES INDUSTRIELLES

On donne le nom de *plantes industrielles* à celles dont les produits sont appropriés à nos besoins par l'industrie.

Nous avons déjà parlé à ce point de vue de deux des plantes les plus importantes : la pomme de terre et la betterave ; il y en a d'autres que nous rangerons en trois groupes : 1° plantes oléagineuses ; 2° plantes textiles ; 3° plantes tinctoriales.

PLANTES OLÉAGINEUSES

L'OLIVIER. — En première ligne se place l'*olivier*. C'est un arbre d'une hauteur de 4 à 5 mètres, dont le fruit renferme une huile comestible recherchée. Les feuilles sont persistantes.

L'olivier ne réussit en France que dans le Midi et en Algérie, à peu de distance de la mer Méditerranée.

On le multiplie de rejetons ou de noyaux. Par ce dernier moyen, on n'obtiendrait le plus souvent que des *sauvageons* qu'on devrait greffer en bonnes variétés. L'olivier demande des engrais azotés, fumier consommé, tourteaux, chiffons de laine, sang desséché, etc. Cet arbre fleurit en mai ; le fruit se récolte en novembre.

On presse l'olive pour en extraire l'huile.

L'ŒILLETTE. — L'*œillette* donne aussi une huile comestible. C'est une variété de pavot, qui a pour fruit une capsule remplie d'un grand nombre de graines très fines. On la cultive presque spécialement dans le nord de la France. Elle demande une terre argileuse ou au moins fraîche, bien pourvue d'engrais azotés. On la sème à la volée, au mois de mars, à raison de 3 kilogrammes de graine par hectare. On bine et on éclaircit avec soin.

La récolte se fait en août dans le Nord. Quand les tiges jaunissent, on arrache la plante entière et on dispose en faisceaux les bottes assujetties avec un brin de paille. Peu après la récolte, on égrène les capsules en les secouant au-dessus d'un tonneau. Les tiges d'œillettes, riches en azote, font une bonne litière.

LE COLZA, LA NAVETTE, LA CAMELINE. — Le *colza*, la *navette* et la *cameline* fournissent de l'huile à brûler. Cependant l'huile de navette remplace l'huile d'olive dans l'alimentation sur beaucoup de points du territoire.

Une terre riche en azote et en acide phosphorique est nécessaire à ces plantes. On complète ordinairement le fumier par du phosphate de chaux, et au printemps par une couverture de nitrate de potasse.

Le colza se sème fin juillet; la navette en juin, à la volée; mais il y a des variétés de colza et de navette d'été qui se sèment au printemps; la cameline se sème en avril.

Les binages, buttages et sarclages sont nécessaires au colza; ils en augmentent très sensiblement le produit. Ces travaux sont singulièrement facilités par la semaille en ligne, qui permet de les faire avec les instruments mus par des chevaux. Dans les pays où l'hiver

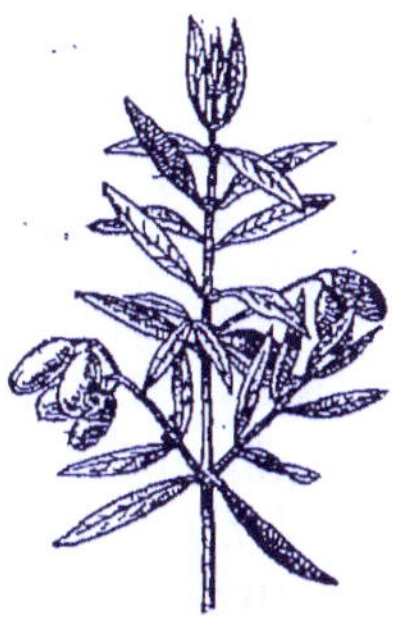

OLIVIER.

ŒILLETTE.

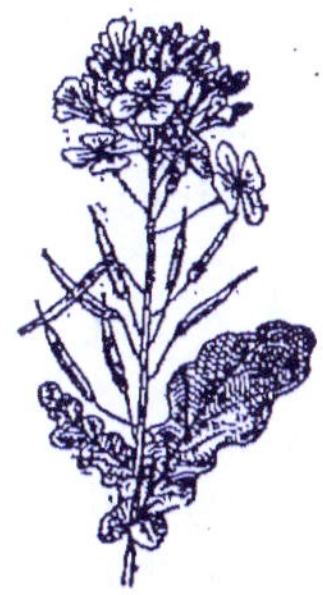

COLZA.

NAVETTE.

CAMELINE.

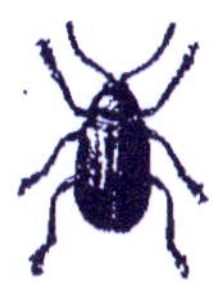

ALTISE.

est rigoureux, le buttage est nécessaire pour préserver les plants de la gelée.

On récolte le colza dès que sa paille a jauni et qu'un tiers des siliques commence à prendre une teinte noirâtre. Il faut se garder de laisser le colza mûrir complètement sur pied, car il s'égrène avec une extrême facilité, ce qui peut diminuer sensiblement la récolte.

Les *tourteaux* ou *matons* qui sont formés avec les résidus des graines de colza et de navette, après que l'on en a extrait l'huile, forment un excellent aliment pour l'engraissement des bêtes bovines.

Le colza a un ennemi fort dangereux ; c'est un petit coléoptère, l'*altise* ou puce de terre, qui fait parfois d'énormes ravages dans les champs.

Le tourteau de cameline ne peut être employé que comme engrais ; mais il présente un grand avantage, il éloigne les insectes, l'altise surtout.

PLANTES TEXTILES

Le chanvre. — Le *chanvre* est une plante annuelle. Dans le chanvre, il se trouve deux espèces de plantes : les plantes mâles, qui portent des fleurs avec étamines, et les plantes femelles, qui portent des fleurs avec un pistil et donnent une graine qu'on nomme *chènevis*.

La terre qui reçoit le chanvre doit être un peu fraîche, et bien pourvue de fumier complété par du phosphate de chaux.

La semaille du chanvre se fait fin avril, à la volée, à raison de 250 à 300 litres par hectare, qui peuvent rendre de 700 à 1 000 kilogrammes de fibres ou *filasse*. On sème clair quand on veut obtenir une plante grosse qui donnera une filasse épaisse, et l'on sème serré quand au contraire on cherche une plante mince pour une filasse fine. Dès que le chanvre a quelques centimètres de hauteur, on procède au sarclage et à des binages répétés pour la destruction absolue des mauvaises herbes. Le chanvre se développe rapidement et atteint 2 mètres de hauteur en quelques semaines.

La maturité de la plante arrive en août pour le chanvre mâle, que l'on arrache aussitôt qu'il est défleuri ; on attend, pour récolter la plante femelle, que la graine soit mûre, ce qui se voit à ce quelle prend une teinte brun-verdâtre. On l'arrache généralement en septembre. On coupe les racines, et on met les tiges en javelles, puis en bottes, après quoi l'on recueille la graine en battant l'extrémité des tiges au-dessus de récipients quelconques.

Chanvre mâle.

Chanvre femelle.

Lin.

Ramie.

Jute.

Phormium.

Quand la graine est enlevée, on procède au *rouissage* du chanvre, qui consiste à le mettre tremper dans l'eau jusqu'à ce que soit dissoute la substance gommeuse et agglutinative qui fait adhérer les filaments à la tige. Le rouissage se fait soit dans des bassins disposés spécialement pour cela, que l'on nomme *routoirs*, soit dans les étangs ou cours d'eau qui se trouvent à portée de l'exploitation. Le rouissage se fait plus vite et mieux dans les eaux courantes. Quand il est terminé, on étend le chanvre au soleil pour le faire sécher. Lorsqu'il est sec, on le soumet au *broyage*, opération qui sépare les filaments de la partie ligneuse de la tige appelée *chènevotte*. Le broyage se fait de diverses façons, soit en brisant les tiges à la main, soit en les battant avec un maillet, soit enfin, pour les grosses exploitations, en se servant de machines à broyer.

Le lin. — Le *lin* est une plante annuelle. On le cultive surtout dans le nord de la France, où sa filasse, plus fine que celle du chanvre, alimente sur place de nombreux établissements industriels. Il vient bien dans les terres franches, meubles, propres et riches en terreau, très pourvues d'engrais.

Il convient, avant de semer le lin, de labourer et herser à plusieurs reprises le sol qui doit le recevoir, de façon à ce que les éléments nutritifs de la plante soient bien divisés ; s'il en était autrement, les tiges pousseraient inégalement ; parmi les fibres, les unes seraient longues, les autres courtes, ce qui nuirait à la qualité de l'ensemble.

Il y a deux variétés de lin, qui ne diffèrent l'une de l'autre que par l'époque de leur semaille. En effet, l'une se sème en automne, on l'appelle *lin d'hiver*, l'autre en mars ou avril, on le nomme *lin d'été*. On emploie 2 ou 3 hectolitres de graine par hectare, selon que l'on sème à la volée plus ou moins serré, en vue d'une filasse plus ou moins fine (comme pour le chanvre). Coup de herse ; sarclage. Le rendement varie entre 350 à 500 kilogrammes de filasse.

La récolte se fait d'un seul coup en septembre, un peu plus tôt ou un peu plus tard, suivant que l'on veut ou non attendre la maturité complète de la graine. On sèche le lin sur place en le disposant en petites moyettes verticales.

Pour tout le reste, on opère comme pour le chanvre.

Nous aurions pu au besoin traiter le lin et le chanvre au chapitre des plantes oléagineuses, car leur graine sert à fabriquer une huile estimée qui n'entre pas dans l'alimentation, mais dont l'industrie fait de nombreuses applications. Les résidus qui restent après la fabrication de l'huile constituent une nourriture recherchée pour les animaux. Le *chènevis* contribue utilement à l'engraissement des volailles. La graine de lin, surtout à l'état de farine, est employée de plusieurs façons par la pharmacie.

LA RAMIE, LE JUTE, LE PHORMIUM. — La *ramie* est une plante vivace, originaire de l'île de Java. Elle est d'importation récente en France, où elle commence à donner, dans le Midi, des résultats avantageux. Elle exige une terre profonde et humide, sous une température toujours chaude. On doit, en cas de sécheresse, la soumettre à de fréquentes irrigations. Sa culture est semblable à celle des autres plantes textiles. Sa filasse a de grandes qualités de finesse et de brillant. Le *jute*, originaire des Indes, et le *phormium* ou *phormion*, plus connu sous le nom de *lin de la Nouvelle-Zélande*, sont cultivés dans quelques parties de la France.

PLANTES TINCTORIALES

Ce n'est que pour mémoire que nous parlons des plantes tinctoriales cultivées en France. Leur culture n'a plus aujourd'hui aucune importance, parce que la matière colorante qu'on en tirait a été remplacée par d'autres matières qui coûtent beaucoup moins cher. Il nous suffira donc de citer la *garance* qui donne une couleur rouge,

GARANCE (rouge).

GAUDE (jaune).

SAFRAN (jaune).

PASTEL (bleu).

INDIGOTIER (Indigo).

la *gaude* et le *safran* qui donnent une couleur jaune, le *pastel* qui donne une couleur bleue, et l'*indigotier* qui donne la couleur indigo ou bleu foncé.

Excursions. — Voir les plantes industrielles cultivées dans les environs. — Visite à une huilerie.

Problèmes. — 1. La graine de navette donne les 0,26 de son poids d'huile, et le colza d'hiver 30 pour 100. Combien faut-il de kilogrammes de navette pour produire le même poids d'huile que 512 kilogr. 600 de colza? (*Certificat d'études. Doubs.*)

2. L'hectolitre de colza pèse 68 kilogrammes, et 1 000 kilogrammes de cette graine donnent 37 kilogrammes d'huile à brûler et 59 kilogrammes de tourteau. Combien d'huile et de tourteau produiront 13 hectolitres de colza? (*Certificat d'études. Aisne.*)

Questions. — Qu'est-ce que l'olivier? — Où réussit-il? — Comment se reproduit-il? — Quels engrais réclame-t-il? — Qu'est-ce que l'œillette? — Où la cultive-t-on? — Comment la cultive-t-on? — Quelle huile fournissent le colza, la navette et la cameline? — Quelle terre convient à ces plantes? — Quand les sème-t-on? — De quoi sont formés les tourteaux? — A quoi servent les tourteaux de colza et de navette — de cameline? — Qu'appelle-t-on chanvre mâle — chanvre femelle? — Quand doit-on semer clair — serré? — Quels soins réclame la culture du chanvre? — Quand récolte-t-on le chanvre mâle — le chanvre femelle? — En quoi consiste le rouissage — le broyage? — Qu'est-ce que le lin et où le cultive-t-on? — Comment le cultive-t-on? — Comment se fait la récolte du lin? — A quoi sert la graine de lin? — Qu'est-ce que la ramie et que savez-vous sur la culture de cette plante? — Citez les plantes tinctoriales que vous connaissez.

Thaer (*Albert*) agronome allemand, né en 1752, mort en 1828; fut professeur d'agronomie à l'université de Berlin, intendant général des bergeries du domaine royal; écrivit plusieurs ouvrages sur l'agriculture, notamment une description des instruments d'agriculture les plus utiles, qui fut traduite en français par Mathieu de Dombasle; donna un grand développement à l'élevage des moutons ainsi qu'à la culture des pommes de terre. On lui a élevé un monument à Leipzig et un à Berlin.

Gasparin (*Adrien* comte de), agronome français né à Orange en 1783, mort en 1862. Fut pair de France, membre de l'Académie des sciences, ministre de l'Intérieur, ministre de l'Agriculture; fonda l'Institut agronomique de Versailles; écrivit plusieurs ouvrages très estimés. De Gasparin est l'un des agronomes qui ont le plus contribué à faire entrer la science agricole dans la voie de l'expérimentation.

LA VENDANGE. — Dessin de LHERMITTE.

LA VIGNE

La *vigne* est un arbuste sarmenteux. On la cultive pour son fruit à grappes, le *raisin*, qui entre directement dans la consommation comme fruit de table, mais dont la véritable importance est de servir à faire le vin. C'est par la production du vin que la *viticulture* contribue dans une large proportion à la richesse agricole de la France.

La vigne s'accommode à peu près de tous les sols, depuis les grosses terres compactes jusqu'aux sols maigres et arides. Elle prospère parfois là où tout autre végétal aurait peine à vivre; elle ne redoute véritablement que les terrains trop humides et trop froids.

Elle est plus difficile quant à la situation climatérique. Dans un vallon étroit et humide, ses jeunes pousses gèleront facilement et ses fruits n'arriveront que difficilement à maturité. A une trop grande altitude, elle souffrira du froid, la maturation sera insuffisante ou ne se produira pas du tout.

La vigne se plaît dans les terrains exposés au midi, au sud-est ou à l'est. Les autres expositions sont regardées comme médiocres; celle du nord est mauvaise.

Plantation d'une vigne. — Le sol destiné à recevoir de la vigne doit être débarrassé des pierres, des herbes et racines, profondément défoncé et abondamment pourvu de fumier bien consommé, qu'on complétera par des *engrais potassiques*, cendres, marcs de raisin et mieux chlorure de potassium.

On plante par *boutures* ou par *plants racinés*.

Boutures. — Le *bourgeon*, appelé aussi *œil* ou *bouton*, qui se développe soit à l'extrémité des branches, soit à l'aisselle des feuilles, renferme, comme la graine, les plantes en miniature, à l'exception toutefois des racines. Quand on met en terre un rameau de certaines espèces d'arbres, les bourgeons se développent, les feuilles apparaissent, tandis qu'à la partie inférieure enfoncée dans le sol poussent des racines. C'est ce qu'on appelle faire une *bouture*. C'est par ce moyen qu'on multiplie la vigne. Pour que la bouture reprenne, c'est-à-dire pousse des racines, il faut que la branche de vigne mise en terre soit du bois de l'année, coupée près du tronc et munie au moins de quatre yeux.

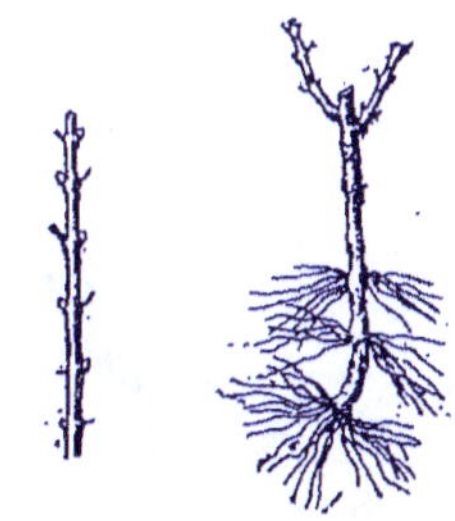

Bouture. Plant raciné.

Le *plant raciné* est une bouture qu'on a mise d'abord en pépinière afin de lui faire prendre racine et qui est ensuite arrachée, puis plantée à demeure dans la vigne.

Pour obtenir du plant raciné, on choisit, au printemps, un terrain bien ameubli ; on creuse un petit fossé, de $0^m,40$ environ de profondeur, à parois inclinées, d'une largeur et d'une longueur en rapport avec le nombre des boutures qu'on veut avoir. Pour la première rangée, les boutures sont couchées contre la paroi, à $0^m,06$ ou $0^m,08$ les unes des autres ; on les recouvre d'une couche de terre de $0^m,08$ à $0^m,10$ d'épaisseur, puis contre cette première rangée on couche une seconde rangée, et ainsi de suite. L'année suivante les boutures se trouvent garnies suffisamment de racines pour être transplantées. Il faut, lorsqu'on les déterre, user de précautions pour ne pas détruire les racines encore faibles.

La plantation par boutures est plus économique ; par plants racinés, elle est plus assurée. Boutures ou plants sont mis en place, en lignes et espacés ordinairement de $0^m,60$ à $0^m,80$ les uns des autres. La distance entre les lignes est variable, selon les procédés de culture employés.

Provins, marcottes. — Lorsqu'il s'agit de repeupler une vigne ou de remplacer les ceps, on a recours au *provignage*, *marcottage* ou *recouchage*, opération qui consiste à enterrer dans une fosse assez profonde un ou plusieurs sarments sans les détacher de leur souche, et en laissant dépasser une longueur portant deux ou trois bourgeons. Au bout d'un certain temps, ces sarments prennent racine et constituent autant de ceps nouveaux, qu'on peut séparer ensuite de la souche mère.

Provin. — Le sarment couché en terre pousse des racines. On le coupe alors pour le séparer de la souche mère et on obtient un cep nouveau.

Façons de la vigne. — Tous les ans l'engrais doit être donné à la vigne avant le labour d'hiver ; il y a intérêt à le fractionner, de manière que le terrain soit toujours saturé dans une certaine mesure. Ce labour ne doit pas être donné trop profondément, pour ne pas atteindre les racines des ceps. De mars en juillet trois binages sont nécessaires.

Nous ne dirons rien de la façon dont on soutient les sarments de la vigne : chaque pays a sa manière indiquée par l'expérience ; en général on les soutient avec des piquets nommés *échalas*.

Taille. — La taille se fait presque toujours au printemps. En principe on doit tailler court quand les ceps sont faibles, et long quand ils sont vigoureux. Plus la taille est courte, plus les sarments ont de force, mais moins ils donnent de fruits ; plus la taille est longue, moins le bois est vigoureux et plus il produit de raisins. On taille généralement à deux ou trois yeux, en ne conservant que les sarments les plus vigoureux ; lorsque les pousses ont atteint $0^m,10$ à $0^m,15$ on retranche à la main toutes celles qui ont poussé sur le vieux bois.

Il est prudent de ne donner aucune culture à la vigne et de ne lui faire aucune visite pendant la floraison, qui a ordinairement lieu en juin.

Vendange. — La *vendange* ou récolte du raisin se fait en France, suivant les régions, depuis le commencement de septembre jusqu'à la fin d'octobre. Pour les raisins de table, certaines espèces précoces se cueillent beaucoup plus tôt.

Les produits d'une vigne varient considérablement avec la nature du cépage, la nature du sol, le climat, l'exposition, les années, la météorologie, les soins dont elle est l'objet, etc. Tandis que certaines vignes fines de Bourgogne donneront à peine 18 à 20 hectolitres de vin à l'hectare, certains gros plants du Midi en produisent jusqu'à 150 à 200 hectolitres.

Le raisin coupé est foulé, ensuite les fruits écrasés et

Le pineau gris.
Le pineau (blanc, noir ou gris) fournit les grands vins de la Bourgogne et de la Champagne.

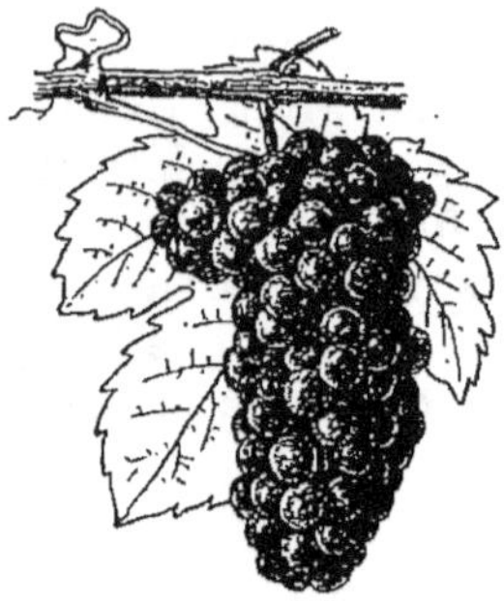

Le cabernet-sauvignon,
principal cépage du Bordelais, fournit les grands vins de la Gironde, appelés vins de Bordeaux.

L'aramon,
principal cépage de l'Hérault, produit les vins communs du Midi.

Le muscat de Rivesaltes,
principal cépage du Roussillon. Les muscats produisent les vins communs du Midi.

le jus sont portés à la cuve où doit s'opérer la fermentation.

Lorsque celle-ci est terminée, on tire le vin de la cuve pour le mettre dans des tonneaux. La partie solide, le *marc*, composé des débris de raisins et des rafles, est portée au pressoir afin d'en tirer le reste du liquide. Après quoi on le distille pour en extraire de l'*eau-de-vie.*

Il faut se garder de jeter le résidu de la distillation : c'est un excellent engrais qui rend à la terre une partie des sels potassiques que la vigne lui enlève.

Leçon expérimentale. — Fermentation d'un liquide sucré ; acide carbonique dégagé ; la distillation du liquide restant donne de l'alcool.

Promenades. — Visiter des vignes s'il est possible et se rendre compte de la culture vinicole. Interroger les vignerons.

Problèmes.—1. Une vigne de 4 ares 28 coûte 300 francs. Que valent 34 ares 28? (*Certificat d'études. Loiret.*)

2. Une vigne de la contenance de 27 hectares 3 ares contient 2 ceps pour 3 mètres carrés. Chaque cep a rapporté en moyenne 0 lit. 7 de vin. Ce vin est vendu à raison de 350 fr. le tonneau de 680 litres. Quelle est la valeur totale de la récolte? (*Certificat d'études. Puy-de-Dôme.*)

3. On estime que depuis la vendange jusqu'au moment de sa clarification le vin diminue des 9 centièmes de son volume par l'expulsion que produit la fermentation et par le dépôt de lie. Quand le vin vaut à la vendange 75 francs les 200 litres, quel prix devrait-il être vendu étant clarifié ?

Questions. — Quels sont les terrains qui conviennent à la vigne et comment les terrains doivent-ils être exposés ? — Comment le sol doit-il être préparé pour la plantation ? — Expliquez ce qu'on entend par bouture — par plants racinés — par provignage. — Quelles façons donne-t-on à la vigne ? — Quand doit-on tailler court ? — Que produit une taille courte — une taille longue ? — A combien d'yeux taille-t-on ordinairement? — Que fait-on lorsque les pousses ont 10 à 15 centimètres ? — Que doit-on éviter au moment de la floraison ? — Quand fait-on la vendange en France ? — De quoi dépendent les produits de la vigne ? — Comment fait-on la vendange ? — Comment utilise-t-on le marc ?

LES ENNEMIS DE LA VIGNE

La culture de la vigne est sujette à bien des hasards. La gelée printanière tue les bourgeons naissants, les

Feuille attaquée par l'oïdium. Les deux faces de la feuille montrent des taches d'un blanc grisâtre. Ces taches laissent après elles des empreintes noirâtres.

Fruit attaqué par l'oïdium. Les grains se recouvrent d'une poussière blanche, grasse; ils se fendillent, se dessèchent ou pourrissent.

Fruit attaqué par le black-rot. Le grain se ride, se dessèche, devient noir foncé; la peau paraît chagrinée.

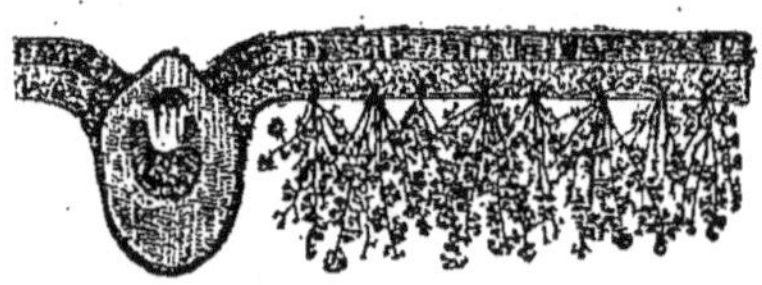

Coupe d'une feuille tachée de mildew (mildiou) vue au microscope. On voit, très grossies, les arborescences qui se montrent à la face inférieure.

Feuille et grain attaqués par l'anthracnose. Des taches noires, petites, circulaires, se montrent sur les feuilles; le grain est rongé par des points qui le creusent et le font tomber.

pluies de juin font *couler* sa fleur, la sécheresse d'août *cuit* le raisin, la grêle détruit le fruit, que les pluies et les froids précoces d'automne empêchent de mûrir.

Cryptogames. — Malheureusement elle a encore d'autres ennemis, dans le règne végétal comme dans le règne animal. Des champignons microscopiques : l'*oïdium*, le *black-rot*, le *mildew* et l'*anthracnose* s'attaquent aux bourgeons, aux feuilles et aux raisins et en amènent le dépérissement ou la chute.

On combat l'oïdium et l'anthracnose par le soufre en poudre que l'on projette à l'aide d'un soufflet spécial. Plusieurs soufrages sont nécessaires; les premiers sont donnés à partir de mai, lorsque les bourgeons ont de $0^m,10$ à $0^m,15$; un autre, dans la huitaine qui précède la floraison; le dernier, lorsque le raisin commence à mûrir.

Pour le mildew et le black-rot, on emploie une dissolution de *sulfate de cuivre* ou vitriol bleu, la *bouillie bordelaise*, mélange de sulfate de cuivre et de chaux; la *bouillie bourguignonne*, mélange de sulfate de cuivre et de carbonate de soude; l'*eau céleste*, mélange de sulfate de cuivre et d'ammoniaque. Pour projeter ces divers liquides on se sert d'un petit balai de bruyère, ou mieux d'un *pulvérisateur* qui répand le liquide plus uniformément, sous forme de pluie fine.

Pyrale femelle, au moment de la ponte.

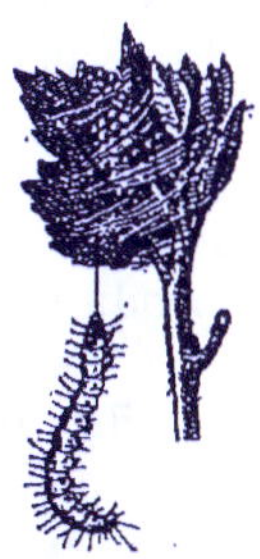

Grappe enveloppée par les fils de la pyrale à l'état de chenille.

Eumolphe (très grossi) connu sous le nom de gribouri ou écrivain.

Feuille découpée à jour par l'eumolphe.

Insectes. — Certains insectes peuvent causer à la vigne de sérieux dommages : la *pyrale*, papillon dont la chenille se nourrit des feuilles de la vigne, et que l'on détruit en arrosant les ceps à l'eau bouillante ; l'*eumolpe*, appelé aussi gribouri ou écrivain, dont la larve ronge les feuilles de la vigne en y traçant des sillons ; l'*altise*, qui attaque aussi les feuilles. Contre ces deux derniers insectes, qu'on ne peut guère détruire qu'à la main, le seul remède serait la multiplication des oiseaux insectivores, pinsons, mésanges, fauvettes et autres, qui sont les meilleurs défenseurs des moissons et des vignes.

Phylloxera. — Quels que soient les ravages causés dans les vignobles français par les cryptogames et insectes que nous avons déjà nommés, ils ne sont rien auprès de ceux qu'a produits et que produit encore un insecte à peine visible à l'œil nu, le *phylloxera*, dont les myriades de larves s'attachent aux racines de la vigne et y forment des nodosités qui rendent les racines impropres à leurs fonctions de nutrition. Le plant attaqué s'étiole, jaunit, ne produit plus rien, et meurt au bout de deux ou trois ans.

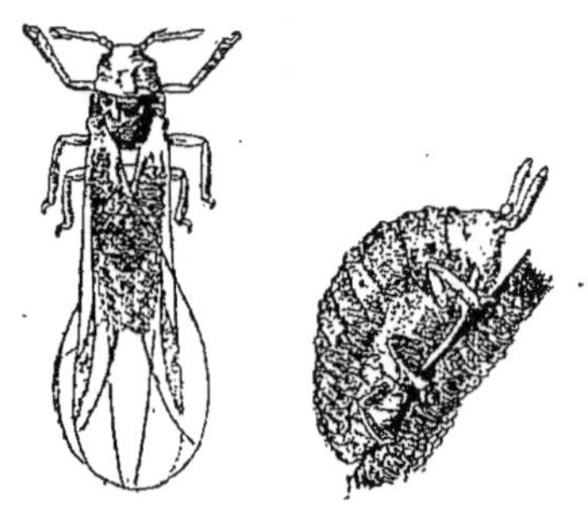

Phylloxera ailé (très grossi). Phylloxera sans ailes (très grossi).

Le phylloxera commence à pondre dès les premiers jours tièdes du printemps ses œufs, qui éclosent au bout d'une huitaine ; au bout de quinze jours, les jeunes phylloxeras sont en état de pondre à leur tour. La ponte se fait à raison de trois à six œufs par insecte, et dure deux mois.

Un calcul très simple montre qu'un seul phylloxera arrive à se reproduire par millions dans un seul été.

Pour combattre ce redoutable fléau, bien des remèdes ont été tentés ; mais malgré la prime de trois cent mille francs offerte par le gouvernement de la République à l'inventeur d'un procédé de destruction pratique et infaillible du phylloxera, on n'en a pas encore trouvé. Quelques procédés employés avec persévérance ont amené cependant de bons résultats. En première ligne il faut placer la submersion des vignobles phylloxerés. Quand la vigne atteinte est voisine d'un cours d'eau et qu'on peut l'inonder à une hauteur suffisante pendant une cinquantaine de jours, à l'automne ou à l'hiver, le phylloxera disparaît.

On emploie encore avec succès pour le détruire deux agents chimiques fort actifs : le *sulfocarbonate de potassium* et le *sulfure de carbone*. Le sulfocarbonate de potassium étant d'un emploi difficile et d'un prix élevé, on fait plutôt usage du sulfure de carbone. C'est un liquide très volatil, qui forme d'abondantes vapeurs mortelles pour le phylloxera. Comme elles sont plus lourdes que l'air, on n'a qu'à les répandre dans le sol même pour qu'elles s'y maintiennent et produisent l'effet attendu. On en pénètre la terre au moyen d'appareils nommés *charrues sulfureuses* ou *pals injecteurs*.

En même temps qu'on applique à la vigne les remèdes contre le phylloxera, il importe de la soutenir énergiquement par d'abondants engrais.

Promenades et rédactions. — Visiter des vignes, s'il se peut. Étudier les ennemis de la vigne, s'il est possible, et rendre compte de ce qu'on a observé. (Il est bon de se procurer un microscope.)

Dans une lettre à l'un de vos amis, vous lui donnez connaissance que, depuis plusieurs semaines, vos camarades d'école et vous, sous la conduite de votre instituteur, faites une guerre acharnée aux hannetons. (*Certificat d'études. Vosges.*)

Expérience. — La bouillie bordelaise.

Problème. — Une vigne de 35 ares 48 centiares a été achetée au prix de

148 francs l'are. Elle produit en moyenne 65 hectolitres de vin par an; le vin se vend 4 fr. 50 le décalitre. Les dépenses annuelles pour travaux et contributions s'élèvent à 345 francs. Combien pour 100 rapporte la somme qu'on a donnée pour l'achat de cette vigne? (*Certificat d'études. Aisne.*)

Questions. — Quels sont les champignons microscopiques qui s'attaquent à la vigne? — Quels moyens emploie-t-on pour combattre l'oïdium et l'anthracnose — le mildew et le black-rot? — Quels sont les insectes ennemis de la vigne et comment peut-on les combattre? — Que savez-vous du phylloxera? — Quels moyens emploie-t-on contre le phylloxera?

Par suite de l'apparition dans les vignobles français du phylloxera d'abord et des maladies cryptogamiques ensuite, les viticulteurs ont été forcés de changer la nature de leurs cépages et de modifier leur système de culture.

Entre autres moyens, on a essayé d'acclimater des plants étrangers; l'un des plus employés consiste à greffer un cépage de choix sur plant américain reconnu réfractaire au phylloxera.

M. A. Cazeneuve a fait à l'Académie des sciences une communication intéressante sur les résultats du traitement des vignes phylloxerées par un mélange de vaseline avec moitié ou deux tiers de sulfure de carbone; depuis quatre ans M. Cazeneuve a employé le sulfure vaseliné dans ses vignobles du Rhône. La production a triplé dans cet espace de temps et la végétation est redevenue vigoureuse.

LE POMMIER A CIDRE. — LE HOUBLON

Le pommier. — La culture du *pommier* a dans certaines parties de la France, en Normandie et en Bretagne notamment, une véritable importance industrielle en vue de la production du *cidre*. Elle offre moins de difficultés et exige moins de soins que celle de la vigne.

Les pommiers se multiplient au moyen de semis et au moyen de la greffe.

Les jeunes arbres obtenus de semis se mettent en place vers l'âge de sept ans. Un ou deux ans après on les greffera en bonnes variétés, gros Barbarie, petit Barbarie, doux Juvigny, fleur d'Auge, etc.

Après avoir défoncé la terre dans un large rayon et l'avoir garnie de fumier bien consommé, on plante le jeune arbre peu profondément et on garnit la tige, soit avec des épines, soit avec des tiges de bois ou de fer, de manière à la défendre contre tous les animaux.

Tous les ans il est utile de labourer très superficiellement le sol au pied des arbres et d'y mettre du fumier bien éteint. Le marc de pommes ou *pommon* est un excellent engrais, mais il faut l'additionner d'un tiers de chaux au moins, afin de détruire son acidité qui pourrait nuire aux arbres.

En automne on abat les pommes, en ayant soin de ne pas casser trop de branches destinées à porter la récolte suivante.

Pour faire le cidre, on écrase les pommes et on les soumet à une pression énergique.

On fabrique par le même procédé, mais en beaucoup moins grande quantité, une boisson avec les poires. Le *poiré* est très alcoolique ; il enivre facilement ceux qui n'ont pas l'habitude d'en boire. Le poiré de bonne qualité ressemble beaucoup aux vins mousseux d'Anjou.

LE HOUBLON. — Le *houblon* est une plante vivace grimpante. Il a des fleurs mâles et des fleurs femelles sur des pieds différents. On le cultive en vue de ses fleurs femelles qu'on appelle cônes et qui sont employées par l'industrie de la *brasserie*. Elles servent à donner à la bière, par leur infusion, son goût spécial d'amertume, et certains principes toniques.

Fleurs mâles du HOUBLON.

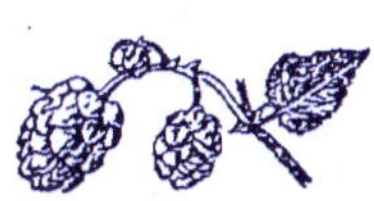

Fleurs femelles ou cônes du HOUBLON.

Il y a plusieurs variétés de houblon. Les deux principales sont : le *houblon précoce*, dont la maturité se produit en août, et le *houblon tardif*, qui est mûr en septembre seulement.

Le houblon demande un sol frais et profond, bien garni de fumier auquel il convient d'ajouter du phosphate de chaux. Il faut défoncer le terrain à $0^m,70$ ou $0^m,80$ et enterrer assez profondément la fumure, car plus les racines de la plante descendront pour le chercher, mieux elle supportera la sécheresse, qui lui est à ce point funeste que ses fleurs tombent quand elle en souffre.

On peut planter le houblon à deux époques différentes de l'année : à l'automne, en employant des plants arrachés dans une vieille houblonnière, qui donneront une récolte dès la première année ; au printemps, avec les plants ordinaires, c'est-à-dire des drageons qui poussent à la souche, et qu'on en détache au moment de planter. Ces plants donneront une petite récolte l'année suivante.

Réunis au nombre de quatre ou cinq, les plants sont mis en terre à une distance de $1^m,50$ à 2 mètres les uns des autres dans tous les sens. On leur donne pour tuteurs de hautes perches autour desquelles les houblons s'enroulent. Chaque année, du 15 mars au 15 avril, on procède à la taille.

La récolte des cônes se fait à la fin de l'été, lorsque de verts jaunâtres qu'ils étaient ils deviennent dorés.

Promenade et excursion. — Voir la culture des pommiers à cidre et du houblon, s'il se peut.

Problèmes. — 1. Un cultivateur a 5 hectares 48 ares de terre plantés en pommiers à raison de 75 pommiers par hectare. Chaque arbre donne 18 décalitres de pommes, et chaque hectolitre de pommes, 45 litres de cidre. Il réserve 24 hectolitres de cidre pour sa consommation et vend le reste 6 fr. 30 l'hectolitre. Combien reçoit-il ? (*Certificat d'études. Doubs.*)

2. Un marchand avait acheté 30 sacs de pommes qui en contenaient chacun 25 douzaines. Il les avait payées 0 fr. 75 le cent, et en les revendant au détail il en a donné 4 pour 0 fr. 05. Combien a-t-il gagné sur ses pommes ? (*Certificat d'études. Ain.*)

3. On emploie pour faire un hectolitre de bière 500 grammes de houblon à 0 fr. 55 le kilogramme et 5 décalitres d'orge pesant 63 kilogr. l'hectolitre et coûtant 21 fr. le quintal métrique : 1° combien faut-il d'hectolitres d'orge et de kilogrammes de houblon pour faire 24 hectolitres de bière ; 2° quel sera, sur cette quantité de bière, le gain brut du brasseur s'il vend le décalitre 1 fr. 80 ? (*Certificat d'études. Manche.*)

Questions. — Dans quelles parties de la France cultive-t-on le pommier à cidre ? — Comment les pommiers se multiplient-ils ? — Comment plantét-on les jeunes arbres et quels soins leur donne-t-on ? — A quelle époque abat-on les pommes ? — Comment fait-on le cidre ? — Qu'est-ce que le poiré ? — Qu'est-ce que le houblon ? — A quoi servent les fleurs du houblon ? — Quelles sont les variétés de houblon qui vous sont connues ? — Quel sol réclame le houblon et comment prépare-t-on la culture de cette plante ? — A quelle époque plante-t-on le houblon, et quels soins de culture réclame-t-il ? — Quand fait-on la récolte des cônes ?

NOURRITURE DU BÉTAIL

LA DIGESTION

Lorsqu'un animal a mangé, il *digère*, c'est-à-dire que sous l'influence des sucs de l'estomac et des intestins les principes utiles des aliments deviennent liquides et pénètrent dans le sang. Alors le sang, qui circule dans les artères avec une extrême rapidité, emporte dans son courant ces principes nourriciers. Chemin faisant il en dépose une partie dans toutes les régions du corps, partout où il en est besoin. Quant à l'autre partie, la plus considérable, elle se consume, se brûle dans le sang lui-même. Chaque animal, vous le savez, a dans son corps un feu doux, sans flamme ni fumée, ce qu'on nomme une combustion lente, véritable foyer de chaleur qui ne le quitte qu'avec la vie.

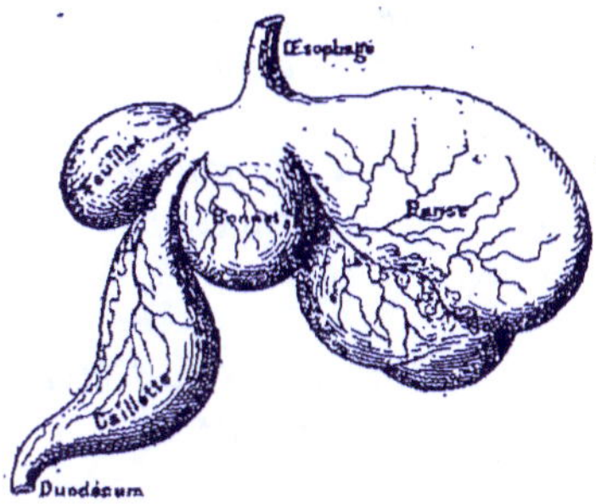

ESTOMAC DES RUMINANTS.

Les ruminants réduisent d'abord l'herbe en petites pelotes et l'avalent presque sans la mâcher ; celle-ci séjourne dans la *panse*, premier estomac, puis dans le *bonnet*, deuxième estomac, où elle s'imprègne d'un liquide semblable à la salive. Rentré à l'étable ou tenu en repos au pâturage, l'animal fait remonter les pelotes d'herbe par l'œsophage jusqu'à ses mâchoires : il *rumine*, c'est-à-dire qu'il broie l'herbe, la réduit en bouillie, puis il la renvoie par l'œsophage dans le troisième estomac, le *feuillet*, où commence la digestion ; de là les aliments passent dans la *caillette*, quatrième estomac. La partie qui n'est pas digérée par la caillette va par le *duodénum* dans les *intestins* dont la longueur totale dépasse, chez les ruminants, vingt-cinq fois la longueur du corps.

Le sang contient une quantité considérable de *petits*

corps rouges ou *globules* auxquels il doit sa couleur. Comme il circule par tout le corps, il vient également aux poumons. En traversant les poumons, le sang se trouve en contact avec l'air que l'animal absorbe en respirant. Alors les globules du sang s'emparent de l'oxygène de l'air, c'est-à-dire du gaz qui fait brûler nos foyers intérieurs et ils l'emportent avec eux à travers les divers tissus de l'animal, en répandant partout la chaleur vitale.

Une bonne alimentation doit remplir deux conditions :

1° *Fournir à l'organisme des matières qui passent facilement dans le sang pour constituer et entretenir les différentes parties de l'animal, muscles ou viande, nerfs, peau, os, etc.;*

2° *Fournir à l'organisme des matières propres à être brûlées par l'oxygène, et par suite à entretenir la chaleur de l'animal.*

ALIMENTS PLASTIQUES. — ALIMENTS RESPIRATOIRES

Toutes les substances alimentaires ne présentent pas ces deux qualités réunies. Les unes, comme l'*albumine* végétale (analogue au blanc d'œuf), qui contiennent surtout de l'azote, contribuent à la constitution et à l'entretien de l'animal; on les appelle *aliments plastiques* ou *réparateurs;* les autres, comme le sucre, la fécule, l'huile, pourvoient à la combustion, ce sont les *aliments respiratoires*.

Une bonne nourriture pour les animaux domestiques, comme pour les hommes, doit donc contenir à la fois des *éléments plastiques* (matières azotées) et des *éléments respiratoires* (matières carbonées).

Le *carbone* (aliment respiratoire) est surtout fourni par les matières grasses, sucrées, féculentes. Les matières azotées (aliments plastiques) se trouvent dans l'*albumine* (analogue au blanc d'œuf), la *caséine* (analogue au fromage blanc), la *fibrine* (analogue à la viande), qui se trouvent dans les végétaux. Plus un aliment en contient, plus il a de valeur. La proportion dans laquelle se trouvent dans les aliments les éléments plastiques ou azotés et les éléments respiratoires ou carbonés se nomme *rapport nutritif* ou *relations nutritives;* plus ce rapport se rapproche de l'unité plus l'aliment est riche

RAPPORTS NUTRITIFS

Les travaux des chimistes ont déterminé la proportion de chacun de ces éléments pour la nourriture des animaux. Elle doit être en moyenne de 1 à 5, en d'autres termes, l'animal doit trouver dans ses aliments 1 kilogramme de matières azotées contre 5 kilogrammes de matières carbonées et grasses. Ces rapports nutritifs sont fort variables dans les divers aliments donnés aux animaux. On a pu, à ce point de vue, les classer en trois groupes : aliments *pauvres*, aliments *ordinaires*, aliments *riches* ou *concentrés*.

ALIMENTS PAUVRES. — Le rapport nutritif des aliments pauvres varie entre 1 à 6 et 1 à 20. Ils renferment peu de matières azotées. On y range les betteraves, les pulpes de betteraves, les pailles de différentes espèces. En les mélangeant dans une proportion convenable avec les aliments riches, dont nous parlons ci-dessous, on obtient une moyenne alimentaire qui répond à tous les besoins des animaux. Les aliments de cette classe sont surtout destinés aux ruminants, bœufs et moutons. Le bœuf a, en effet, un estomac d'une capacité de 200 litres environ. Chez lui la quantité peut jusqu'à un certain point compenser la qualité des aliments.

ALIMENTS ORDINAIRES. — Ces aliments ont un rapport nutritif compris entre 1 à 3 et 1 à 5. Ils ont pour type le foin des prairies. Ils suffisent pour l'entretien des animaux domestiques et peuvent produire la force et le lait, mais pour l'engraissement il est bon de les compléter par des aliments riches. Les foins de luzerne, de lentilles, etc., entrent dans la même catégorie.

Aliments riches ou concentrés. — Le rapport nutritif de ces aliments est de 1 à 2 ou à 3. Parmi ceux-ci se rangent en première ligne les tourteaux de lin, de colza, de coton, de sésame, de cocotier, les graines de légumineuses, fèves, vesces, lentilles, maïs, etc.

Promenades. — Visiter un abattoir; examiner un animal ouvert.

Questions. — Que se passe-t-il lorsqu'un animal a mangé? — Comment les principes nourriciers circulent-ils dans le corps entier? — Comment la partie nutritive qui ne se fixe pas dans le corps animal est-elle consommée et quels effets produit-elle? — Quelles sont les deux conditions que doit remplir une bonne alimentation? — Qu'appelle-t-on aliments plastiques ou réparateurs — aliments respiratoires? — Où trouve-t-on l'aliment respiratoire — l'aliment plastique? — Qu'appelle-t-on rapport nutritif ou relations nutritives d'un aliment? — Quel est le rapport moyen des aliments? — Comment a-t-on classé les aliments d'après leur rapport nutritif? — Quel est le rapport nutritif des aliments pauvres et quels sont ces aliments? — Pourquoi les mélange-t-on quelquefois avec des aliments riches? — A quels animaux conviennent les aliments pauvres? — Quel est le rapport nutritif des aliments ordinaires et quel est le type de ces aliments? — A quels besoins répondent-ils? — Quel est le rapport nutritif des aliments riches et quels sont ces aliments?

DIGESTIBILITÉ

L'estomac des animaux n'est pas un vase qui digère indifféremment tout ce qu'on lui donne. On ne ferait pas digérer du foin à un chien pas plus que de la viande à un âne, et cependant le foin comme la viande sont digérés par les animaux, suivant leur espèce.

Pour trouver la digestibilité des aliments on a procédé comme suit. Après avoir analysé les fourrages et autres matières premières, on a déterminé ce qui entre dans le corps animal, celui d'un bœuf, par exemple, en azote, matières carbonées et grasses ; on a déterminé ensuite ce qui en sort sous forme de déjections. La différence représente ce que l'animal a retenu, c'est-à-dire la partie digestive.

Les savants ont ainsi réuni des renseignements très nombreux sur les différents aliments et sur leur utilisation par les divers animaux de la ferme. La digestibilité varie non seulement d'après la nature des fourrages, mais encore d'après les animaux qui les consomment. C'est ainsi que les ruminants, bœufs et moutons, digèrent beaucoup mieux les pailles que le porc et le cheval, et peuvent utiliser des fourrages durs et fibreux qui seraient tout à fait contraires à ces derniers.

DEGRÉ DE DIGESTIBILITÉ. — Les *tubercules* et les *racines* (pommes de terre, topinambours, betteraves, carottes, etc.) sont les plus facilement digérés de tous les fourrages ; les éléments sont absorbés presque en totalité, 95 pour 100.

Après eux viennent les aliments concentrés, comme les *tourteaux*, les *grains* et les *farines*, 60 pour 100 ; en troisième lieu, les fourrages fibreux, tels que les *herbes de prairies naturelles* ou *artificielles*, 40 pour 100 ; enfin, en dernier lieu, les *pailles*, 25 pour 100.

On a étudié également les différentes circonstances qui peuvent faire varier le plus ou moins de digestibilité, âge, travail, production de lait, etc.

LA RATION

En partant des résultats ainsi acquis, on a pu fixer la ration, c'est-à-dire la quantité de nourriture nécessaire à un animal dans vingt-quatre heures. Pour rendre l'évaluation facile, on a distingué deux parties dans la ration : la *ration d'entretien*, qui a pour but de permettre à l'animal d'entretenir son organisme sans lui demander d'autre production que le fumier, et la *ration de production*, c'est-à-dire la quantité de nourriture qu'il faut ajouter à la première lorsqu'on exige de l'animal des produits utiles tels que le travail, le lait ou la graisse.

La *ration totale* se compose de la ration d'entretien et de la ration de production.

La ration d'entretien est de 2 kilogrammes de foin de prairie naturelle ou l'équivalent d'autres substances, présentant la proportion de 1 de matières azotées contre 5 de matières carbonées et grasses, par 100 kilogrammes du poids de l'animal vivant.

La ration de production est 1 à 3 kilogrammes de foin ou l'équivalent par 100 kilogrammes du poids de l'animal vivant.

La ration totale, qui comprend la ration d'entretien et la ration de production, peut donc varier de 3 à 5 kilogrammes de foin ou de matière équivalente par 100 kilogrammes de poids vivant.

Par exemple, une vache laitière de 400 kilogrammes, qui a droit à la ration totale, recevra 12 kilogrammes de foin, ou l'équivalent 7 kilogrammes de betteraves, 3 kilogrammes de luzerne, 1 kilogramme de son de froment, 1 kilogramme de paille.

Mais dans les mélanges, il ne faut pas oublier que pour profiter à l'animal, c'est-à-dire pour être bien digérée, la ration doit être en rapport avec son appareil digestif, qui demande pour fonctionner normalement à être convenablement rempli, sans subir de dilatation ou de contraction exagérée.

Par exemple, pour fournir 1 kilogramme de matière azotée au moyen de foin en herbe, il ne faudrait pas moins de 50 kilogrammes de matière première; il faudrait moins de 5 kilogrammes si le foin était remplacé par des féveroles. Dans le premier cas, la ration occuperait un volume par trop considérable ; dans le second cas, un volume trop petit. En pratique, on prend une moyenne en mélangeant les aliments trop riches aux aliments trop pauvres ou trop aqueux.

Il faut aussi consulter la taille et l'âge des animaux. Il a été reconnu que les animaux de grande taille éprouvent des pertes relativement moins fortes que ceux de petite taille; on donnera donc à ceux-ci des rations proportionnellement plus fortes. Les jeunes animaux, qui doivent pourvoir à leur croissance, seront traités de même.

Les mesures et les indications que nous donnons peuvent paraître trop minutieuses, mais elles permettent de donner au bétail la nourriture qui lui convient le mieux pour le maintenir en bon état, en même temps qu'elles permettent de faire des économies en évitant le gaspillage. Trop souvent il arrive qu'un cultivateur donne le fourrage à profusion au commencement de l'hiver, sans profit réel pour les animaux, et qu'il est obligé, avant le printemps, d'acheter du foin fort cher, ou de vendre à très bon marché une partie de son bétail.

Il est donc important d'établir les rations du bétail.

Problèmes. — 1. Quelle quantité journalière de foin devra-t-on donner à 4 chevaux pesant : le premier 385 kilogrammes et les trois autres chacun 450 kilogrammes, si l'on évalue les rations à 4 kilogrammes de foin par 100 kilogrammes de poids vivant?

2. Un fermier possède 3 285 kilogrammes de luzerne ; il veut donner à 3 vaches pesant ensemble 1 130 kilogrammes une ration quotidienne de 3 kilogrammes par 100 kilogrammes de poids vivant. Combien de jours durera sa provision de luzerne?

3. Le fumier, placé dans le voisinage des rigoles et lavé par les pluies, perd 1/3 de sa valeur. Dans une ferme où il y a 12 vaches produisant chacune par jour 56 kilogrammes de fumier, quelle est la perte faite en une année, sachant que le mètre cube de fumier pèse 540 kilogrammes et coûte 4 fr. 50 ? (*Certificat d'études. Aisne.*)

Questions. — Comment a-t-on procédé pour déterminer la partie digestive des aliments? — Quels sont les animaux qui digèrent le plus facilement les pailles? — Citez quelques aliments dans leur ordre de digestibilité. — Qu'appelle-t-on ration d'entretien — ration de production — ration totale? — Quelle doit être la ration d'entretien — la ration de production — la ration totale? — Quelle pourrait être, par exemple, la ration totale d'une vache de 400 kilogrammes? — Que doit-on considérer pour donner aux animaux des rations qu'ils puissent facilement digérer?

SOINS DU BÉTAIL

ÉTABLES ET ÉCURIES

Les étables et les écuries doivent être, autant que possible, établies sur un sol un peu élevé, à l'abri de l'humidité et orientées au sud-est.

Le sol doit être imperméable et avoir une pente de $0^m,02$ à $0^m,03$ par mètre.

Une pièce simple a 5 mètres de profondeur au moins, savoir : $2^m,45$ pour l'animal, $0^m,60$ pour les mangeoires, $1^m,35$ pour le passage de service et $0^m,60$ pour les harnais, qu'on accroche aux murs. En largeur on donnera aux animaux $1^m,30$ à $1^m,45$ s'ils sont séparés par des barres mobiles, $1^m,50$ à $1^m,70$ si la cloison de séparation est fixe.

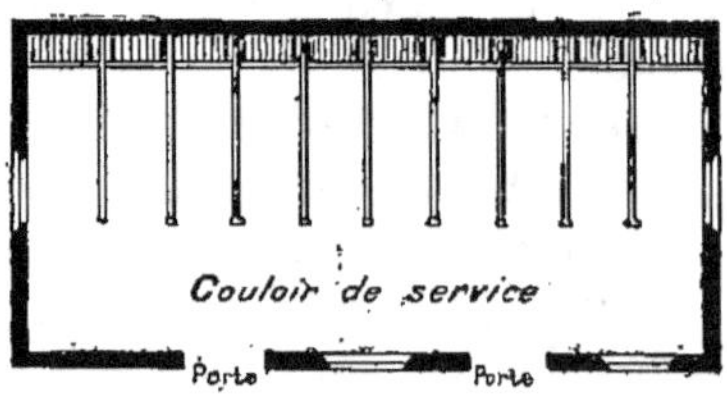

Plan d'une écurie simple ou à un seul rang.

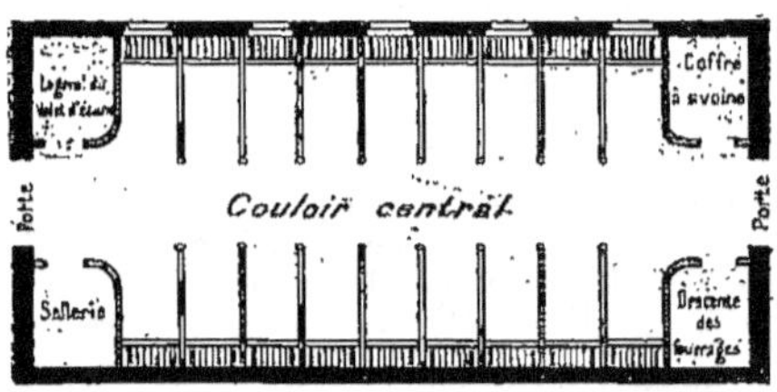

Plan d'une écurie double avec couloir au milieu.

Le ratelier est placé à $0^m,30$ au-dessus de l'auge ou mangeoire, et celle-ci est ordinairement à 1 mètre ou $1^m,10$ du sol.

Pour les bœufs et les vaches, les mangeoires doivent être plus grandes que pour les chevaux ; elles ne doivent pas être élevées de plus de $0^m,40$ à $0^m,50$ au-dessus du sol.

Lorsque les bestiaux mangent, surtout des aliments semi-liquides, ils gaspillent beaucoup de nourriture qu'ils laissent tomber sur le sol et piétinent ensuite. Afin de remédier à cet inconvénient, on a imaginé de les obliger à passer leur tête au travers d'une cloison pour manger. De cette façon, les aliments qui leur échappent retombent

Vue intérieure d'une fenêtre d'écurie.

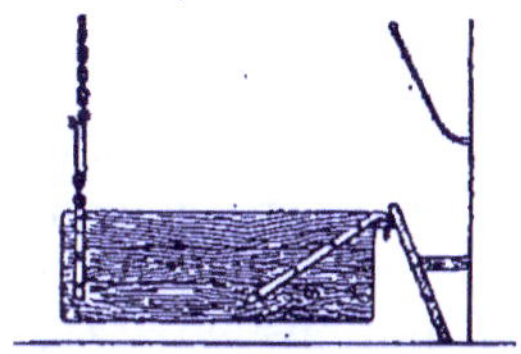

Bat-flancs, séparation mobile pour les chevaux à l'écurie.

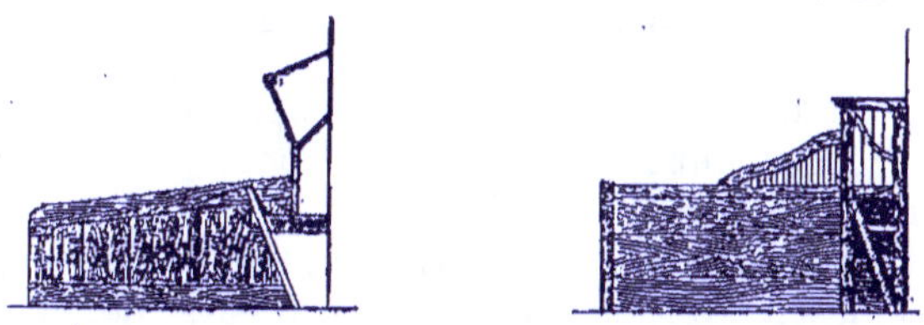

Stalles, séparations en planches fixes.

dans la mangeoire et peuvent être repris ensuite. Ces cloisons sont pleines ou à claire-voie, c'est ce qu'on appelle un *cornalis*. Chaque animal a devant lui une ouverture de 0m,40 de large sur 0m,60 de haut ; il prend facilement l'habitude de passer adroitement la tête par l'ouverture ; il mange plus vite ; quand il est repu, il se retire et se couche pour ruminer.

L'aération doit se faire par des fenêtres disposées d'un seul côté ou mieux par des cheminées d'appel qui s'élèvent au-dessus du toit et sont disposées dans les coins de l'étable ou de l'écurie opposés aux animaux. Il faut éviter avec grand soin à ceux-ci les courants d'air, ils peuvent leur occasionner de sérieuses maladies,

La *litière* des animaux doit être entretenue en état de propreté, en enlevant *chaque jour* les parties souillées par les déjections. En principe la litière se compose de la paille des céréales, mais on emploie aussi les fanes de colza, de sarrasin, les feuilles d'arbre, les roseaux, les fougères, la sciure de bois, la tourbe, le sable et même la terre bien sèche.

Lorsque le *grenier à fourrage* se trouve au-dessus d'une écurie, il est indispensable qu'il en soit séparé par un plancher hermétiquement clos. Les vapeurs qui s'élèvent de l'écurie pénètrent le fourrage et y déterminent des fermentations putrides, nuisibles à la santé du bétail.

SOINS DE PROPRETÉ

Il a été admis pendant trop longtemps que les soins de propreté, reconnus indispensables pour les chevaux, sont inutiles pour les bœufs et les vaches ; il y a encore des départements où le bétail vit dans un état de malpropreté indescriptible et où les agriculteurs donnent le nom de *parure* aux déjections qui, dans des étables malpropres, s'attachent aux flancs des animaux. L'expérience a montré que les bœufs et les vaches, aussi bien que les chevaux, doivent être pansés et étrillés.

Il faut bouchonner les animaux chaque matin avant le travail ou la traite, les étriller une fois au moins par semaine. L'*étrille* ne sera employée que pour les parties les moins sensibles, comme le dos et l'extérieur des cuisses. Pour le reste on se servira d'une brosse de chiendent. On évitera ainsi de faire à l'animal de petites blessures qui pourraient s'aggraver par l'action des insectes et de la poussière. On lavera ensuite la queue, les cuisses et les jarrets, et chez les vaches le pis, mais dans ce dernier cas il faut éviter l'emploi d'une eau trop froide, car la sécrétion du lait en souffrirait.

Le bain est une nécessité pour tous les animaux domestiques. Il faut seulement éviter de conduire les bestiaux à l'abreuvoir lorsqu'ils ont trop chaud : il pourrait en résulter de graves maladies.

RÈGLES D'HYGIÈNE

Quand vos animaux viennent de manger, ne les remettez pas à l'ouvrage tout de suite ; laissez-les commencer d'abord leur digestion : ils travailleront mieux et regagneront promptement le temps perdu.

S'ils sortent de l'attelage et qu'ils aient chaud, permettez-leur de reprendre haleine avant de leur donner à manger, et surtout ne les laissez pas boire frais à ce moment.

S'ils sont en sueur, ne les condamnez pas brusquement à l'immobilité dans un endroit froid ; si vous ne pouvez les mettre au chaud, couvrez-les ou bouchonnez-les bien, afin de sécher leur sueur.

N'exigez pas d'un animal plus de travail ou le développement d'une plus grande force qu'il n'en peut donner naturellement. Sans doute, il y a des bêtes paresseuses qu'il faut activer; mais l'on distingue bien vite, avec un peu de pratique, celles qui se ménagent de celles qui travaillent avec toute leur énergie. En surmenant un animal, on arrive à obtenir un travail évidemment plus considérable sur le moment, mais ce travail ne dure pas longtemps, la bête se fatigue, elle est vite usée et son remplacement est une grosse dépense. Sans compter qu'en demandant à une bête plus qu'elle ne peut donner, on l'expose à de graves accidents, luxation des membres, écart des épaules, froissement des reins, apoplexie, etc., qui la rendent indisponible pour longtemps quand ils ne causent pas sa mort immédiate. On perd ainsi en un seul coup tout le bénéfice que le surmenage des animaux a pu donner.

Ne faites pas travailler vos bêtes trop jeunes, vous les déformeriez ; elles ne deviendraient jamais aussi fortes ni aussi belles qu'elles auraient été si vous leur aviez laissé prendre d'abord tout leur développement. Ceci s'applique particulièrement au cheval, et l'on voit les plus beaux poulains, quand ils sont mis trop tôt au travail par un mauvais calcul, se déjeter, perdre leurs formes et ne pouvoir jamais devenir de bons chevaux. Tenez vos animaux avec la plus sévère propreté. La santé, la vigueur et la beauté de votre bétail seront de larges compensations au temps que vous aurez employé à le tenir propre.

Promenades et comptes rendus. — Visiter des étables et des écuries et rendre compte par écrit des observations faites. Mesurer les principales dimensions et faire un croquis coté des pièces. Mettre au net les croquis cotés.

Rédaction. — Un de vos camarades a maltraité brutalement un cheval. Faites-lui sentir combien sa conduite est répréhensible, et engagez-le, à l'avenir, à traiter avec bonté les animaux domestiques, nos serviteurs. (*Certificat d'études. Loiret.*)

Problème. — On fait construire une fosse à purin pouvant contenir 974 hectol. 53 et ayant $6^{m},25$ de longueur ; quelle profondeur devra-t-on lui donner? (*Certificat d'études. Aube.*)

Questions. — Donnez quelques indications sur les étables et les écuries : orientation, pente du sol, dimensions approximatives, mangeoires, aération. — Comment doit-on avoir soin des litières ? — Que fait-on si le grenier à fourrage est au-dessus de l'écurie ? — Quels sont les soins de propreté qu'on doit donner aux bestiaux ? — Énoncez quelques règles d'hygiène : quand les animaux viennent de manger... — s'ils sortent de l'attelage... — s'ils sont en sueur... — n'exiger pas trop de travail... — ne pas faire travailler trop jeunes...

Loi Grammont. — Une loi du 2 juillet 1850, proposée par le général de Grammont, protège les animaux domestiques contre les mauvais traitements.

ARTICLE UNIQUE. — *Seront* punis d'une amende de 5 à 15 francs, et *pourront* l'être d'un à cinq jours de prison, ceux qui auront exercé publiquement et abusivement de mauvais traitements envers les animaux domestiques. La peine de la prison sera toujours appliquée en cas de récidive.

CHEVAL

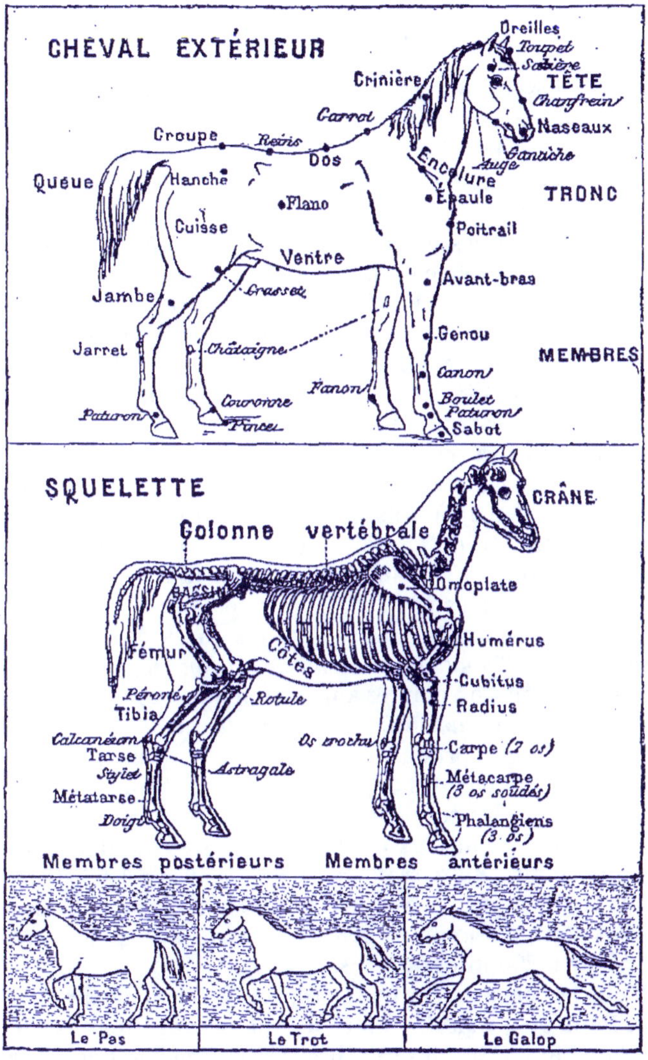

TABLEAU A CONSULTER POUR L'ÉTUDE DU CHEVAL.

ESPÈCE CHEVALINE

Cette espèce comprend, parmi les animaux domestiques : le *cheval*, le *mulet* et l'*âne*.

CHEVAL. — Le *cheval* est de tous les animaux celui qui rend le plus de services à l'agriculture comme bête de travail.

Toutes les races de chevaux, et elles sont très nombreuses, peuvent être classées en deux types principaux : le *cheval de trait* et le *cheval de course*. Les deux races qui peuvent le mieux représenter ces deux types sont : le *cheval boulonnais* comme cheval de trait et le *cheval anglais* comme bête de course. Le boulonnais est large, ramassé ; il présente tous les caractères de la force et de la pesanteur ; sa croupe, courte et très oblique, est, comme on dit vulgairement, *avalée ;* ses reins et son dos sont trapus, son épaule assez courte est presque verticale. La conformation du cheval anglais est tout opposée : il est mince, long, visiblement taillé pour la légèreté, avec des jambes longues et fines. Les principales races françaises de chevaux de trait sont : les races *boulonnaise*, *percheronne*, *flamande*, *bretonne*, *ardennaise*, etc. ; les coureurs attelés ou montés appartiennent aux races *arabe*, *tarbe*, *normande*, *limousine*, *morvandelle*, *navarine*, etc.

Ces races ont produit de nombreux croisements plus ou moins éloignés des types originaires, et auxquels on demande tous les services que le cheval peut rendre.

La taille des chevaux de travail, mesurée du niveau du sol au sommet du garrot, varie de $1^{m},40$ à $1^{m},65$. Leur poids est compris entre 300 et 700 kilogrammes. Les petits chevaux, appelés *poneys*, ont un poids souvent inférieur à 200 kilogrammes.

Tous les pays ne sont pas propres à l'élevage du cheval. Pour bien réussir, il faut des pâturages étendus ; le poulain doit être élevé en liberté, si l'on veut qu'il se

CHEVAL BOULONNAIS (*trait*).

Muscles très développés, encolure large et épaisse, croupe arrondie, cuisses épaisses très courbes au contour postérieur. Robes de toutes nuances dans cette race.

CHEVAL ARABE (*course*).

Forme svelte et élégante, physionomie fière, œil vif, encolure rappelant celle du cerf. Peau fine, crinière longue et soyeuse. Robe grise ou gris pommelé.

CHEVAL ANGLO-NORMAND (*course et trait léger*).

Provient du croisement du cheval anglais avec le cheval normand. Corps cylindrique, poitrail étroit, membres moins allongés que ceux du cheval anglais.

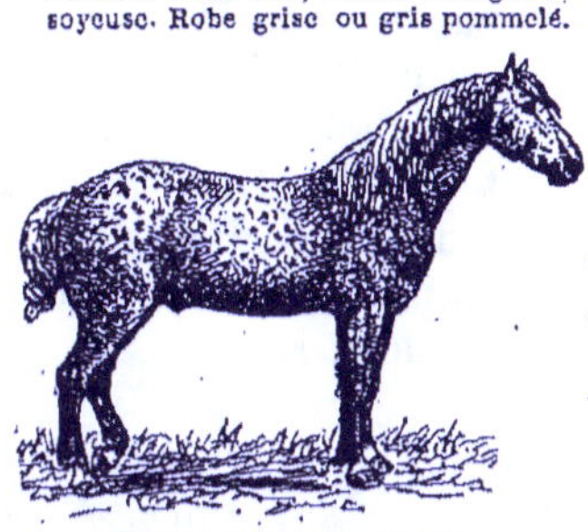

CHEVAL PERCHERON (*trait*).

Corps cylindrique, fortement musclé, tête large, courbure concave au milieu du chanfrein, encolure courte et épaisse. Crinière longue et abondante; généralement gris pommelé.

PONEY (*course*).

Petit cheval anglais de race irlandaise, poils et crins longs et abondants. Robes de toutes nuances.

CHEVAL ANGLAIS (*course*).

Dit pur sang, corps et membres minces et allongés, contours presque rectilignes, muscles peu développés, tête fine, front plat, souvent robe baie.

développe bien et prenne un bon tempérament. Celui qui aura été élevé à l'étable ne sera jamais aussi souple ni aussi robuste que l'autre. Il convient de mettre les poulains dans des pâturages élevés, en terrain sain; ils acquerront là des membres secs et nerveux, tandis que l'élevage dans des prairies humides favorise le développement de certaines maladies.

Lorsque le cheval a passé deux ans, et qu'il appartient à une race de gros trait, on l'habitue peu à peu au travail. Pour les chevaux plus fins, on doit reculer ce début jusqu'à quatre ans.

Il importe que le cheval soit bien entretenu; on doit le panser souvent et avec soin, le traiter avec douceur, et lui mettre des harnais propres, qui s'adaptent bien à son corps sans le blesser. L'usage des bains est excellent, à condition que l'animal n'ait pas trop chaud quand il entre dans l'eau. Un cheval bien entretenu peut fournir huit à dix heures de travail par jour, coupé par un ou deux repos.

Nourriture du cheval. — La nourriture du cheval doit être surveillée. A la campagne et partout où on peut le faire, chaque année, et surtout au printemps, on doit le mettre *au vert*, c'est-à-dire lui faire manger une certaine quantité de fourrage vert, soit à l'écurie, soit dans la prairie. Lorsque les herbes sont encore jeunes et tendres, elles sont très nutritives et d'une digestion facile. C'est à ce régime que le Boulonnais, le Perche, la Normandie, la Bretagne, doivent leurs belles races de chevaux. C'est celui qui convient aux juments qui allaitent leurs petits.

Pour les chevaux qui travaillent, la ration doit être plus réconfortante. En voici quelques-unes qui sont calculées d'après les données que nous avons exposées plus haut, et qui varient suivant que le cheval est destiné à travailler au pas ou au trot.

CHEVAL DE TRAIT TRAVAILLANT AU PAS :

Foin....	5 kilogr.	400	Foin....	5 kilogr.	400
Orge....	8 —		Maïs....	8 —	
Féveroles	1 —	440	Son.....	3 —	780
Paille...	5 —	400	Paille...	5 —	800

Sainfoin sec...........	5 kilogr.	400
Seigle.......	8 —	100
Son..................	3 —	780
Germes de malt........	4 —	320
Paille.................	5 —	400

CHEVAL DE TRAIT TRAVAILLANT AU TROT :

Foin....	5 kilogr.	400	Foin..........	5 kil.	400
Avoine..	4 —	320	Avoine........	4 —	320
Maïs....	3 —	240	Sarrasin.......	5 —	400
Féveroles	0 —	540	Germes dé malt.	2 —	720
Paille...	5 —	400	Paille.........	5 —	400

Foin..................	5 kilogr.	400 gr.
Avoine................	3 —	726 —
Son...................	3 —	736 —
Féveroles.............	1 —	620 —
Paille.................	5 —	400 —

Ces rations sont établies pour des chevaux pesant le poids de 540 kilogrammes environ.

Le cheval au repos recevrait un peu plus de la moitié des quantités ci-dessus indiquées.

Une trop grande quantité de fourrage sec gonfle l'estomac, et dispose le cheval à la *pousse*, c'est-à-dire à devenir poussif. Quand les dents des chevaux sont usées par l'âge, ils mangent l'avoine trop vite, ils la digèrent mal, et elle ne leur profite pas : il faut alors avoir soin de la leur concasser.

Ane. — L'*âne* est un animal de la même espèce que le cheval, mais il est beaucoup plus petit, avec une tête proportionnellement plus grosse, qui porte une paire de longues oreilles caractéristiques.

Ane.

L'âne vit aussi longtemps que le cheval.

L'âne est un animal robuste, sobre, qui rend de grands services pour peu qu'on le soigne et qu'on le traite bien. Les meilleures variétés d'ânes sont celles de *Gascogne* et de *Poitou*. L'âne d'*Afrique*, qui commence à se répandre chez nous, surtout dans le Midi, est généralement plus petit que celui d'Europe, mais il est fort et très doux.

L'âne se nourrit comme le cheval.

Mulet.

Mulet. — Le *mulet* tient de l'âne et du cheval, car c'est un produit né du croisement de ces deux animaux.

La femelle du mulet s'appelle *mule*: elle ne donne jamais de petits. La taille du mulet est intermédiaire entre celle du cheval et celle de l'âne.

Le mulet s'emploie aux mêmes usages que le cheval. Il exige les mêmes soins et la même nourriture. Il est plus résistant que lui à la fatigue et constitue, dans les pays de montagne, une excellente bête de travail.

Promenades. — Étude du cheval : le cheval de trait léger ; le cheval de gros trait; le cheval de course ; l'allure du cheval (le pas, le trot, le galop); les races de chevaux.

Rédactions. — 1. Vous avez assisté à une course de chevaux. Racontez ce que vous avez vu. Réflexions sur l'utilité de ces courses. — 2. Vous avez examiné un cheval avec attention. Décrivez-le ; dites quels services on en peut obtenir ; comment on doit le soigner, etc.

Problèmes. — 1. Un cheval mange 3 kilogr. 500 de foin par jour et 5 litres d'avoine ; l'avoine pèse 65 kilogrammes l'hectolitre; combien 250 chevaux nécessaires à un escadron consommeront-ils en trois semaines de *rottels* de foin et d'avoine ? Le rottel est un poids de 500 grammes usité dans le pays des Kroumirs. (*Certificat d'études. Haut-Rhin.*)

2. On admet que 100 kilogrammes de foin nourrissent le bétail autant que 315 kilogrammes de pommes de terre. En supposant que 3 hectol. 1/2 de pommes de terre, pesant 80 kilogrammes l'hectolitre, coûtent 6 fr. 30, et 100 kilogrammes de foin 6 francs, y a-t-il avantage à acheter du foin? Quelle est la perte, ou le gain, sur 1 080 kilogrammes de foin ? (*Certificat d'études primaires. Doubs.*)

3. Un cultivateur achète un cheval qu'il revend avec 110 francs de bénéfice. Que lui a coûté ce cheval, s'il a reçu en échange une vache valant 340 francs, un veau valant 80 francs et 270 bottes de fourrage à 0 fr. 32 l'une ? (*Certificat d'études. Haute-Saône.*)

Questions. — Que comprend l'espèce chevaline ? — Parlez des principales races de chevaux que vous connaissez. — Que réclame l'élevage du cheval ? — Que signifie l'expression *mettre au vert ?* — Les chevaux qui travaillent reçoivent-ils la même ration que ceux qui restent au repos? — Quels peuvent être les inconvénients d'une trop grande quantité de fourrage dans l'estomac du cheval ? — Que se produit-il lorsque les dents du cheval sont usées par l'âge ?

ESPÈCE BOVINE

L'espèce *bovine* (du latin *bos*, *bovis*, bœuf) ne comprend qu'un seul animal, le *bœuf* commun, dont la femelle s'appelle *vache*, et le petit, *veau*. Le mâle adulte se nomme *taureau*. Ces animaux, qu'on nomme aussi *bêtes à cornes*, sont des plus utiles dans toute exploitation agricole; ils donnent à la fois le travail, la viande, le lait et les dépouilles.

On connaît l'âge du bœuf, comme celui du cheval, par la dentition; on peut aussi connaître les années par les nœuds annulaires des cornes.

PRINCIPALES RACES

Les races de bœufs plus spécialement recherchées pour le travail sont : la race de *Salers*, originaire des montagnes de l'Auvergne, au poil roux, aux reins élevés, aux membres énormes ; la race *limousine*, au corps arrondi ; la race *normande*, à la haute taille ; la race d'*Aubrac* ; la race *parthenaise* ou *choletaise*, etc.

Les meilleures races laitières sont : la *hollandaise*, forte et grosse, au poil noir et blanc ; la *flamande*, sous robe rousse ; la *femeline* ou *comtoise*, couleur noisette claire ; la *bretonne*, qui est la plus petite de toutes, dont les vaches n'ont quelquefois qu'un mètre de haut, etc.

Pour la boucherie, on comprend que toutes les races bovines sont utilisées sans qu'aucune y soit exclusivement destinée. Cependant, une race anglaise, les *durham* ou *courtes-cornes*, introduite chez nous vers 1840, se prête plus spécialement à la production de la viande. Il en est de même de ses croisements avec les races indigènes, *durham-manceaux*, *durham-normands*, etc.

Certaines races privilégiées présentent des aptitudes diverses, telles sont la race *charollaise* et sa variété *nivernaise*, qui fournissent d'excellents bœufs de labour et une viande de boucherie de premier ordre ; la *garonnaise* et la *normande*, propres aussi au travail et à la boucherie ; la *tarentaise* ou *tarine*, et la *schwitz*, qui donnent de très bons animaux de trait, tout en étant de remarquables races laitières.

Les races de bêtes bovines et leurs variétés sont extrêmement nombreuses. On peut dire que presque chaque pays a ses animaux particuliers. Cela est venu de ce que, si notre territoire est partout propre à l'élevage du bœuf, néanmoins chaque région convient plus particulièrement à telle ou telle de ses variétés. Ainsi, la race charollaise

RACE DE SALERS (taureau).

Robe rouge parfois tachetée de blanc sous le ventre, poil court, front du taureau large armé de cornes grosses et courtes, ouvertes et dirigées en l'air, muscles très prononcés, aptitude au travail, engraissement facile.

RACE FLAMANDE (vache).

Robe presque toujours tachetée de blanc à la tête et sous le ventre, tête étroite et allongée, cornes courtes souvent contournées en avant, cou mince, poitrail étroit. Excellente race laitière, croissance rapide.

RACE BRETONNE (vache).

Poil noir ou rouge tacheté de blanc, taille petite, tête fine, physionomie douce, cornes contournées en l'air et en avant. Rustique; facultés laitières très prononcées, viande excellente.

RACE GARONNAISE (taureau).

Forte stature, muscles développés, cornes dirigées en bas, cou souvent de couleur plus foncée que le reste du corps, tête large, fanons tombants. Bœufs et vaches très propres au travail, bonne viande de boucherie.

RACE HOLLANDAISE (vache).

Robe bigarrée de noir et de blanc, tête longue et fine, cornes petites, celles des vaches tournées en avant, cou mince. Très bonne race laitière.

RACE LIMOUSINE (taureau).

Forte taille, corps arrondi, cornes dirigées quelquefois en bas, souvent de côté. Bœufs renommés pour leur force, leur rusticité et leur aptitude au travail.

se plaît dans les prairies vallonnées de la Nièvre et de la Côte-d'Or, la femeline se cantonne avec la schwitz sur les pentes du Jura, la race de Salers forme d'énormes troupeaux sur les montagnes d'Auvergne, tandis que la race parthenaise se plaît aux plaines de l'Ouest, etc. L'agriculteur doit donc rechercher la race qui s'approprie le mieux au climat de son pays, aux productions de sa culture et à ses besoins.

LE VEAU

On laisse teter le veau durant quarante-cinq jours au moins quand on le destine à la boucherie, et un temps plus long, indéterminé, lorsqu'on le garde pour l'élevage. Plus le sevrage est retardé, mieux l'animal se développe et plus robuste il devient. Si l'on est contraint de sevrer le jeune veau plus tôt, on lui donne d'abord du lait tiré à la main du pis de sa mère, peu à peu l'on y ajoute de la farine, enfin on lui présente du fourrage tendre.

Si l'on se sert de lait écrémé, il est nécessaire de fournir une matière grasse qui remplace le beurre disparu : farine de graine de lin, de pois, d'orge ou de maïs.

Les bœufs et les vaches ont pour nourriture habituelle les herbes des prairies et tous les fourrages dont nous connaissons déjà la destination. On les leur donne en vert, coupés ou sur pied, durant l'été, à l'état de foin sec pendant l'hiver.

Mais il est nécessaire de varier la nourriture suivant qu'on demande aux animaux de la *viande*, du *lait* ou du *travail*.

Quand on élève les veaux pour le travail et non pour l'engrais, il ne faut pas les atteler avant qu'ils aient deux ans et demi ou trois ans.

ENGRAISSEMENT

On admet en général que 100 kilogrammes de foin ou de son équivalent produisent un accroissement de 5 kilogrammes dans le poids du bœuf. Dans les pays normands on compte qu'il faut 24 ares d'herbages de première qualité pour engraisser, pendant la saison, un bœuf de 600 kilogrammes, 40 ares de seconde qualité pour un bœuf de 500 kilogrammes, et 32 de troisième qualité pour un bœuf de 400 kilogrammes. Le temps ordinaire d'un engraissement à l'herbage est de quatre à cinq mois; le poids primitif augmente de 20 pour 100, à condition que l'herbe soit jeune, c'est-à-dire digestible.

L'engraissement à l'étable est plus coûteux, aussi ne doit-on y soumettre que des sujets déjà *en chair;* c'est un mauvais calcul de prendre des sujets ou trop maigres ou trop jeunes. Les étables doivent être un peu obscures, éloignées du bruit, et leur température est maintenue entre 14 et 18°. L'eau doit être fournie en abondance; elle contribue à l'engraissement et excite l'appétit des animaux.

Le régime des bêtes soumises à l'engraissement doit se composer de pommes de terre, betteraves, racines de toutes sortes qui, on se le rappelle, se digèrent presque entièrement. Il est bon de les faire cuire. Les tourteaux sont très favorables à l'engraissement et augmentent les qualités du fumier. Le son sera mêlé aux racines et pommes de terre. Les farines de lin, de fèves, de pois, d'orge, de sarrasin, ou les mêmes matières cuites seront données à raison de 2 kilogrammes pour 20 litres d'eau. Tous ces aliments doivent être combinés avec du foin de bonne qualité, de la luzerne et du trèfle secs. Les résidus de brasserie et de distillerie sont aussi précieux dans l'engraissement.

D'après un praticien expérimenté, l'engraissement sous

le rapport de la nourriture doit être divisé en trois périodes :

	1re PÉRIODE	2e PÉRIODE	3e PÉRIODE
	kil. gr.	kil. gr.	kil. gr.
Betteraves	25 »	30 »	25 »
Paille d'avoine hachée	2 »	2 »	1 500
Paille d'avoine au repas du soir	2 500	2 »	1 500
Foin de trèfle rouge	4 »	4 »	4 »
Son de seigle ou de froment	1 500	1 500	2 »
Tourteaux de colza	2 »	3 »	2 500
Farine de lin	0 250	0 500	0 750

La première de ces rations doit être assaisonnée de 50, la deuxième de 60 et la troisième de 80 grammes de sel. Mieux vaut encore mettre à la disposition des animaux un bloc de sel qu'ils lèchent à leur gré.

La propreté est indispensable aux animaux à l'engrais.

PRODUCTION DU LAIT

Le lait et ses produits sont très importants. On évalue à un milliard et demi la valeur de l'industrie laitière en France. L'exportation, c'est-à-dire la vente du beurre et du fromage, dépasse cent millions de francs.

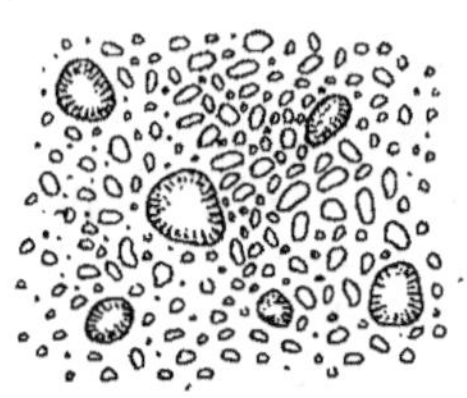

CORPUSCULES DU LAIT, vus au microscope. Les globules agglomérés qui composent la crème se réunissent par le battage et forment le beurre.

Les vaches laitières sont ou entretenues au pâturage ou bien maintenues à l'étable. Elles demeurent sur la prairie du mois d'avril au mois de novembre. Si l'herbe est insuffisante, on donne un complément de ration en fourrages verts, tels que sainfoin, luzerne, vesce, trèfle, etc...

A l'étable, pendant l'hiver, la nourriture des vaches se compose de foin, de betteraves et de carottes ou navets. Il est bon de laisser fermenter les racines et de les mélanger avec de la paille d'avoine ou de froment hachée, un peu de sel et de tourteau. Il faut user modérément de ce dernier, car il communique parfois au lait une saveur amère. Cependant les tourteaux étrangers d'arachide, de coton, de sésame, n'ont pas cet inconvénient.

La ration des vaches à donner par jour par 100 kilogrammes du poids de l'animal peut être fixée à 9 ou 10 kilogrammes.

Il est nécessaire que la nourriture des vaches soit suffisamment aqueuse. On estime qu'une vache de moyenne taille doit absorber environ 80 litres d'eau par jour. La température de cette eau ne doit pas descendre au-dessous de 15°.

PRODUCTION DU BEURRE

Avec cette nourriture, le lait donne 10 à 12 pour 100 de son volume en crème, et 4 à 5 pour 100 de son poids en beurre.

Le lait de la traite est d'abord versé dans des terrines

BATTE. BARATTE A PISTON. BARATTE NORMANDE.

peu profondes, et abandonné à lui-même dans l'état de repos le plus complet. Quand la température de la laiterie est convenable, c'est-à-dire entre 12 et 15°, la crème monte complètement à la surface au bout de vingt-quatre heures environ. Avec une température différente l'effet est moins prompt.

La crème étant recueillie, on la met dans la *baratte* pour effectuer le *battage*. La température de la crème doit être, dit-on, de 12 à 14°. Le beurre se trouve sous forme de globules en suspension dans la crème. L'agitation produite dans la masse par le battage a pour but de rapprocher les globules et de les faire adhérer les uns aux autres.

Promenades et comptes rendus. — 1. Voir les bœufs et les vaches au travail ou au pâturage. Les étudier au point de vue de leurs produits : viande, lait, travail musculaire.

2. Visiter une laiterie et rendre compte de la visite.

Problèmes.—1. En supposant qu'une vache donne 6 litres de lait par jour, et que 35 litres de lait donnent 2 kilogrammes de beurre, quelle quantité de beurre peut fournir par semaine une fermière qui a 25 vaches ? (*Certificat d'études. Puy-de-Dôme.*)

2. Un vase plein de lait pèse 45 kilogrammes ; vide, il ne pèse que 1 751 grammes, sa capacité est de 567 centilitres. Quel est le poids d'un décimètre cube de lait ? (*Certificat d'études. Seine.*)

Questions. — Parlez des principales races bovines qui vous sont connues. — Comment soigne-t-on le veau ? — Quel accroissement produisent à peu près 100 kilogrammes de foin ou de son ? — Que savez-vous sur l'engraissement au pâturage — à l'étable ? — A combien évalue-t-on en France la valeur de l'industrie laitière ? — Que fait-on si l'herbe des prairies est insuffisante ? — De quoi se compose la nourriture des vaches à l'étable ? — Expliquez la préparation du beurre.

M. Tisserand, directeur de l'agriculture au Ministère, a fait des expériences, publiées en 1876, sur le lait et ses produits.

Contrairement à la pratique suivie en France pour l'écrémage, M. Tisserand conclut que le lait doit être traité par le froid.

Peu de temps après la traite, le lait est soumis à des températures très basses. La montée de la crème est d'autant plus rapide et son volume d'autant plus grand que la température se rapproche davantage du zéro du thermomètre.

Par le procédé de refroidissement le rendement en beurre est plus considérable, le lait écrémé, le beurre et le fromage sont de meilleure qualité.

En Danemark, on refroidit le lait à 6 ou 8° en employant de la glace ou de l'eau de source.

LE TROUPEAU DANS LA CAMPAGNE. — Tableau de LEROLLE.

ESPÈCE OVINE

L'espèce *ovine* (du latin *ovis*, brebis) comprend toutes les variétés du *mouton*, qu'on nomme aussi vulgairement *bête blanche*, ou *bête à laine*. Le nom de *mouton* désigne spécialement le mouton mâle ; la femelle se nomme *brebis ;* les petits au-dessous d'un an sont les *agneaux* et *agnelles*, qui deviennent, après un an, les *antenois* ou *vassiveaux* et *antenoises* ou *vassives*. Le mâle adulte s'appelle *bélier*.

De trois semaines à un mois après sa naissance, le petit agneau peut commencer à manger du grain écrasé avec du lait, et du fourrage tendre.

Le mouton est la bête de rente par excellence, car, outre son cuir et sa laine, il fournit sa chair, qui est une des ressources principales de notre alimentation.

Le poil du mouton, appelé *laine*, dont l'ensemble forme sa *toison*, est soyeux, long, fin, résistant et se prête à merveille au tissage. La laine est la base de la grande industrie des étoffes dites *de laine*, depuis les draps les plus communs, jusqu'aux cachemires les plus précieux. Aussi, depuis un temps immémorial, les peuples civilisés élèvent le mouton en vue de sa riche toison. Mais depuis la création des vastes exploitations australiennes, qui ont fait baisser considérablement le prix de la laine, on commence, en Europe, et en France surtout, à multiplier le mouton plutôt pour la production de la viande que pour celle de la laine.

On recueille la laine en la coupant sur le dos du mouton, soit à l'aide de ciseaux spéciaux appelés *forces*, soit, plus généralement aujourd'hui, avec une *tondeuse*. L'opération se nomme la *tonte*.

Avant d'y procéder, on lave les moutons à grande eau

LE LAVAGE DES MOUTONS. — Dessin de LHERMITTE.

pour nettoyer la toison de toutes les malpropretés qui s'y attachent, et pour la débarrasser en partie d'une sécrétion spéciale, le *suint*, dont elle est imprégnée. Le lavage diminue le poids de la toison de 40 pour 100 environ. Il faut avoir soin de ne laver les moutons que quand le temps est propice, c'est-à-dire lorsqu'il fait beau, et quand le printemps est suffisamment avancé pour que la chaleur du soleil sèche les bêtes, ce qui est difficile, étant donnée l'épaisseur de leur toison. Il faut aussi que les animaux tondus ne soient pas exposés à un froid vif.

Avant les exploitations australiennes, on divisait les innombrables variétés de moutons en animaux producteurs de laine et animaux de boucherie. Mais, depuis une trentaine d'années, on s'est appliqué à obtenir des croisements qui réunissent les deux qualités.

RACES DIVERSES

L'antique race *mérinos*, importée chez nous d'Espagne depuis le commencement du XVIIe siècle, et qui constitue aujourd'hui encore la meilleure race à laine, fournissait par son croisement avec les types du pays les variétés anciennement connues des *métis-mérinos*. On la croise maintenant avec la race anglaise *dishley*, et l'on obtient un produit qui, tout en conservant ses qualités pour la laine, est de grand rapport pour la boucherie. Citons encore, parmi les bons producteurs de laine, le *cheviot*, originaire d'Écosse, le mouton *berrichon*, élevé dans le centre de la France, le *flamand*, dans le nord et le *lauraguais*, originaire du sud-ouest.

Pour la boucherie, la race par excellence est le *southdown*, que nous devons à l'Angleterre. Son croisement avec notre berrichon donne un produit à croissance très rapide, et plus particulièrement recherché. On estime encore comme animaux de boucherie : la race *charmoise*, qui croît rapidement, la *morvandelle*, de petite taille, mais dont la chair est très savoureuse, la *barbarine*, abondante dans les troupeaux du Midi, etc., etc.

Bien que les bêtes ovines soient élevées presque exclusivement pour leur laine et leur viande, on ne dédaigne pas leur lait ; il est surtout d'une grande ressource dans

RACE MÉRINOS (*bélier*).

Longues cornes ; laine très abondante et de qualité supérieure. A donné naissance aux mérinos-Dishley, mérinos-Rambouillet, mérinos-saxons, etc.

RACE DISHLEY (*brebis*).

Pas de cornes, même chez le bélier, cou petit, tête courte, saillies osseuses très prononcées au-dessus des yeux, laine blanche, sèche, onduleuse.

RACE FLAMANDE (*bélier*).

Pas de cornes, chanfrein busqué, corps grand et allongé ; laine longue, nerveuse, de bonne qualité.

RACE BERRICHONNE (*brebis*).

Tête fine, physionomie gracieuse, corps large et bien proportionné ; laine blanche ; bonne viande de boucherie.

RACE SOUTHDOWN (*bélier*).

Front large sans cornes, jambes et tête brunes ou noirâtres ; corps large ; laine longue et onduleuse ; viande très estimée.

RACE CHEVIOT (*brebis*).

Pas de cornes, même chez le bélier ; tête large et légèrement busquée ; corps trapu et bien conformé ; laine longue, blanche.

les pays pauvres et arides, où les vaches ne pourraient pas vivre. Il y a même de véritables exploitations de lait de brebis pour la production fromagère. C'est ainsi que s'est établie l'industrie des célèbres fromages de Roquefort (Aveyron), qui sont fabriqués avec du lait des brebis appartenant à la race de *Larzac*.

Le lait des brebis *barbarines* fournit aussi un aliment précieux dans toutes les parties du Midi où elles sont répandues.

NOURRITURE

Le mouton est peu exigeant pour sa nourriture ; il trouve à vivre dans les terrains les plus arides et l'herbe la plus maigre suffit souvent non seulement à le nourrir mais même à le maintenir gras. C'est l'animal des terrains en friche, des sommets sauvages et des grandes plaines dénudées. La Provence, la Champagne, le Châtillonnais voient les plus grands troupeaux de moutons. Cet animal se plaît donc avant tout en pâturage. Aussitôt les récoltes enlevées, on lui livre les champs où, glaneur infatigable, il trouve sa vie dans les herbes courtes épargnées par la faux. Il peut parcourir de longues distances en broutant, et dans le Midi, quand le soleil brûlant de l'été va dessécher la terre, on envoie les troupeaux de moutons chercher au loin dans les montagnes les pâturages que la fraîcheur des lieux hauts a préservés. Cette pratique se nomme *transhumance*.

Nourriture d'hiver. — Tous les moutons passent l'hiver à l'étable. Il est essentiel de leur assurer alors une nourriture suffisante ; généralement on lésine sur l'alimentation qui doit leur être donnée à cette époque. C'est là un mauvais calcul, car il retarde la précocité aussi bien au point de vue de la laine que de la chair.

Les aliments donnés au mouton doivent contenir une

grande proportion d'eau comme les betteraves, les carottes, les pommes de terre, le son délayé, les topinambours coupés en tranches minces et mélangés avec des balles ou de la paille hachée. On y ajoute du foin, du trèfle, de la vesce, des féveroles, etc. Dans bien des pays on leur donne encore des feuilles d'arbres adhérentes aux menues branches qu'on a coupées à la sève d'août à leur intention ; le *frêne* est l'essence qu'ils semblent généralement préférer.

Voici la ration d'hiver adoptée à l'école d'agriculture de Grignon :

Sainfoin.........	500 grammes.
Betteraves.......	1 kilogr. 250 gr.
Carottes.........	1 — 250 —
Menue paille.....	250 grammes.
Bisaille (pois gris)	500 —

Quand on veut pousser le mouton à la graisse, on lui donne, outre le foin, des tourteaux, des pulpes, des drèches, etc.

L'engraissement doit se faire en deux mois environ, car le mouton mange beaucoup, et l'opération ne donnerait pas de bénéfice à l'agriculteur si elle durait trop longtemps.

BERGERIE

Lorsque le climat ne le permet pas ou que la race des moutons n'est pas assez rustique, le séjour à la bergerie doit nécessairement être plus long.

La bergerie doit être installée sur un terrain élevé, sec et ferme. Les moutons ont besoin de soleil pendant l'hiver et d'ombre pendant l'été ; la bergerie aura donc, si faire se peut, deux façades, l'une au midi et l'autre au nord. Le sol doit être recouvert d'une couche de béton, de bitume ou d'argile battue, avec une pente de $0^{m},015$ par mètre. Les portes doivent s'ouvrir de dedans en dehors, car les moutons s'entassent pour sortir et empêcheraient d'ouvrir les portes de dehors en dedans. L'aération doit être aussi large que possible.

Les crèches se composent en général d'un ratelier et d'un petit auget assemblés, le tout placé assez bas pour que l'animal puisse manger facilement sans monter dedans. Les moutons auront à leur disposition de l'eau bien pure.

Toute bergerie doit posséder un large emplacement vide, soit au dedans,soit au dehors du bâtiment, où l'on puisse reléguer les animaux pendant qu'on distribue la nourriture ou qu'on enlève le fumier.

La propreté est très nécessaire aux moutons comme aux autres animaux domestiques.

Daubenton, célèbre naturaliste français, né à Montbard (Côte-d'Or) en 1716, mort en 1799. Collaborateur de Buffon, ce savant modeste créa dans sa bergerie de Montbard une race de moutons dont la laine égalait en beauté et surpassait en qualité celle des mérinos espagnols. La Convention décréta que « le *Traité des moutons*, par le citoyen Daubenton, serait imprimé et tiré à 2 000 exemplaires au profit de l'auteur et aux frais de la nation, et que l'*Annuaire du cultivateur* serait envoyé à toutes les écoles de la République ».

Excursions et rédactions. — 1. Visiter les moutons au pâturage ; distinguer les races ovines. — 2. La bergerie : béliers, brebis, vassiveaux, agneaux.

Problèmes. — 1. Un cultivateur possède 580 moutons qu'il veut vendre 12 594 francs. Il en vend d'abord 245 à 18 francs la pièce. Combien doit-il vendre chacun de ceux qui lui restent ? (*Certificat d'études. Lozère.*)

2. Un mouton gras peut donner 56 pour 100 de viande et 8 pour 100 de suif. On peut estimer la viande à 1 fr. 60 le kilogramme et le suif à 0 fr. 65 le demi-kilogramme. Dans ces conditions, qu'a-t-on dû retirer d'un mouton dont la viande a produit 31 fr. 36 ? (*Certificat d'études. Yonne.*)

3. Un agriculteur achète 150 moutons au prix de 23 fr. 75 l'un. Il les garde pendant trois mois et demi. Pendant ce temps ils consomment l'herbe de 3 hectares 50 de pré, acheté à raison de 2 fr. 75 par décamètre carré ; ils consomment, en outre, tous

les dix jours, 360 kilogrammes de foin à 7 fr. 50 le quintal. Le berger, chargé du soin du troupeau, est payé à raison de 3 fr. 25 par jour. On demande combien doit être vendu chaque mouton pour que le propriétaire fasse un bénéfice net de 560 francs. (*Certificat d'études. Bouches-du-Rhône.*)

4. On veut construire une bergerie pour 180 brebis. Il faut 3 mètres cubes d'air par brebis. La superficie de la bergerie étant de 164 mètres carrés, quelle devra être sa hauteur? (*Certificat d'études. Gironde.*)

Questions. — Que comprend l'espèce ovine? — Quelle nourriture peut-on donner au petit agneau de trois semaines à un mois? — Quels produits tire-t-on du mouton? — A quoi sert la laine? — Pourquoi lave-t-on les moutons avant la tonte? — Quelles sont les races ovines que vous connaissez? — Comment utilise-t-on le lait de brebis? — Parlez de la nourriture du mouton au pâturage, à l'étable. — Quel temps doit durer l'engraissement des bêtes à laine? — Comment la bergerie doit-elle être installée? — Pourquoi les portes doivent-elles s'ouvrir de dedans en dehors? — Comment les crèches sont-elles disposées? — A quoi peut servir un large emplacement à proximité de la bergerie?

ESPÈCE PORCINE

L'espèce porcine (du latin *porcus*, porc) désigne les diverses variétés des porcs ou cochons, qui sont assez nombreuses. Le nom de *porc* désigne le mâle; la femelle s'appelle *truie*, le mâle adulte *verrat*, les petits *porcelets*, *cochonnets* ou *gorets*.

La *truie* donne jusqu'à douze porcelets à la fois. Au bout d'une quinzaine, on peut commencer à faire boire aux porcelets un peu de lait tiède mélangé de farine. On augmente peu à peu cette nourriture en habituant les petits à être séparés de leur mère, d'abord pendant qu'ils boivent, puis un peu plus longtemps chaque jour. Au bout de six semaines à deux mois, on les enlève tout à fait à la mère, si on ne l'a pas fait plus tôt pour les vendre comme cochons de lait.

Le porc est un animal très précieux pour l'agriculteur, car il est tout entier utilisable; aucune parcelle de son corps ne reste sans emploi. Dans bien des contrées il donne la seule viande qui soit généralement à la portée des travailleurs ruraux. Il est comestible depuis l'extrémité de ses pieds jusqu'au bout de son groin ; ses entrailles même servent à diverses préparations culinaires, telles que les andouilles et le boudin. Sa chair se conserve très bien dans la saumure, et s'adapte ainsi à merveille aux besoins journaliers de la consommation. Sa graisse, adhérente à la peau, se nomme *lard;* on la fond, et on la garde dans des vases, sous le nom de *saindoux*.

Son poil rude, appelé *soie*, est utilisé de différentes façons par l'industrie, notamment à la fabrication des brosses.

NOURRITURE

Le porc est d'un élevage très facile et très rapide. Il vit de ce que les autres animaux dédaignent; les résidus, les détritus de toute sorte servent à sa nourriture. Il est *omnivore*, c'est-à-dire qu'il mange de tout, aliments végétaux ou animaux. Dans les environs des villes, les éleveurs lui donnent des eaux grasses, qu'ils se procurent dans les collèges et autres établissements, et des viandes de qualité inférieure, débris d'abattoirs, etc., qu'on fait cuire avec les autres aliments. Pendant la bonne saison, on le met au pâturage dans les prairies, dans les champs dépouillés de leur récolte, ou bien dans les bois où il trouve des glands, des châtaignes, des faînes et toutes sortes de baies tombées des arbres ; il mange même les insectes sous la mousse, et certaines racines qu'il va chercher dans le sol en le fouillant avec son groin. A l'étable, il se nourrit des divers fourrages, de racines, d'épluchures ; quand on veut l'engraisser rapidement, on le met au régime des pommes de terre cuites ou des pâtées faites avec des farines grossières ou du son.

La ration peut se composer comme suit :

Eaux grasses.............	6 kilogrammes.
Farine d'orge.............	2 —
Pommes de terre cuites...	4 —
Petit lait.................	2 kilogrammes.
Eaux grasses..............	6 —
Viande cuite..............	500 grammes.
Son.......................	1 kilogramme.
Pommes de terre cuites.....	4 —

Le maïs donné à la fin de l'engraissement améliore la qualité.

RACES DIVERSES

Les races de porcs présentent actuellement, en France, au moins une trentaine de variétés. Toutes se partagent en deux types bien distincts : le porc indigène, haut sur pattes, bon marcheur, recherché autrefois pour la facilité avec laquelle on lui faisait faire de grands parcours pour le conduire aux foires ; et le porc trapu, à pattes courtes, tout rond, produit des croisements avec les races anglaises récemment importées, qui est paresseux et vit autour de la ferme ou à l'étable sans pouvoir accomplir de longs trajets. Au premier type appartiennent nos races françaises : de *Craon*, de *Normandie*, de la *Bresse*, du *Béarn*, du *Périgord*, etc.; au second, les petites races anglaises, blanches ou noires, comme les races de *New-Leicester*, de *Yorkshire*, etc.

Mais on ne doit pas perdre de vue que ces races anglaises, plus précoces et arrivant à un engraissement prodigieux, exigent une alimentation beaucoup plus soignée et de plus grandes précautions, si on veut conserver la santé toujours un peu délicate de ces animaux. Il faut, autant que possible, choisir les différents types que l'on veut élever suivant les conditions dans lesquelles les porcs se trouveront à la ferme. Si l'on a des parcours étendus, les animaux du premier type s'élèveront plus économiquement que ceux du second ; ces derniers se-

RACE NORMANDE (*truie*).
Oreilles très longues, tombantes, couvrant tout le museau ; tête longue et étroite ; membres élevés.

RACE CRAONNAISE (*porc*).
Oreilles moins longues que celles des normands ; corps plus large.

RACE NEW-LEICESTER (*truie*).
Corps cylindrique ; poils courts et rares ; oreilles droites ; membres courts.

RACE YORKSHIRE (*porc*).
ou petite race d'York. Oreilles droites ; membres courts.

ront au contraire préférés quand on sera contraint de tenir les cochons soit à l'étable, soit dans un parcours réduit.

PORCHERIE

La porcherie sera largement aérée ; le sol sera dallé ou fortement pavé, car il ne faut pas oublier que le porc est un animal fouisseur et qu'il bouleverse le sol avec son grouin, comme le sanglier dont il descend. Des lavages à grande eau sont fréquemment nécessaires; plus leur logis sera propre, plus les animaux prospéreront et meilleure sera leur chair.

La réputation de malpropreté du porc a été surfaite; il est sale surtout parce qu'on le tient en général fort salement. Un porc qui a de l'eau à sa disposition se baigne fréquemment; s'il se roule dans la boue ou le sable, ce n'est pas qu'il recherche l'ordure, mais c'est qu'il est souvent tourmenté par de nombreux parasites dont il se débarrasse par ce moyen.

Rédaction. — Un enfant avait 20 fr. sur son livret de caisse d'épargne; il proposa à ses parents d'acheter un porcelet et de l'engraisser. Raconter ce qui est advenu.

Problème. — On achète un porc 24 fr. 50 ; on le nourrit quatre mois et demi dépensant en moyenne 0 fr. 28 par jour. Tué et vidé, cet animal vaut 105 francs. Quel bénéfice réalise-t-on?

Questions. — Pourquoi le porc est-il un animal précieux pour l'agriculture ? — Parlez de la nourriture du porc. — Quelles sont les races porcines que vous connaissez ? — Pourquoi doit-on daller la porcherie ? — Les porcs sont-ils naturellement malpropres et doit-on leur donner des soins de propreté ?

ESPÈCE CAPRINE

La chèvre. — La chèvre ne doit pas être oubliée parmi nos animaux domestiques. Elle est une précieuse ressource pour les pays pauvres en pâturages. Elle ne nécessite pas une grande dépense. On l'a surnommée la *vache du pauvre*.

La chèvre est indigène en Europe : il y en a plusieurs variétés, qui ne diffèrent guère les unes des autres que par la taille, l'aspect extérieur et la présence ou l'absence des cornes. La chèvre est un médiocre animal de boucherie, bien que le chevreau entre, dans certaines contrées, pour une grande part dans l'alimentation. Aussi élève-t-on la chèvre à peu près exclusivement pour son lait. Elle peut en donner, selon sa taille et sa nourriture, d'un litre à deux litres et demi par jour : il est sain et d'excellente qualité.

LA CHÈVRE.

Dans les pays montagneux, comme les Cévennes, les Alpes, les Pyrénées, l'élevage de la chèvre prend de grandes proportions, et l'on en voit des troupeaux considérables, qui sont exploités pour les fromageries. C'est une source de richesse pour des régions où aucun autre bétail ne pourrait s'élever fructueusement.

La chèvre est d'une extrême sobriété, elle trouve à vivre là où le mouton lui-même ne s'alimenterait pas. C'est une grimpeuse de premier ordre, une glaneuse attentive, mais une brouteuse redoutable! Elle est gourmande et très friande de toutes les jeunes pousses; il faut la tenir avec soin éloignée du jardin et de toutes les plantations.

A l'étable, elle se nourrit comme la brebis et réclame les mêmes soins.

Questions. — Comment a-t-on surnommé la chèvre ? — Pour quel produit utilise-t-on la chèvre ? — Comment peut-on nourrir la chèvre ?

LE CHIEN DE BERGER

On ne peut terminer la revue des animaux de la ferme sans dire un mot de leur gardien, le chien de berger. Le soin qu'on apporte à le choisir n'est pas indifférent, car un bon chien doit présenter des qualités rares et solides. Il faut qu'il soit d'une bonne race, formée depuis de nombreuses générations à la garde des troupeaux, pour que son instinct aide à son dressage. Il sera doux, actif, fort et courageux, puisqu'on lui demande de garder les animaux et de les corriger sans les blesser, puisqu'il doit aussi, au besoin, les défendre contre le loup.

Le chien de berger.

Le dressage du chien de berger est délicat et demande souvent beaucoup de patience. L'essentiel est qu'il apprenne bien à réprimer toutes les fautes des animaux sans y mettre trop de brutalité. Il ne faut pas que leur chair, ni même leur peau porte la trace de ses dents. Il doit les pincer au pied, jamais ailleurs, autrement il serait dangereux. S'il mordait à la queue, comme cela arrive quelquefois, il pourrait causer de véritables accidents. Si le chien est décidément trop ardent, tout en possédant des qualités pour lesquelles on tient à le conserver, il faut lui couper les crochets ; de cette façon, les blessures qu'il pourrait faire seraient bien rarement sérieuses,

La meilleure race indigène de chiens de berger est celle de la Brie. Certaines races anglaises sont aussi très estimées.

Problèmes. — 1. Un litre de bon lait pèse 1 030 grammes. Ma laitière m'a apporté ce matin 45 litres de lait pesant 45 kilogr. 9. N'y a-t-il pas de l'eau et combien ? (*Certificat d'études, Seine-et-Oise.*)

2. On a acheté 18 litres de lait. Pour savoir si la marchande y a mis de l'eau, on pèse ce liquide, et l'on trouve 18 kilogr. 450 pour le poids. Sachant qu'un litre de lait pur, de la même provenance, tiré dans les mêmes conditions, pèse 1 kilogr. 3 décagrammes, dire quelle quantité d'eau renferment ces 18 litres. (*Certificat d'études, Cher.*)

3. Une fermière reçoit de sa voisine 6 kilogr. 750 de lard à 0 fr. 95 le demi-kilogramme et lui donne en échange un certain nombre de fromages à 0 fr. 25 la pièce. Combien donne-t-elle de fromages ?

Questions. — Quelles doivent-être les qualités du chien de berger ? — Que ferait-on s'il mordait les animaux confiés à sa garde ? — Connaissez-vous quelques races de chiens de berger très estimées ?

MALADIES DU BÉTAIL

Malgré les soins les plus assidus et les plus intelligents, il peut arriver que les animaux tombent malades. En général on ne doit pas s'en rapporter à soi-même pour leur donner des soins, il est plus prudent de les faire voir à un vétérinaire. Mais, le vétérinaire peut être éloigné, le danger peut être pressant; il est donc indispensable de donner au moins les premiers soins, et de connaître les précautions à prendre en cas de maladies contagieuses.

Un animal malade paraît triste, ne mange pas, porte la tête basse; parfois il raidit ses membres, d'autres fois il les agite d'une façon inaccoutumée; il a plus froid ou plus chaud que d'habitude; il frissonne, il se roule, il remue constamment, ou bien il s'obstine à rester couché; presque toujours son pouls est agité, les membranes de sa bouche et de ses yeux sont trop rouges ou bien livides.

Météorisme ou enflure. — Les bêtes à cornes et les moutons sont sujets à cette affection, qui est déterminée par l'excès de certaines nourritures, notamment de la luzerne fraîche. Le ventre se gonfle, se ballonne, surtout du côté gauche, et résonne comme un tambour lorsqu'on le frappe. L'animal ne peut plus remuer; il respire avec la plus grande difficulté. Si on ne lui porte secours, la mort peut arriver en moins d'une heure. Il faut donc agir.

TROCARD.

Il faut d'abord lui arroser le dos et les flancs d'eau très froide, et lui faire avaler un mélange d'eau et d'alcali composé dans la proportion de deux cuillerées d'*alcali* par litre d'eau. On en administre à un bœuf ou à une vache un litre, à un mouton un demi-verre. Si l'on n'a pas d'alcali, on remplace ce mélange par de l'eau très salée. On peut répéter la dose plusieurs fois.

Si ce moyen ne réussit pas et que l'étouffement menace, le vétérinaire, ou à défaut de vétérinaire une personne expérimentée, perce le flanc de l'animal. Le meilleur instrument pour cette opération est le *trocard*, poinçon aigu contenu dans un tube métallique d'où sort sa pointe; on enfonce le poinçon et le tube ensemble, puis on retire le poinçon en laissant en place le tube par lequel s'échapperont les gaz qui gonflent l'animal.

CHARBON. — Le *charbon* est une maladie terrible, dont le symptôme le plus commun est l'apparition de boutons volumineux ou *tumeurs* à la surface du corps, et parfois à la langue. Ces tumeurs sont dures, douloureuses; elles ne contiennent aucun liquide; celles de la langue sont grosses comme des fèves, d'abord rouges, puis brunes. La croissance des unes et des autres est très rapide.

Aucun traitement n'est sûrement efficace; on peut cependant essayer d'enrayer le mal au moyen d'injections de teinture d'iode, d'acide phénique ou salicylique autour des tumeurs, à l'aide d'une seringue spéciale dont l'extrémité est formée d'une pointe aiguë qui peut s'enfoncer dans la peau et qui, étant creuse, laisse passer le liquide, ou, à défaut, en trouant la peau avec un instrument effilé quelconque, et en poussant dans la blessure obliquement le liquide avec une seringue ordinaire.

Le charbon se rencontre plus fréquemment chez le mouton que chez les autres animaux domestiques. On lui donne alors vulgairement le nom de *sang de rate*.

Pour tous les animaux et le mouton en particulier, le mieux serait d'employer les *moyens prophylactiques*, c'est-à-dire les moyens qui servent à préserver de la maladie, à la prévenir, et que l'illustre savant français Pasteur a découverts.

A l'aide de certaines préparations, Pasteur a obtenu un vaccin charbonneux qui rend l'animal à peu près inattaquable par le charbon, comme le vaccin ordinaire rend l'homme inattaquable par la petite vérole. On comprend qu'un vétérinaire seul peut pratiquer cette vaccination.

Dans tous les cas où l'on aura touché une bête charbonneuse, il faudra laver ses mains et ses instruments avec du *sublimé corrosif* étendu d'eau au millième, ou à défaut avec de l'eau fortement phéniquée, *car le charbon est une maladie qui se communique à l'homme. Cette maladie est toujours extrêmement dangereuse.*

On devra aussi séparer les animaux malades des autres aussitôt que les premiers symptômes du charbon seront connus, car ils donneraient la maladie à leurs voisins, et tout le troupeau y passerait.

Quand une bête est morte du charbon, il faut l'enterrer très profondément. Le mieux serait de la *brûler*, afin de détruire les germes de la maladie. On doit bien se garder d'enlever sa peau pour la vendre, car, outre que *la loi le défend*, on pourrait ainsi être cause de véritables malheurs en propageant le charbon.

Si la bête charbonneuse a été enfouie dans un endroit

où peuvent passer d'autres animaux, on les empêchera absolument d'y paître l'herbe, car cela suffirait à leur communiquer le charbon.

Lorsque le charbon a été dans une étable, il faut la désinfecter soigneusement. On y parvient en lavant énergiquement à plusieurs reprises avec de l'eau fortement phéniquée, le sol, le plafond, les murs, les râteliers, les mangeoires, les séparations, les harnais, etc., etc., en un mot tout ce qui aura été en contact avec le bétail charbonneux.

MORVE, CLAVELÉE, PIÉTIN. — Toutes les précautions de désinfection que nous venons d'indiquer seront prises : — 1° pour les écuries de chevaux, quand l'un d'eux aura été atteint de la *morve*. Cette maladie est très contagieuse et presque toujours mortelle.

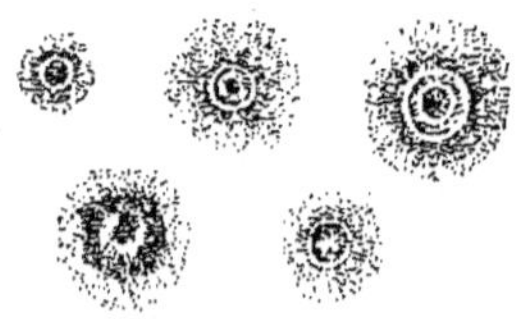

BOUTONS CLAVELEUX.

Ses premiers symptômes sont l'engorgement des glandes de la ganache (sous la gorge), et l'écoulement par les naseaux d'une sécrétion purulente qui répand une mauvaise odeur. Aussitôt qu'ils apparaîtront, l'on enverra chercher le vétérinaire; — 2° pour les étables à moutons, quand ceux-ci auront eu la *clavelée* — variole pustuleuse sur toute la surface du corps, — ou le *piétin*, maladie grave de l'ongle.

Cette dernière maladie sera évitée en tenant la litière des moutons bien sèche. Lorsqu'elle sera déclarée dans un troupeau, on pourra enrayer la contagion en répandant devant la porte de la bergerie une assez grande épaisseur de chaux en poudre. Les moutons en entrant s'appliqueront eux-mêmes le remède aux pieds.

APOPLEXIE. — Si un cheval tombe d'*apoplexie*, ce qui se voit à ce qu'il paraissait déjà chancelant avant sa chute, on le débarrassera de tous ses harnais et on lui versera sur la tête de l'eau aussi froide que possible, tandis qu'on lui fera d'énergiques frictions sur les reins. Une saignée est un remède excellent, mais il ne faut la pratiquer soi-même que si l'on est très familier avec cette opération, car si elle est mal faite, elle peut être plus dangereuse pour l'animal que l'apoplexie elle-même.

Coliques. — Lorsqu'un cheval est atteint de *coliques*, on le promène après lui avoir entouré le ventre d'une couverture, et l'on peut lui donner utilement, en attendant le vétérinaire, soit un demi-litre de café noir, soit un ou deux lavements d'eau tiède et salée.

Plaies. — Quand les animaux ont des plaies qui ne pénètrent pas profondément et n'atteignent pas les organes intérieurs ni les articulations, elles sont faciles à soigner. Il faut d'abord les nettoyer très complètement en enlevant tous les corps étrangers qui pourraient y être restés, terre, gravier, éclats de bois, etc. ; on les lave avec de l'eau très pure, puis on les essuie avec un linge doux, après quoi l'on applique des tampons d'étoupes fines ou d'ouate, imbibés d'eau phéniquée au cinquantième. On couvre les tampons d'une compresse de façon à empêcher toute communication de la plaie avec l'air extérieur.

Rédaction. — Description d'un village où l'on ne soigne pas le fumier. — Aspect des cours. — Eaux corrompues. — Odeurs. — *Ce qui en résulte.*

Questions. — A quels signes peut-on reconnaître qu'un animal est malade ? — Par quoi le météorisme est-il déterminé et comment se manifeste-t-il ? — Quels sont les premiers soins à donner aux animaux météorisés ? — Qu'est-ce que le charbon et comment se manifeste-t-il ? — Que peut-on faire aux animaux atteints du charbon ? — Quel moyen prophylactique M. Pasteur a-t-il découvert contre le charbon ? — Que doit-on faire lorsqu'on a touché une bête charbonneuse — lorsqu'une bête est morte du charbon — si la bête charbonneuse a été enfouie dans un endroit où peuvent aller d'autres animaux — lorsque le charbon a été dans une étable ? — Quels sont les symptômes de la morve — de la clavelée — du piétin ? — Que fait-on lorsqu'un cheval est frappé d'apoplexie — lorsqu'il est atteint de coliques ? — Comment soigne-t-on les plaies peu profondes ?

ANIMAUX DE BASSE-COUR

Le mot *basse-cour* désigne l'endroit où, dans une exploitation agricole, on tient les petits animaux domestiques tels que volailles, pigeons, lapins, etc.

Les animaux de basse-cour sont pour la plupart des pillards effrontés. Il faut délimiter très rigoureusement leur parcours, autrement leurs déprédations coûteraient bientôt plus cher qu'ils ne valent. Il faut particulièrement défendre contre eux le jardin et les champs ensemencés, où ils causeraient de véritables dégâts.

On peut sans inconvénient laisser la volaille errer dans les prairies qui viennent d'être fauchées et dans les champs dépouillés de leur récolte, elle y détruira nombre d'insectes nuisibles. Il en est de même pour les terres qu'on laboure : la volaille suit utilement la charrue et saisit avec avidité les vers et larves mis au jour. Il ne faut pas craindre non plus la présence des volailles dans les vignes, hors le temps de la fleur ou de la maturité du raisin ; elles les défendront contre les parasites. Dans certains pays on établit des poulaillers roulants que l'on transporte successivement sur les différentes terres de la ferme pour la destruction des insectes.

Les animaux de basse-cour sont d'un grand profit et ils coûtent peu à nourrir; ils trouvent d'eux-mêmes, pour la plupart, le principal de leur alimentation dans les cours, sur les fumiers, autour de la ferme, etc. L'agriculteur n'a guère à leur distribuer qu'un supplément, encore il le prend rarement sur ses denrées de première qualité, excepté pour l'engraissement ; il leur donne habituellement des criblures de graines et des déchets de toutes sortes.

La volaille proprement dite comprend : les *poules*, les *dindons*, les *pintades*, les *pigeons*, les *canards* et les *oies*.

Un seul quadrupède fait partie de la basse-cour, c'est le *lapin*.

LES POULES

Les *poules* appartiennent à la famille des *gallinacés*. Le mâle se nomme *coq*, et quand il est engraissé, chapon ; la poule grasse est la *poularde ;* les petits s'appellent *poussins* et, plus grands, *poulets.*

La poule couve généralement au printemps une douzaine d'œufs, rarement plus. Ils éclosent au bout de trois semaines, et aussitôt que les petits poussins sont sortis de l'œuf, ils se mettent à courir. Au bout de quelques heures, ils mangent. Il faut avoir soin de mettre à leur portée une nourriture spéciale qui leur convienne, comme de la pâtée de mie de pain, ou des œufs durs hachés très menu.

COUVEUSE ARTIFICIELLE.

Dans les exploitations où les produits de la basse-cour tiennent une grande place ou dans celles qui font spéculation de l'élevage des poules, on emploie la *couveuse artificielle.* Il y en a de plusieurs systèmes, mais dans tous le principe fondamental est de remplacer par un appareil de chauffage la chaleur naturelle de la poule. On maintient les œufs à une température constante d'une quarantaine de degrés, ce qui les fait éclore de la même façon et aussi vite que s'ils étaient sous la mère. Ces couveuses sont très commodes et permettent de faire couver les œufs par grandes quantités.

Une bonne poule adulte, c'est-à-dire âgée d'un an, donne cent trente à cent cinquante œufs par année, à raison d'un tous les deux jours, ou quelquefois même tous les jours, pendant environ neuf mois.

Il y a une grande variété de races de poules ; les unes sont meilleures pondeuses, les autres ont une chair plus savoureuse, ou sont d'un engraissement plus facile. Il faut choisir entre les diverses races celle qui paraît devoir le mieux s'adapter au pays où l'on se trouve, car toutes ne prospèrent pas partout également bien.

Les races indigènes communes se nomment *gallines, françaises*, ou *poules du pays*. Elles ne varient guère d'aspect, de forme, de constitution ni d'habitudes d'un bout à l'autre du territoire et réussissent d'ailleurs à peu près partout. Quelques-unes sont excellentes, et en ayant soin de choisir pour la reproduction les œufs de celles qui montrent les qualités que l'on cherche, on arrive à des résultats fort satisfaisants, sans faire des tentatives, souvent coûteuses, d'acclimatation.

A côté de la race ordinaire sont des races améliorées également indigènes, comme celle de *Houdan* (Seine-et-Oise), celle de *La Flèche* (Sarthe), celle de *Crèvecœur* (Calvados), celle de la *Bresse* (région de l'Ain, et de Saône-et-Loire), etc. Elles ont de grandes qualités : les unes sont très précoces et bonnes pondeuses, comme celles de Houdan ; les autres sont d'un engraissement facile, comme celles de La Flèche, qui fournissent les chapons et les poulardes du Mans, etc., etc. Mais ces races supérieures ne se plaisent pas partout également, et quelquefois, sans qu'on en puisse découvrir la cause, il y a des localités où l'on ne peut parvenir à les élever.

A côté des poules indigènes, citons d'excellentes espèces étrangères, comme la race anglaise de *Dorking*, qui est une des meilleures que l'on connaisse, la race géante de *Brahmapoutra*, les *cochinchinoises* aux pattes

RACE DE LA FLÈCHE (*poule*).

RACE DE HOUDAN (*poule*).

RACE DE CRÈVECŒUR (*poule*).

RACE DE DORKING (*coq*).

RACE COCHINCHINOISE (*coq*).

RACE DE LA CAMPINE (*poule*).

garnies de plumes, les petites poules de *Padoue* noires et blanches, celles de la *Campine* très fécondes, etc.

Outre leur chair et leurs œufs, les poules et les coqs nous fournissent encore leurs plumes, dont les usages industriels sont nombreux. Les petites plumes forment un duvet grossier, mais solide ; les plumes brillantes des coqs ornent les coiffures féminines, et servent à certains plumets d'uniforme, etc.

Enfin le poulailler est un récipient d'engrais de premier ordre que l'on doit recueillir avec soin ; le fumier de basse-cour, mélangé à la terre de jardin, lui donnera une force et une fécondité incomparables. Des chimistes agronomes ont calculé qu'une seule poule peut produire plus de 100 kilogrammes d'engrais par an. Il faudra donc se garder de le laisser perdre, d'autant plus qu'en le recueillant l'on nettoiera le poulailler, ce qui est indispensable à la bonnne santé des volailles.

Le poulailler doit être proprement tenu, et il faut, au moins une fois par an, le laver à l'eau bouillante, puis l'enduire d'un lait de chaux. On évitera ainsi plusieurs maladies, et l'on détruira les parasites.

LE DINDON

Le *dindon* est le plus grand de nos gallinacés de basse-cour. Il peut atteindre jusqu'à $1^{m},30$ de long avec une envergure du double, et peser jusqu'à 11 kilogrammes. Il est originaire de l'Amérique du Nord, où il vit encore aujourd'hui à l'état sauvage par petites troupes. Il a été importé chez nous au commencement du XVIe siècle. On lui avait d'abord donné le nom de *coq d'Inde*, qui lui est resté dans certaines localités, parce que durant fort longtemps on a appelé l'Amérique *Indes occidentales*.

La femelle du dindon s'appelle la *dinde*, leurs petits sont les *dindonneaux*.

La dinde commence à pondre quand elle a un an ou

environ. Ses œufs sont bons, moins estimés pourtant que ceux de la poule, et plus gros. La ponte a lieu au printemps, d'abord tous les deux jours pendant une semaine, puis tous les jours, jusqu'à ce que la bête ait donné vingt-cinq à trente œufs. Quand on soupçonne qu'une dinde va se mettre à pondre, il faut la surveiller, car elle aime à cacher ses œufs, et le fait parfois avec tant d'ingéniosité qu'on ne parvient pas à les trouver. Elle continuera d'ailleurs de pondre à la place qu'elle a choisie, si l'on a soin d'y laisser un œuf pour l'attirer.

LE DINDON.

La dinde demande à couver en mai, quelquefois en juin. Elle peut mener à bien une vingtaine d'œufs. L'incubation dure trente jours. Tandis qu'elle a lieu, il faut lever tous les jours la mère de dessus son nid et lui donner à manger, car c'est une couveuse tellement assidue qu'elle pourrait parfois se laisser périr de faim plutôt que de bouger. Elle est aussi fort adroite, et malgré son poids, il est fort rare qu'elle casse un de ses œufs.

Les dindonneaux sont plus délicats que les petits poussins ; ils craignent beaucoup le froid et la pluie ; il est nécessaire de les en garantir très soigneusement tant qu'ils n'ont pas au moins un mois. Au reste, on les soigne comme les petits poulets : on leur donne des pâtées de mie de pain, de lait caillé avec des orties hachées, ou des oignons coupés menu, etc. Au moment où ils prennent le *rouge*, c'est-à-dire quand apparaissent sur leur tête ces appendices de chair rouge qu'on y remarque, ils traversent une véritable crise, très dangereuse, dans laquelle il en périt un grand nombre.

On nourrit le dindon comme les autres animaux de basse-cour, mais il est plus apte au pâturage que la plupart d'entre eux. Réunis en troupeau, les dindons se laissent aisément mener par un enfant. Ils trouvent une alimentation abondante et saine sur les champs dépouillés de leur récolte, dans les prairies coupées, sur les terrains incultes, etc.

Le dindon est un animal rustique, et quand il a passé la crise du rouge il s'élève pour ainsi dire tout seul. Il couche en plein air, soit sur des arbres morts, soit sur des perches traversées d'échelons disposées exprès pour lui.

Le dindon ne présente pas de variétés proprement dites. Bien qu'il y ait le *dindon noir*, le *blanc*, le *gris* et le *rouge*, il n'y a en somme qu'une race ; c'est le même animal sous des robes diverses.

La chair de la dinde est plus recherchée que celle du mâle. L'engraissage du dindon est très rémunérateur, et certains pays ont dans leurs grands troupeaux de dindons une véritable richesse.

LA PINTADE

La *pintade* est un gallinacé originaire d'Afrique. Elle a été importée en Europe par les Portugais à la fin du xve siècle. Elle est moins sédentaire que la poule ; la domestication ne l'a pas débarrassée de sa sauvagerie. C'est une coureuse déterminée. Il ne serait pas prudent de la laisser enfermée dans la basse-cour avec les autres volailles, car elle est d'une humeur singulièrement batailleuse ; elle s'attaque sans cesse à ses voisins, s'acharne sur eux, les blesse ou les tue.

Les pintades ne se mêlent pas à leurs compagnons de basse-cour ; elles vivent à l'écart entre elles, toutes celles de la ferme réunies. Elles n'en font qu'à leur tête, et s'en vont seules aux champs, demeurent toute la journée dehors et rentrent le soir coucher sur des arbres autour de la ferme ou des perchoirs spécialement disposés pour elles.

Bien qu'elles passent leur temps à pourchasser les insectes, et qu'elles ne grattent pas aussi profondément que les poules, il faut les tenir éloignées des récoltes de céréales, où elles font parfois de sérieux dégâts.

LA PINTADE.

La pintade est une bonne pondeuse, et ses œufs sont excellents. Ils sont plus petits que ceux de la poule. La ponte commence aux premières chaleurs du printemps pour se terminer aux premiers froids de l'automne. Il faut la guetter pour recueillir ses œufs, car elle les cache avec plus de soin encore que ne le fait la dinde. On ne lui laisse pas en général le soin de les couver, elle est trop remuante et trop peu affectueuse ; elles les casserait ou les abandonnerait. On les confie à une poule dont le couvage en fait sortir les *pintadeaux* au bout de vingt-cinq à trente jours.

Les pintadeaux sont très difficiles à élever dans nos climats; aussi doit-on, plus encore que les dindonneaux, les préserver avec soin du froid et de l'humidité. Comme ceux-ci, ils traversent la crise du rouge, mais ceux qui s'en sont bien tirés s'élèvent ensuite aisément. La nourriture des pintadeaux sera celle des poussins à laquelle on ajoutera de menues herbes hachées dans la pâtée, avec des larves, œufs de fourmis, insectes, etc.

Les pintades adultes vivent sur le fonds public ; quelques poignées de graines par-ci par-là pour compléter leur glanage, et cela suffira.

La pintade est mangeable à sept ou huit mois; elle fournit une chair délicate et recherchée qui rappelle davantage celle du gibier que celle de la volaille.

LE PIGEON

Il y a plus de vingt races bien tranchées de pigeons, dont les croisements ont produit des variétés infinies. Mais toutes se divisent entre deux types caractéristiques : les pigeons *sédentaires*, qui vivent dans la basse-cour sans s'éloigner des habitations ou même en volière, et les pigeons *fuyards*, qui s'en vont au loin chercher leur nourriture à travers les champs, où ils causent parfois un réel dommage, quand ils ne reçoivent pas à la maison en assez grande quantité les menues graines qui font leur nourriture.

On établit les pigeons dans un bâtiment spécial nommé *pigeonnier* ou *colombier*, aussi élevé que possible et bien exposé au soleil. Le pigeonnier doit être tenu intérieurement et extérieurement avec beaucoup de propreté; on le blanchit à la chaux intérieurement. Il ne faut pas oublier d'en défendre l'accès aux rongeurs, soit par une saillie en maçonnerie qui en fera le tour, soit par des plaques de fer-blanc qui entoureront les ouvertures et sur lesquelles les animaux tels que les fouines, putois, rats, etc., ne pourront pas grimper. Toutes les ouvertures seront fermées pendant la nuit, de peur qu'un oiseau de proie nocturne n'y pénètre. Mais il faut ouvrir aux pigeons de grand matin, car c'est dès la première heure du jour qu'ils vont surtout chercher la nourriture pour leurs petits.

Les pigeons aiment la tranquillité et craignent beaucoup le bruit; il n'est pas rare de les voir fuir leur pigeonnier et aller dans une ferme étrangère chercher un asile, quand ils ont été effrayés ou trop dérangés. Ce doit être toujours la même personne qui les soigne et qui entre chez eux pour visiter les nids, en prenant garde de faire trop de bruit ou trop de mouvements.

Le pigeonnier est garni de nids du haut en bas, inté-

PIGEON BISET.
Souche de nos pigeons domestiques. On distingue le *biset sauvage*, le *biset de colombier*, le *biset fuyard*.

PIGEON TREMBLEUR.
Agité d'un mouvement convulsif, bec mince, ailes pendantes, queue relevée.

PIGEON BOULANT OU GROSSE-GORGE.
Jabot très enflé par respiration d'un grand volume d'air. Variétés : *Boulants anglais*, *boulants lillois*, *boulants néerlandais*.

PIGEON CULBUTANT.
Culbute dans son vol et se laisse choir comme frappé d'un coup mortel. Variétés : *Culbutants pantomimes* (très féconds), *culbutants anglais* (très petits).

rieurement. On y met de la menue paille, mais les pigeons les arrangent toujours un peu ; c'est surtout le mâle qui s'en occupe. Quand c'est fait, la femelle pond un œuf puis un second le lendemain, et les couve immédiatement. Le mâle la relaie dans cette opération, et l'entoure de mille soins. Les petits naissent au bout de dix-huit jours environ. Après quatre à cinq mois, ils peuvent pondre et couver à leur tour. Les races fuyardes donnent trois ou quatre pontes par an; les races sédentaires en fournissent jusqu'à dix.

Le pigeon est donc un oiseau d'un bon produit. Il fournit sa chair, qui est excellente à manger, ses plumes, qu'on utilise de diverses façons dans l'industrie, et sa fiente qui constitue, sous le nom de *colombine*, le plus riche de tous les engrais.

Les pigeons de races fuyardes (surtout ceux des races dites *pigeons volants* et *pigeons à cravate*) sont utilisés d'une autre façon encore, et dans un ordre d'idées plus élevé. Nous voulons parler de leur emploi comme messagers ou pigeons voyageurs. Tout le monde connaît le parti qu'on en peut tirer en cas de guerre.

LE CANARD

Le *canard* est un oiseau de la famille des *palmipèdes*, il est essentiellement *aquatique*. La femelle s'appelle

CANARD DE ROUEN. CANARD DE PÉKIN.

cane, et les petits sont appelés *canetons*. Le canard descend en droite ligne du canard sauvage, dont on voit encore de grandes troupes sur nos cours d'eau.

Il n'y a parmi les canards indigènes que deux variétés : le *canard commun*, que l'on voit partout, et le *canard de Rouen*, originaire de Normandie. Elles ne diffèrent l'une de l'autre que par le poids. Le canard ordinaire pèse rarement plus d'un kilogramme, tandis que le canard de Rouen va jusqu'à deux. Ce dernier est d'une croissance plus rapide. Les meilleures races étrangères importées chez nous sont le canard blanc de *Pékin*, qui vient de Chine, et le canard de *Barbarie*, originaire du Brésil ; celui-ci est le plus gros de tous les canards connus.

Aucun animal domestique ne s'élève aussi facilement que le canard, pourvu qu'il ait à sa portée de l'eau pour ses ébats. Encore en faut-il fort peu pour le canard de Rouen. Toute la journée, depuis la pointe de l'aube jusqu'à la nuit tombée, le canard barbote dans les fossés, dans les mares, fouille les fumiers, les détritus, les herbages humides, même les champs, en quête des grains et des insectes. Il se nourrit seul, on lui donne seulement quelques fonds de sac ou quelques pâtées quand on suppose que sa chasse a été peu fructueuse. Nul volatile n'est plus rustique : on pourrait le laisser coucher en plein air si l'on ne craignait les rondes des rapaces.

Le canard nous fournit sa chair et son duvet qui est fort estimé. On le lui enlève deux fois par an, au printemps et à l'automne.

La cane pond aussitôt que les grands froids de l'hiver sont passés. Il faut la surveiller dès le dégel, car elle cache soigneusement ses œufs partout ailleurs que dans sa cabane. Elle en fait généralement une soixantaine, en pondant tous les deux jours jusqu'en mai ou juin, suivant la saison. Elle demande à couver quand sa ponte est terminée, mais comme c'est une couveuse médiocre, on confie généralement ses œufs à une dinde ou à une poule. Les petits éclosent au bout d'une trentaine de jours, et aussitôt nés ils cherchent à manger et se précipitent vers l'eau. On leur donne des pâtées de son délayé avec du lait, et mêlé d'orties hachées. Ils croissent très vite, en sorte qu'à quatre mois, et quelquefois même plus tôt, ils sont bons pour la vente.

Le canard est d'un engraissement facile.

L'OIE

L'*oie* est un *palmipède*, comme le canard, mais elle a moins que lui besoin de l'eau. On l'élève très bien dans des fermes qui n'ont pas même une mare, quoiqu'il vaille pourtant mieux qu'elle en trouve à sa portée. Elle descend de l'oie sauvage encore très répandue en Europe; mais sa domestication remonte à la plus haute antiquité. Le mâle s'appelle *jars;* on nomme les petits, *oisons.*

L'oie est *herbivore* et *granivore :* elle mange aussi bien les herbes que les grains. Aussi trouve-t-elle au pâturage la plus grande partie de sa nourriture. Elle y va tantôt seule, tantôt en bande, sous la conduite d'un enfant. C'est un oiseau propre, qui ne barbote pas dans toutes les ordures comme le canard; quand elle a suffisamment pâturé à portée de la rivière, elle s'y baigne, et prend toutes sortes de soins de toilette.

L'oie est douce et craintive, et vit en bonne intelligence avec les hôtes de la basse-cour. Mais il en est autrement du jars, qui est souvent méchant, surtout quand l'oie couve ou quand elle a des petits.

Comme la cane, l'oie pond dès la fin de l'hiver, dans un emplacement qu'elle choisit, où elle porte des brins de paille, et qu'on ne doit pas déranger. Elle fait dix à douze œufs à raison d'un tous les deux jours, puis elle se repose et recommence de façon à pondre une trentaine d'œufs dans son été.

Elle couve avec beaucoup d'ardeur, et il faut lui apporter près de son nid à boire et à manger, car il pourrait arriver qu'elle n'allât pas chercher sa nourriture.

Au bout de trente jours environ, les petits sortent de l'œuf. On les nourrit de pâtée à l'ortie hachée, dont ils sont très friands. Au bout de quinze jours on n'a plus à s'occuper d'eux, ils vont au pâturage avec les oies et les jars.

On ne trouve guère dans les exploitations agricoles qu'une seule race d'oie, la *commune*. Une de ses variétés, qui devient plus grosse que l'oie ordinaire, l'*oie de Toulouse*, commence à se répandre dans le sud-ouest de la France. On voit aussi dans certaines régions l'oie de Canada à pattes noires, depuis longtemps acclimatée chez nous.

Oie de Toulouse.

L'oie nous fournit sa chair et ses plumes. Son duvet est fort estimé ; on le lui enlève trois et même quatre fois par an. Une bonne oie en fournit environ 300 grammes. Les grosses plumes servent à plusieurs usages industriels ; elles ont été les seules plumes à écrire jusqu'à l'invention faite en notre siècle de la plume métallique. L'oie est d'un engraissement facile ; sa graisse, séparée de la viande, sert à divers usages culinaires.

LE LAPIN

Tout le monde connaît ce petit quadrupède. Il est indigène d'Europe où il est domestiqué depuis des siècles, et où son ancêtre sauvage, le *lapin de garenne*, pullule encore dans nos forêts. La femelle s'appelle *lapine ;* les petits sont des *lapereaux*.

La lapine donne un nombre de lapereaux très variable, parfois deux ou trois seulement, quelquefois dix, le plus souvent cinq à six. On doit fournir aux lapereaux de la litière bien sèche, et les préserver absolument du froid et de l'humidité. Au bout d'une quinzaine on leur donnera un peu de nourriture, des herbes tendres, de la mie de pain mouillée de lait, etc.

Le lapin mange beaucoup, mais n'est pas exigeant sur le choix de ses aliments : mauvaises plantes issues des sarclages du potager, épluchures de légumes, croûtes de pain, restes de la cuisine, même des feuilles et des écorces d'arbres, tels que les noisetiers et les acacias. En hiver, on lui donnera du regain, quelques poignées d'orge et d'avoine, mais surtout des racines fourragères et des pommes de terre. On a remarqué que plus l'alimentation du lapin est variée, meilleure est sa viande.

LAPIN.

La chair du lapin donne un excellent aliment, et le poil est utilisé pour la fabrication du feutre.

Les races et variétés de lapins sont impossibles à dénombrer : chaque jour en voit apparaître de nouvelles, et l'on peut dire que chaque village, chaque ferme même a une variété de lapin particulière. Citons cependant les deux extrêmes, le *lapin bélier* qui arrive à peser jusqu'à 10 kilogrammes, et le lapin *Nicard*, très répandu en Provence, qui dépasse rarement 1 kilogramme et demi.

Excursions. — Voir à la basse-cour ou dans les champs les animaux dont il est question dans la leçon de lecture : les poules, les dindons, les pintades, les pigeons, les canards, les oies, les lapins.

Problèmes. — 1. Une domestique porte au marché 8 douzaines d'œufs qu'elle doit vendre 0 fr. 75 la douzaine ; elle en casse une demi-douzaine en route. Combien doit-elle vendre le reste pour rapporter à sa maîtresse la somme exigée ? (*Certificat d'études. Lot-et-Garonne.*)

2. Une ménagère a vendu 15 douzaines d'œufs plus 9 œufs à raison de 7 francs 8 sous ; elle a employé le prix à acheter une étoffe qui coûte 30 centimes le mètre ; combien de mètres a-t-elle de cette étoffe ? Trouver combien cette étoffe couvrirait de mètres carrés, si elle a 0m,578 de large. (*Certificat d'études primaires. Hérault.*)

Questions. — Que désigne le mot basse-cour ? — Quelle surveillance doit-on exercer sur les animaux de basse-cour ? — Où peut-on laisser errer la volaille ? — Comment les animaux de basse-cour se nourrissent-ils ? — Quand la poule couve-t-elle et combien de temps dure l'incubation ? — Comment les poussins se nourrissent-ils ? — Que savez-vous des couveuses artificielles ? — Combien d'œufs peut donner une bonne poule dans une année ? — Quelles sont les races de poules que vous connaissez ? — Outre la chair et les œufs, quels produits la poule et le coq nous donnent-ils ? — Comment le poulailler doit-il être tenu ?

Que savez-vous du dindon ? — Quand la dinde commence-t-elle à pondre ? — Que savez-vous sur les œufs de la dinde — sur la ponte de la dinde ? — Quand la dinde couve-t-elle ? — Combien d'œufs peut-elle couver ? — Combien de temps dure l'incubation et quels soins doit-on prendre de la couveuse ? — Comment soigne-t-on les dindonneaux ? — Comment les dindons se nourrissent-ils ? — Où couchent-ils ? — Connaissez-vous plusieurs variétés de dindons ? — La chair de la dinde et celle du dindon sont-elles également recherchées ?

Qu'est-ce que la pintade ? — Doit-on laisser la pintade avec les autres volailles ? — Comment les pintades vivent-elles ? — Doit-on les tenir éloignées des récoltes de céréales, comme les poules ? — Parlez des œufs de la pintade — de sa ponte — de son aptitude à couver. — Combien dure l'incubation des œufs de pintade ? — Quels soins les pintadeaux exigent-ils ? — Quand la pintade est-elle mangeable ? — Que savez-vous sur la chair de la pintade ?

Existe-t-il plusieurs races de pigeons ? — Parlez du pigeonnier — des moyens propres à défendre les pigeons contre leurs ennemis — de l'ouverture matinale du pigeonnier — des soins que réclament les pigeons pour rester attachés à leur pigeonnier. — Parlez des nids des pigeons — de la ponte — de la couvée. — Quand les jeunes pigeons peuvent-ils couver à leur tour ? — Le pigeon est-il d'un bon produit ?

Qu'est-ce que le canard ? — Quelles sont les variétés de canards que vous connaissez ? — Comment le canard s'élève-t-il ? — Quels sont les produits que le canard fournit ? — Parlez de la ponte de la cane — de sa couvée — de l'éclosion et de la première nourriture des canetons — de la vente des jeunes canards — de l'engraissement des canards.

Qu'est-ce que l'oie et comment s'élève-t-elle ? — Quel est le caractère de l'oie — du jars ? — Parlez de la ponte de l'oie — de sa couvée — de la nourriture des oisons. — Quelles variétés d'oie connaissez-vous ? — A quoi sert le duvet de l'oie ? — A quoi servent les grosses plumes ? — Que fait-on de la graisse d'oie ?

Qu'est-ce que le lapin ? — Combien la lapine donne-t-elle ordinairement de lapereaux ? — Comment soigne-t-on les lapereaux ? — Comment le lapin se nourrit-il ? — A quoi sert le poil du lapin ? — Parlez des races et variétés de lapins que vous connaissez.

MALADIES DES ANIMAUX DE BASSE-COUR

Les animaux de basse-cour sont sujets à un certain nombre de maladies pour lesquelles on appelle rarement le vétérinaire.

MÉTÉORISATION DES LAPINS. — Les lapins sont souvent atteints d'une météorisation nommée communément *gros ventre* ou *bouteille*, qui leur vient surtout pour avoir mangé du fourrage malsain ou mouillé. Aussitôt qu'on verra le ventre du lapin se gonfler, on isolera l'animal et on lui donnera de l'orge grillé avec du thym ou du persil; presque toujours la maladie cessera.

OPHTALMIE. — Quelquefois les lapins ont l'*ophtalmie*, ou inflammation des yeux ; cette maladie est causée presque toujours par la malpropreté du clapier, où se développent des gaz ammoniacaux. La maladie disparaîtra par la désinfection du clapier, qu'on fera comme celle d'une écurie.

PÉPIE. — CHOLÉRA. — Pour les poules, les maladies les plus redoutables sont la *pépie* et le *choléra*. On peut les enrayer sans le secours de l'homme de l'art. La pépie vient toujours de la mauvaise qualité de l'eau ou des aliments qu'on a donnés aux poules. Les symptômes de la pépie sont aisés à connaître : la poule atteinte cesse de manger, elle respire avec peine, ses plumes se hérissent, elle agite la tête et pourtant elle paraît abattue. Si l'on examine l'animal de près, on voit à la base de sa langue ou à sa gorge des *ulcérations* ou *chancres*.

Pour obtenir la guérison, l'on enlève ces chancres avec un canif bien acéré, puis on lave la plaie à l'aide d'un petit pinceau de charpie trempé dans du vinaigre de vin ou dans de l'eau phéniquée au cinquantième, après quoi l'on graisse avec du saindoux ou du beurre frais. Il faut isoler les poules en traitement jusqu'à leur guérison et leur donner une nourriture rafraîchissante.

Le choléra des poules affecte la forme terrible des épizooties. Quand il se déclare dans une contrée, il dépeuple les poulaillers les mieux fournis jusqu'à leur dernier sujet. Les signes auxquels on le reconnaît sont les suivants, d'après M. Pasteur : « L'animal est sans force, chancelant, les ailes tombantes. Les plumes du corps soulevées lui donnent la forme d'une boule. Une somnolence invincible l'accable ; si on l'oblige à ouvrir les yeux, il semble sortir d'un sommeil. Bientôt ses paupières se referment, et le plus souvent la mort arrive, sans que l'animal ait changé de place, après une muette agonie. »

Dès l'apparition des premiers symptômes, il faut séparer des autres les animaux malades, enlever les fumiers de la basse-cour, la racler profondément, et passer à un désinfectant composé d'une partie d'*acide sulfurique* pour deux parties d'eau, le poulailler, les accessoires et les environs.

La contagion peut être arrêtée en vaccinant les poules suivant un procédé qu'a découvert M. Pasteur et que le vétérinaire seul peut appliquer.

Les autres volailles peuvent avoir la pépie, mais elles y sont moins sujettes que les poules. Les maladies qui les atteignent n'ont pas la forme épizootique ; elles sont d'ailleurs, pour la plupart, assez bénignes.

Questions.— Comment nomme-t-on communément la météorisation des lapins ? — Comment soigne-t-on les lapins atteints de météorisation ? Qu'est-ce que l'ophtalmie et d'où vient ordinairement cette maladie ? — Que fait-on pour faire disparaître l'ophtalmie ? — Quels sont les symptômes de la pépie chez les poules ? — Comment soigne-t-on les poules qui ont la pépie ? — A quoi reconnaît-on le choléra chez les poules ? — Que doit-on faire dès que cette maladie apparaît ? — Par quels moyens peut-on arrêter la contagion ? — Quelles sont les maladies qui peuvent atteindre les autres volailles ?

LES VENTES

La règle de conduite qui doit dominer dans toutes nos affaires, si nous voulons réussir, est l'honnêteté la plus absolue. Le vendeur honnête trouve toujours des acquéreurs, parce que ceux-ci acceptent ses prix sans crainte, dans la certitude où ils sont de n'être pas trompés.

La vente est une convention par laquelle l'un s'oblige à livrer une chose, et l'autre à la payer. Les ventes sont libres en France. On les fait en observant quelques règles très simples et très faciles à suivre, dont nous allons faire connaître les principales selon la loi.

Règles générales. — La vente est parfaite entre ceux qui la font et la propriété passe du vendeur à l'acheteur dès qu'ils sont d'accord sur le prix de la chose vendue, quand même elle n'est pas encore livrée et le prix pas encore payé.

Quand des denrées ne sont pas vendues *en bloc*, mais au poids, à la mesure, au compte, comme par exemple, si je vous vends 10 hectolitres de blé à 25 francs l'hectolitre, ou 6 000 kilogrammes de foin à 35 francs les 1 000 kilogrammes, ou trois douzaines de poulets à 2 fr. 25 la pièce, la vente n'est pas parfaite en ce sens que les choses vendues demeurent aux risques du vendeur jusqu'à ce qu'elles aient été mesurées, pesées ou comptées. Si le blé ou le foin brûlent, si les poulets périssent, c'est le vendeur qui subit la perte, l'acheteur ne payera pas le prix convenu. Mais si le vendeur ne voulait pas livrer les choses à l'acheteur alors qu'elles sont là, et en bon état, celui-ci pourrait l'attaquer devant les tribunaux pour le forcer à exécuter le marché ou à lui payer des dommages-intérêts.

Si au contraire les marchandises sont vendues *en bloc*, comme si je vous vends toute ma récolte de blé pour

1 000 francs, tous mes poulets pour 60 francs, toutes mes betteraves pour 300 francs, la vente est parfaite et définitive bien que mon blé n'ait pas été mesuré, ni mes poulets comptés, ni mes betteraves pesées.

A l'égard du vin, de l'huile et des autres choses que l'on est dans l'usage de goûter avant d'en faire l'achat, il n'y a pas d'achat tant que l'acheteur ne les a pas goûtées et agréées. Si la vente d'un animal ou d'un instrument est faite *à l'essai*, elle est toujours présumée faite sous condition que l'acheteur sera satisfait de l'essai, et qu'il pourra rendre l'objet acheté si l'essai n'a pas donné le résultat qu'il en attendait.

Une promesse de vente équivaut à une vente, quand le vendeur et l'acheteur sont bien d'accord sur la chose vendue et sur le prix. Si une promesse de vente a été faite avec des *arrhes*, le vendeur et l'acheteur sont libres tous deux de renoncer au marché, à condition que celui qui a donné les arrhes les perdra si c'est lui qui refuse de s'exécuter, et que celui qui les a reçues en donnera le double à l'autre quand ce sera lui qui ne voudra pas tenir la convention.

Si la chose vendue avait des défauts cachés assez graves pour la rendre impropre à l'usage auquel l'acheteur la destinait, ou tellement considérables qu'ils diminuent l'usage de cette chose au point que l'acheteur ne l'aurait pas acquise s'il les avait connus, celui-ci a le droit de rendre la chose au vendeur et de s'en faire restituer le prix, ou bien de garder la chose et de se faire remettre par le vendeur une partie du prix qui sera fixée à dire d'experts. Il en est ainsi alors même que le vendeur a ignoré l'existence des vices cachés de la chose.

Mais si ces vices sont apparents, tant pis pour l'acheteur qui ne les a pas vus ; il devait regarder la chose de plus près ; la vente subsistera.

Si le vendeur connaissait les vices de l'objet vendu,

non seulement il devra restituer le prix à l'acheteur, mais il sera encore tenu envers lui de dommages-intérêts pour le préjudice qu'a pu lui causer la mauvaise qualité de la chose.

Si, au contraire, le vendeur ignorait l'existence de ces défauts cachés, il ne devra que la restitution du prix.

Celui qui vend ses denrées en se servant de faux poids ou de fausses mesures, afin de tromper son acheteur, encourt une peine de trois mois à un an de prison, sans compter une forte amende.

Quant aux animaux, comme souvent ils sont vendus sur un marché où ils viennent d'arriver sans que l'acheteur ait pu les examiner à loisir, comme d'un autre côté certains défauts ou maladies qu'ils peuvent avoir sont parfois très difficiles à découvrir, la loi a donné à celui qui achète la faculté de faire tomber la vente dans certains cas bien déterminés. Ces cas sont ceux où les animaux sont atteints de vices que la loi nomme *rédhibitoires*, c'est-à-dire qui permettent leur *rédhibition* ou restitution par l'acheteur au vendeur

VICES RÉDHIBITOIRES. — Voici les vices rédhibitoires qui amènent l'annulation de la vente :

Pour le cheval, l'âne et le mulet : la *morve*, le *farcin*, l'*immobilité*, l'*emphysème pulmonaire*, le *cornage chronique*, le *tic proprement dit*, *avec ou sans usure des dents*, les *boiteries anciennes intermittentes*, la *fluxion périodique des yeux*.

Pour l'espèce ovine : la *clavelée;* cette maladie reconnue chez un seul animal entraînera la rédhibition de tout le troupeau s'il porte la marque du vendeur.

Pour l'espèce porcine : la *ladrerie*.

Celui qui a acheté un animal qu'il reconnaît ensuite atteint d'un vice rédhibitoire a neuf jours francs, sans compter le jour de la livraison de la bête, pour demander l'annulation de la vente ; ce délai est de trente jours quand le vice rédhibitoire est la *fluxion périodique.* Si la livraison de l'animal est effectuée hors du lieu du domicile du vendeur, les délais pour solliciter l'annulation du marché seront augmentés d'autant de jours qu'il y a de fois 5 myriamètres entre ce lieu et celui de la livraison.

Mais pour que l'acheteur trompé puisse obtenir que la vente tombe, il faudra que, dans les délais ci-dessus, il obtienne du juge de paix du canton où se trouve l'animal la nomination d'experts qui examineront celui-ci, diront dans quel état il se trouve, et dresseront un procès-verbal de leurs opérations en affirmant sous serment leur sincérité.

Le vendeur ne pourra pas être poursuivi : 1° quand la valeur des animaux vendus (ou échangés) ne dépassera pas 100 francs; — 2° lorsqu'il offrira de reprendre l'animal par lui vendu, en restituant le prix et en remboursant à l'acheteur les frais occasionnés par la vente; — 3° quand le vice rédhibitoire étant la morve, le farcin ou la clavelée, le vendeur pourra prouver que l'animal vendu a été, *depuis sa livraison*, mis en contact avec des bêtes atteintes de l'une ou de l'autre de ces maladies.

Questions. — Quelle est la règle de conduite à observer dans toutes nos affaires si nous voulons réussir ? — Qu'est-ce que la vente ? — Quand est-ce que la vente est parfaite ? — En est-il de même pour les denrées qui se pèsent, se mesurent ou se comptent — pour les marchandises vendues en bloc ? — Quelle est la règle concernant les marchandises que l'on goûte ou que l'on prend à l'essai ? — A quoi équivaut une promesse de vente ? — Que peut-il arriver quand on a donné des arrhes ? — Que peut faire l'acheteur si la chose vendue recèle de graves défauts cachés — si les vices sont apparents ? — A quoi est tenu le vendeur, s'il connaissait les vices de l'objet vendu — s'il les ignorait ? — Quelles peines encourent les vendeurs à faux poids ? — Qu'appelle-t-on vices rédhibitoires ? — Quels sont les vices rédhibitoires pour le cheval, l'âne et le mulet — pour l'espèce ovine — pour l'espèce porcine ? — Dans quels délais peut-on demander l'annulation de la vente à cause des vices rédhibitoires? Quelles formalités faut-il remplir ? — Dans quel cas le vendeur échappe-t-il à la poursuite pour vices rédhibitoires des animaux vendus ?

LE POTAGER

Il convient de réserver, aussi près que possible de l'habitation, un carré de terre de premier choix, légère, profonde et bien abritée, pour en faire *un jardin potager*. L'expérience a démontré qu'il faut environ 2 ares de jardin par tête d'habitant de la ferme, pour fournir la quantité de légumes voulue.

Le potager doit être situé dans le voisinage immédiat de l'eau, puits, source ou mare, car on économisera ainsi la main-d'œuvre pour les arrosages que les légumes demandent parfois en grande abondance.

Tout le monde sait que les légumes sont très variés et qu'on les cultive tantôt pour leurs racines, comme les carottes et les oignons, tantôt pour leurs feuilles, comme les laitues et les choux, tantôt pour leurs graines, comme les fèves et les pois. On conçoit dès lors qu'ils empruntent au sol des éléments différents, en sorte que l'on doit, à cause de cela, les soumettre, aux règles de l'assolement comme les plantes de la grande culture.

A ce point de vue un potager doit être divisé en plusieurs parties d'inégales grandeurs.

Dans une partie, le n° 1 par exemple, on cultivera les asperges, qui peuvent rester en place de douze à quinze ans sur le même terrain, en prenant les précautions que nous indiquerons ; dans le n° 2 seront les artichauts, que l'on changera de place tous les quatre ou cinq ans.

Les carrés impairs 3 et 5 seront fortement fumés : fumier, vidanges, phosphate de chaux et nitrate de potasse. C'est là qu'on cultivera les plantes qui réclament beaucoup d'engrais et qui usent beaucoup d'azote, telles que les choux, les poireaux, les oignons, le céleri, le cerfeuil, les épinards, etc. Le carré n° 4 ne reçoit pas d'engrais, c'est lui qui a reçu la fumure l'année précédente.

On y cultivera les racines, betteraves, carottes, navets, les laitues, les endives, les scaroles, les fraisiers, etc. Un peu de terreau au printemps ou, lorsque la végétation commence, du purin étendu d'eau, suffisent pour obtenir une bonne récolte.

1	2
3	4
5	6

Le carré n° 6 ne recevra pas de fumure, mais on y répandra soit des cendres, soit en *petite quantité* un sel de potasse, chlorure de potassium ou carbonate de potasse. C'est là qu'on plantera les pois et les haricots. C'est ce carré qui recevra la forte fumure l'année suivante, puis ce sera le tour du n° 5, ensuite du n° 3, du n° 4 pour revenir au n° 6. Par suite de cet assolement le terrain se trouvera toujours à un degré de saturation suffisant.

Sur un même terrain, on peut faire plusieurs récoltes de légumes. Ainsi après les oignons on sème des mâches et des navets. Les poireaux, les choux de Milan et de Bruxelles se plantant en plein été, succèdent à une récolte d'épinards qui, semés fin juillet ou commencement d'août, ont été cueillis au printemps.

On ne perd aucune place dans un potager bien tenu et l'on utilise les bordures en y plaçant les menus légumes, comme persil, cerfeuil, estragon, etc. Quelques plates-bandes de fleurs vivaces et robustes égayeront les yeux. Elles pourront être choisies parmi celles que la médecine emploie pour certains remèdes simples et actuels, comme la menthe, la sauge, la violette, la camomille, le lis, etc.

En fait de culture maraîchère, on peut pour ainsi dire tout demander à la terre, pourvu qu'on la fume bien.

En général il est préférable de semer en lignes, la levée est plus régulière et plus sure, et les soins d'entretien sont beaucoup plus faciles à donner.

Il n'est pas besoin d'ajouter que les diverses façons

que nous avons recommandées pour la grande culture doivent être données à plus forte raison dans la culture des jardins.

Dès la fin de l'automne, on doit bêcher profondément les carrés qui sont dépouillés de leur production et les garnir d'engrais; la gelée brisera les mottes, ameublira la terre, la pluie et la neige la pénétreront, et sa fécondité en sera augmentée.

Durant l'hiver on nettoie le potager, on enlève les pierres, on rectifie les allées, on refait les palissades, on répare les clôtures et les instruments de jardinage, etc.

Aussitôt que les grands froids sont passés, on donne la dernière façon à la terre qui doit recevoir les semis, dont les premiers peuvent avoir lieu dès la fin de février si la saison n'est pas trop mauvaise; ils se succéderont tout le long de l'année à des intervalles qui auront pour mesure la durée de croissance des plantes qui en proviendront. Ainsi le persil et les épinards sont bons à cueillir une quarantaine de jours après qu'on les a semés, la romaine demande soixante-dix jours, l'oseille près de trois mois.

Un grand nombre de semis devront être repiqués en lignes.

Certains légumes passent l'hiver sur place, tels sont le persil, les pissenlits, les épinards, etc.; il convient de les protéger contre les trop fortes gelées en leur mettant une couverture soit de paille, soit de feuilles sèches.

A partir du moment où les semis sont en terre, il faut se préoccuper des arrosages, binages, sarclages et buttages. Plus ces travaux seront faits avec soin et répétés, plus le potager sera productif.

Il ne faut cependant point arroser inconsidérément; l'on doit se régler pour le faire sur la nature des plantes. Mais pour toutes, il est mauvais de les arroser en plein soleil; il faut, au printemps, les arroser le matin, car si on le faisait le soir on risquerait de disposer les plantes aux effets des gelées tardives, ou tout au moins d'un froid nocturne trop intense. Durant l'été, au contraire, il vaut mieux arroser le soir, afin que la terre s'étant en partie séchée pendant la nuit ne soit pas durcie outre mesure le lendemain par les rayons du soleil.

Si l'on emploie de l'eau de source ou de l'eau d'un puits profond pour arroser, il faut, avant de s'en servir, la laisser quelque temps exposée à l'air, pour qu'elle prenne à peu près la température de l'atmosphère.

Nous avons parlé au point de vue agricole de la culture des **légumineuses** et des **plantes-racines** : haricots, pois, pommes de terre, betteraves, carottes, etc.

Au jardin l'on ne cultive guère que des **pommes de terre** hâtives, comme la *marjolin* ou *quarantaine*, qu'il est utile de faire germer avant de la planter. A cet effet, aussitôt la récolte rentrée, on l'expose à la lumière dans des paniers plats ou sur des planches. La *hollande longue* et la *vitelotte de Paris*, moins hâtives que la précédente, se cultivent aussi dans le potager.

LA FÈVE.

La **fève** se cultive au jardin ; elle est consommée à l'état de graine tendre.

Les principales variétés de **carottes** qu'on y cultive sont la *carotte courte de Hollande*, qu'on sème en mars, la *carotte nantaise* qu'on sème en mars ou en juin et qui est plus tardive.

Le **panais** se cultive comme la carotte.

Parmi les **betteraves**, l'une des meilleures à cultiver pour salade est la *betterave rouge de Castelnaudary*. On sème en avril et on repique lorsque le plant est suffisamment fort, dans un terrain léger et où il n'y a pas de pierres.

Les **navets** se sèment à la volée depuis mai jusqu'en août. Les meilleures variétés sont le *navet des Vertus*, le

NAVET DES VERTUS.

NAVET JAUNE BOULE D'OR.

CHOU-RAVE.

RADIS DEMI-LONG ROSE.

RADIS BLANC ROND D'ÉTÉ.

RADIS GROS ROND D'HIVER.

GROS RADIS D'HIVER, RADIS BLANC DE RUSSIE.

RADIS BLANC LONG DE MAI. RAVE DE VIENNE.

navet jaune boule d'or, le *navet plat hâtif de Milan*.

Le *chou-navet* et le *chou-rave* se cultivent de la même manière.

Les **radis** se sèment de mars à septembre. On peut citer le *radis demi-long rose*, le *radis blanc rond d'été*, le *radis gros rond d'hiver*, le *gros radis* *blanc d'hiver* ou *blanc de Russie*, la *rave de Vienne* ou *radis long blanc de mai.*

Les **salsifis** se sèment en mars ou avril,et l'on mange les racines depuis l'automne jusqu'au printemps, en les récoltant au fur et à mesure des besoins. Les feuilles étiolées du centre de la plante constituent une salade très délicate. On distingue les *salsifis blancs* et les *scorsonères* ou *salsifis noirs*.

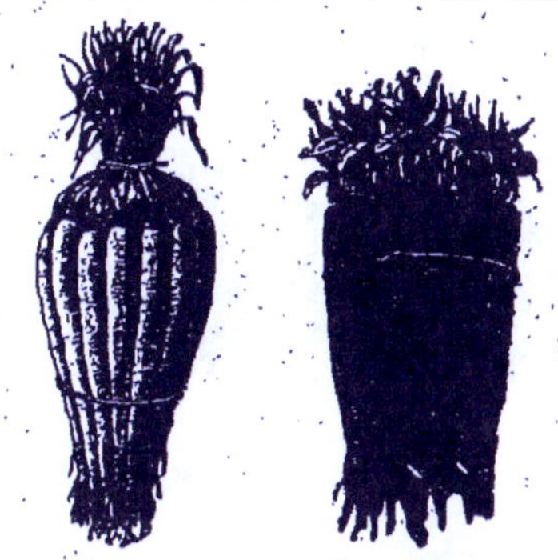

SALSIFIS BLANC. SALSIFIS NOIR OU SCORSONÈRE.

On cultive le **céleri** *à côtes* et le *céleri-rave*.

Les semailles se font au printemps à une bonne exposition, puis on repique en terre bien fumée. Les arrosements doivent être abondants. On fait blanchir le céleri à côtes en le liant et en le buttant lorsqu'il a atteint tout son développement.

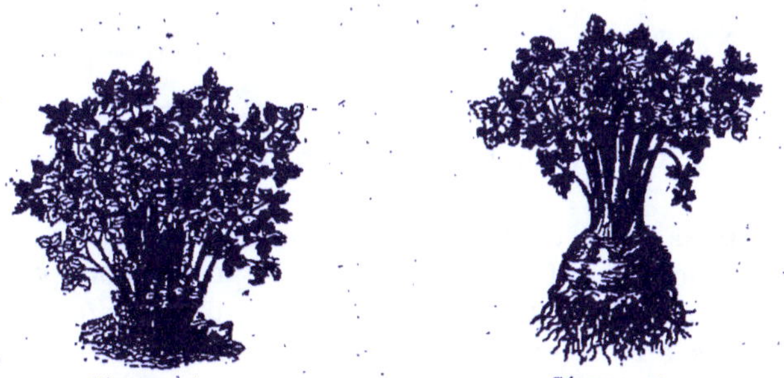

CÉLERI A CÔTES. CÉLERI-RAVE.

On peut citer, parmi les **oignons** les plus appréciés :

l'*oignon jaune des Vertus*, l'*oignon blanc hâtif*, l'*oignon rouge pâle de Niort*, l'*oignon rond de Madère*, le petit *oignon de Mulhouse*, à replanter. Les oignons se sèment dans la première quinzaine d'avril pour se récolter en

OIGNON JAUNE PAILLE DES VERTUS.

OIGNON BLANC HATIF.

OIGNON ROUGE PALE DE NIORT.

OIGNON ROND DE MADÈRE.

OIGNON DE MULHOUSE.

septembre. Dans le Midi, ils se sèment généralement à l'automne.

Le **poireau** se sème comme l'oignon; ordinairement on le repique au fond d'une petite rigole qu'on peut combler petit à petit en partie, afin qu'il *blanchisse.* On récolte au fur et à mesure des besoins. Le *poireau monstrueux de Carentan* et le *poireau long d'hiver* sont les espèces les plus recommandables.

La **ciboule** croît très vite; on la sème depuis février jusqu'en mai; on peut repiquer deux plants ensemble jusqu'en juillet.

L'ail n'aime pas les arrosages très abondants. On le plante en mars en plaçant la tête en haut, à $0^{m},07$ ou $0^{m},08$ de profondeur et $0^{m},10$ à $0^{m},12$ de distance ; on noue les fanes en juin ; on arrache les bulbes lorsque les feuilles sont sèches.

POIREAU MONSTRUEUX DE CARENTAN. — POIREAU LONG D'HIVER. — CIBOULE COMMUNE.

AIL. — ÉCHALOTE.

L'échalote se plante comme l'ail dans un terrain bien préparé, en ligne à $0^{m},12$ ou $0^{m},15$; on l'enfonce moins en terre que l'ail ; pour empêcher qu'elle ne s'échauffe, on la déchausse quand les bulbes sont formées.

Les **choux** réclament un terrain profondément ameubli. Parmi les choux pommés nous citerons le *chou cœur-de-bœuf* et le *chou d'York*, qui se sèment en août et septembre en pépinière pour être mis en place au printemps suivant, et le *chou de Bonneuil* ou *de Saint-Denis*.

Le *chou de Milan* (chou frisé) et le *chou Joanet*, le *chou de Milan des Vertus* et le *chou hâtif d'Ulm* se sèment au printemps et se repiquent en place vers la fin de juin.

Ces plantes demandent de fréquents arrosements.

CHOU CŒUR-DE-BŒUF.

CHOU DE BONNEUIL OU DE SAINT-DENIS.

CHOU DE MILAN GROS DES VERTUS.

CHOU DE MILAN PETIT HATIF.

CHOU-FLEUR.

CHOU DE BRUXELLES.

Pour conserver pendant l'hiver les choux pommés, il suffit de les arracher avant les gelées et de les replanter les uns contre les autres, de manière à ce que toute la tige soit enterrée jusqu'à la naissance de la pomme. Pendant les gelées on couvre d'un paillasson ou d'une couche épaisse de paille ou de roseaux.

Le *chou de Bruxelles* donne à l'aisselle des feuilles de petits choux pommés, que l'on détache de la tige au fur et à mesure qu'ils grossissent, ordinairement en hiver. Cette plante demande un terrain relativement maigre, sinon les feuilles se développent et les petites pommes ne se forment pas. On pince le bourgeon terminal à 0m,50 de terre et on coupe les feuilles de la base.

Le *chou-fleur* se sème ordinairement en mai pour la culture d'automne.

Le *chou-rave,* cultivé pour le renflement de sa tige qui est comestible, se sème en mars ou en juin pour être récolté de juin à novembre.

Les **laitues** cultivées au jardin se distinguent en laitues de printemps : *laitue Georges; laitue crêpe;*

Laitues d'été : *laitue palatine, laitue grosse blonde paresseuse, laitue du Trocadéro;*

Laitues d'hiver : *laitue morine, laitue passion.*

Les premières se sèment en mars, les secondes d'avril en juillet, les troisièmes du 15 au 20 août, et se repiquent en octobre sur une plate-bande bien exposée.

Romaines de printemps et d'été : *romaine verte maraîchère et romaine blonde.*

Laitue palatine.

Laitue passion.

Romaine blonde maraichère.

Les **chicorées** les plus cultivées sont les suivantes : *chicorée de Rouen*, *chicorée frisée de Meaux*, *chicorée fine d'été* ou *d'Italie*, *scarole blonde*, qui se sèment en juin et juillet pour être repiquées en août. Lorsque les chicorées sont développées, on les lie pour les faire *blanchir ;* et on récolte au fur et à mesure des besoins, en ayant soin de les abriter contre les froids avec de la paille ou des paillassons.

CHICORÉE FRISÉE FINE D'ÉTÉ.

CHICORÉE SCAROLE BLONDE.

MACHE A FEUILLES RONDES.

La **mâche**, appelée aussi *boursette* ou *doucette*, se sème du 15 au 30 août et se récolte pendant l'hiver jusqu'à la fin de mars.

L'**asperge** est une plante vivace dont on mange les pousses lorsqu'elles sont jeunes. Elle demande un sol profond, léger, et fortement fumé. Pour établir un plant d'asperge, on ouvre en mars ou avril des tranchées ayant environ $0^m,30$ de large sur $0^m,25$ de profondeur, et espacées de $0^m,80$. Dans ces tranchées on établit un ados peu saillant sur lequel on plante à $0^m,60$ de distance, et à $0^m,05$ de profondeur, des pieds ou *griffes d'asperges* provenant d'un semis de deux ans. La première année, des binages sont faits avec précaution ; à l'automne, après avoir coupé les tiges, on répand sur les griffes un peu de fumier bien consommé. Mêmes soins pour la deuxième année. Dès la troisième, on peut récolter quelques asperges sur les plantes les plus fortes. Ensuite le plant vient en plein rapport. On bine, on enlève tous les deux ou trois ans la terre avec précaution autour des plantes et on remplace par du fumier bien fait. Du purin étendu d'eau et des vidanges produisent bon effet au printemps.

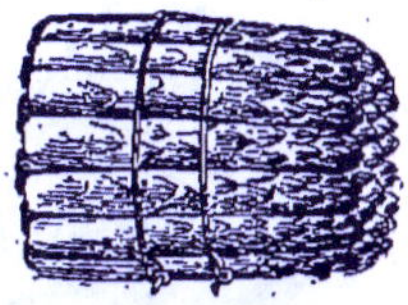

ASPERGE.

L'**artichaut** est une espèce de grand chardon vivace dont on mange le réceptacle des fleurs. L'artichaut demande un sol profond et frais. Cette plante donne naissance à des rejetons appelés œilletons que l'on détache en avril du pied mère, auquel on en laisse deux ou trois des plus robustes. Ces œilletons peuvent servir à former de nouveaux plants. L'artichaut demande beaucoup d'eau en été; il est très sensible au froid. En automne on butte les pieds et on les couvre de fumier long ou de feuilles. La culture des artichauts est très rémunératrice aux environs des villes.

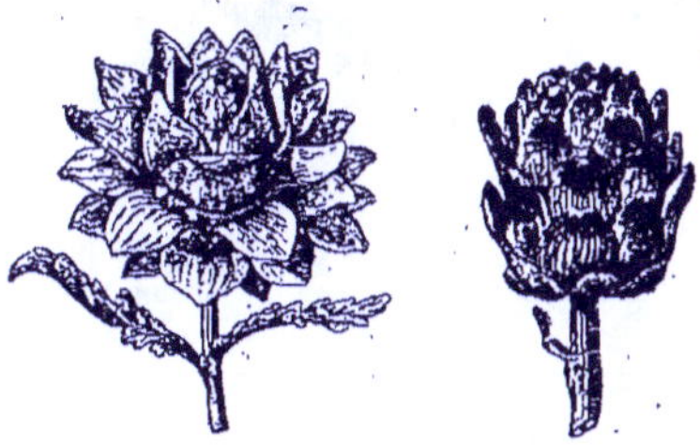

ARTICHAUT GROS VERT DE LAON. — ARTICHAUT VIOLET HATIF.

Les **citrouilles** et les **potirons** cultivés dans les jardins peuvent atteindre une grosseur énorme, surtout si l'on prend soin de mettre du terreau et du fumier de vache bien consommé dans la butte qui doit recevoir la graine. Les **courges** et les **concombres** sont très variés;

nous citerons la *courge olive*, qui rappelle par sa forme le fruit de l'olivier, le *concombre brodé*, qui est orné d'une

GROS POTIRON ROUGE VIF D'ÉTAMPES.

CITROUILLE DE TOURAINE.

COURGE OLIVE.

CONCOMBRE A CORNICHONS.

CONCOMBRE BRODÉ DE RUSSIE.

sorte de broderie, le *concombre à cornichons*.

La culture du **melon** réclame des soins particuliers.

On le cultive sur butte, de la manière suivante : On ouvre une fosse à peu près de 0m,25 de profondeur que l'on emplit de fumier et l'on forme une butte ayant environ 0m,50 de hauteur sur laquelle on répand une légère couche de terreau. On sème quatre ou cinq graines sur la butte et on les recouvre d'une cloche. Il se développe quatre ou cinq pieds dont on ne

MELON CANTALOUP. — MELON CANTALOUP SUCRIN. — MELON SUCRIN A CHAIR VERTE.

conserve que les deux plus robustes ; on les taille à deux feuilles et l'on obtient sur chaque pied deux branches que l'on taille à trois feuilles et qui donnent naissance à trois branches; elles-mêmes sont taillées sur deux feuilles et des fleurs fertiles poussent sur les rameaux naissants. On ne conserve ordinairement sur chaque pied que quatre ou cinq fruits qui mûrissent en juillet, août ou septembre.

TOMATE.

La **tomate** ou pomme d'amour se sème en avril et se récolte en septembre ou octobre.

Pour la faire mûrir plus tôt, on pince l'extrémité des rameaux qui portent les fruits et on enlève quelques feuilles à ces rameaux.

L'**oseille** et les **épinards** se sèment de mars à septembre; il ne faut pas négliger de les sarcler.

L'oseille se multiplie aussi par la séparation des touffes. On la cultive souvent en bordure autour des carrés; on peut la couper trois ou quatre mois après qu'elle a levé; plus on la coupe souvent, plus elle devient belle. Les épinards demandent une terre fraîche. En temps sec on ne doit pas négliger d'arroser l'oseille et les épinards.

OSEILLE LARGE DE BELLEVILLE.

ÉPINARDS MONSTRUEUX DE VIROFLAY.

PERSIL.

CERFEUIL.

Le **persil** et le **cerfeuil** se sèment de février à juin.

Le persil se cultive ordinairement en bordures comme l'oseille; il vient bien presque partout, ainsi que le cerfeuil. Ce dernier monte rapidement; si l'on tient à n'en pas manquer, on doit en semer souvent et par petites quantités. Par les grandes chaleurs on le sème à l'ombre; pour l'hiver, on en peut semer en septembre ou octobre; il est nécessaire de l'abriter contre les grands froids.

Les **fraisiers** se cultivent soit en planches, soit en bordures. On doit les arroser fréquemment et couper les filets ou *coulants* de temps en temps. Il est nécessaire d'arracher soigneusement les mauvaises herbes et de renouveler les vieux pieds, ce qui est facile, en implantant des filets.

Les variétés de **fraises** cultivées au jardin sont nombreuses; nous citerons : la *fraise des quatre saisons*, la *fraise général Chanzy*, la *fraise docteur Morère*, la *fraise Marguerite*.

FRAISE DES QUATRE SAISONS.

FRAISE GÉNÉRAL CHANZY.

FRAISE DOCTEUR MORÈRE.

FRAISE MARGUERITE.

Excursions. — Visiter des jardins potagers; examiner les plantes qu'on y cultive; interroger les jardiniers; essayer soi-même de faire un peu de jardinage si l'on a quelques mètres de terrain pour se faire un jardinet.

Questions. — Où doit être situé le potager? — Peut-on cultiver indéfiniment les mêmes légumes à la même place? — Comment peut-on diviser le potager? — Comment peut-on faire plusieurs récoltes de légumes sur le même terrain? — Pourquoi le semis en lignes est-il préférable? — Quels travaux fait-on à la fin de l'automne — durant l'hiver — aussitôt que les grands froids sont passés? — Comment préserve-t-on du froid les légumes qui passent l'hiver sur place? — Que doit-on faire à partir du moment où les semis sont en terre? — Quelles précautions doit-on prendre au sujet des arrosages? — Quels sont les tubercules cultivés dans le potager? — Nommez les principales plantes cultivées dans le jardin potager. — Parlez des navets et des radis — des salsifis — du céleri — des oignons — des choux — des salades — des asperges — des artichauts — des courges — des melons — de l'oseille et des épinards — du persil et du cerfeuil — des fraises.

LE VERGER

Le *verger* est le terrain occupé par les arbres à fruit, dont les produits sont destinés à la consommation de la ferme, ou quelquefois à la vente locale, en cas de surabondance exceptionnelle. Si l'on en excepte quelques points du Midi et du Nord, et quelques contrées trop élevées ou trop marécageuses, le verger comprendra, en général, pour toute la France, les arbres suivants : pommiers, poiriers, coignassiers, cerisiers, pruniers, abricotiers, pêchers, néfliers, noyers, noisetiers et sorbiers. Les arbustes à fruit, tels que vigne, groseilliers, cassis, framboisiers, sont confinés dans le potager ou bien sont l'objet d'une culture spéciale dans des terrains réservés à cet effet.

La plupart des terrains, même ceux qui sont rebelles à la culture ordinaire, peuvent être plantés en arbres à fruit. C'est une excellente façon de les utiliser et d'en tirer parfois un bénéfice considérable. Il faut pourtant en excepter les fonds de vallée trop froids et trop humides, ainsi que les terrains qui retiennent l'eau, parce que d'une part la floraison y est trop exposée aux gelées, et que d'autre part ces sols ne fournissent aux arbres que des éléments trop aqueux pour qu'ils y puisent une bonne sève. Observons cependant que si les arbres à fruit ne sont pas difficiles sur le choix des terrains ils prospéreront beaucoup mieux sur certains sols que sur d'autres. Une terre de consistance moyenne, d'une bonne profondeur, un peu en pente, dans une exposition chaude et suffisamment aérée, sur un sous-sol assez perméable, réunira les conditions les plus favorables à la bonne venue des arbres à fruit.

A l'ombre de ceux-ci on laisse habituellement une prairie naturelle qui s'y trouve très bien. On a remarqué même que certains fruits, les pommes par exemple, acquièrent plus de qualité dans un verger en prairie que dans un verger cultivé en champ.

Quand on veut former un verger, voici comment on doit s'y prendre : on détermine d'abord les places qu'occuperont les arbres en laissant entre chacun de ceux qui sont tout à haute tige, c'est-à-dire qui se développeront librement, un espace de 8 mètres au moins dans tous les sens.

Si les propriétés voisines du verger appartiennent à d'autres qu'à celui qui le plante, il devra tenir ses arbres écartés de 2 mètres au moins de la limite, la loi ne lui permettant pas de les mettre plus près. A l'endroit où seront les arbres, on fait des trous ronds ou carrés, mais qui devront avoir au moins 1 mètre de largeur, sur $0^{m},60$ à $0^{m},70$ de profondeur. Il faut les creuser dès le mois de septembre, pour que la terre qui en sort et qui y retournera sur les racines de l'arbre soit ameublie par l'aération, les pluies et le soleil. On choisit ensuite en pépinière les sujets que l'on désire planter. Il faut les prendre sains et vigoureux, non trop développés, car plus un arbre est gros quand on le plante, plus sa reprise est lente et difficile, en sorte que l'on perd du temps au lieu d'en gagner. On arrache ensuite les arbres avec précaution, de manière à leur conserver le plus de racines et même de chevelu possible. Puis on enlève leurs branches inutiles et on leur donne au sécateur la forme qu'on veut leur voir suivre ; ensuite, on coupe les racines qui auraient souffert dans l'arrachage, et l'on rafraîchit d'un coup de serpette la cassure de celles qui auraient été brisées.

L'opération de l'arrachage en pépinière et du replantage peut avoir lieu depuis le moment de la chute des feuilles jusqu'aux premiers mouvements de la sève printanière. Mais nous croyons que le moment le meilleur est la quinzaine qui suit l'effeuillement.

On place chaque arbre dans le trou qui doit le recevoir, on le soutient de façon à ce qu'il soit planté bien droit; on étale ses racines à la main, avec précaution pour qu'elles soient convenablement placées, puis on les couvre de la terre ameublie sortie du trou ; on a eu soin d'ailleurs de mettre déjà un peu de cette terre par dessous; enfin l'on achève de remplir le trou, puis l'on tasse la terre avec le pied, mais sans trop la serrer.

Il est indispensable de mettre aux arbres que l'on plante un *tuteur,* c'est-à-dire un fort piquet que l'on fichera solidement dans la terre, et qui servira d'appui au jeune arbre, car, le vent agitant sa tige, il serait ébranlé jusqu'aux racines, celles-ci ne reprendraient pas facilement, et l'arbre pourrait se pencher. On aura soin de planter le tuteur obliquement, de façon à ne pas blesser les racines de l'arbre, et de le mettre à l'opposite de la direction dans laquelle souffle le plus habituellement le vent dans le pays, pour que sa résistance soit plus grande. Il faudra placer entre l'arbre et le tuteur, ainsi que sous les liens qui les attachent l'un à l'autre, un épais tampon de paille, pour empêcher que le tuteur n'écorche l'écorce de l'arbre, ce qui amènerait des chancres. Au bout d'un an, on enlèvera le tuteur.

Il ne faudra pas placer de fumier à la racine des arbres; mais on recouvrira utilement de fumier pailleux toute la surface autour de la tige qui correspond au trou de la plantation. On empêchera ainsi les grosses gelées du premier hiver de pénétrer jusqu'aux racines à travers la terre fraîchement remuée, et l'on tiendra pendant l'été le terrain dans un état de fraîcheur qui protégera l'arbre contre les effets de la sécheresse.

On aura soin, par la suite, de piocher autour de l'arbre de temps à autre, sur une largeur de 0m,50 environ, afin de garder le terrain qui l'environne en bon état de culture, ce qui aura pour résultat de laisser pénétrer jusqu'aux racines les agents atmosphériques, la pluie, l'air et la chaleur.

Il ne faut jamais abandonner à eux-mêmes les arbres du verger. On doit les tenir propres, ne pas les laisser envahir par la mousse

POIRE DOYENNÉ D'HIVER.

POIRE DUCHESSE D'ANGOULÊME.

POIRE SAINT-GERMAIN D'HIVER.

POIRE BEURRÉ D'HARDENPONT OU D'ARENBERG.

ou le gui, détruire les chenilles et les pucerons qui s'attaquent à eux, couper le bois mort, et diriger les branches principales de façon à ce que l'arbre soit toujours bien aéré.

Un mot sur les fruits.

Les poires les plus généralement recherchées sont : la *duchesse d'Angoulême*, les *beurrés*, les *doyennés*, la *louise-bonne*, la *saint-germain*, etc.

Les meilleures pommes sont : la *calville blanche*, la *calville rouge*, la *rainette franche*, la *rainette grise*, la *rainette carrée*, la *rainette de Canada*, les *rambours*, la *glacière*, la *belle-fleur rouge*, qu'on désigne aussi par les noms de *belle-femme*, *auberive*, *Monsieur*, *saint-Louis*, *belle-de-France*.

POMME CALVILLE BLANCHE.

POMME CALVILLE ROUGE.

POMME RAINETTE DE CANADA.

POMME BELLE-FLEUR ROUGE.

Les prunes les plus recherchées sont : la *reine-Claude*,

PRUNE REINE-CLAUDE.

PRUNE D'AGEN.

la *mirabelle*, la *perdrigeon*, la *datille*, la *prune d'Agen* (à pruneaux), la *sainte-catherine* (à pruneaux), etc.

Les meilleures cerises sont : la *montmorency*, la *blanche du Nord*, l'*anglaise hâtive*, le *gros bigarreau*, la *reine-Hortense*.

CERISE ANGLAISE HATIVE. — CERISE REINE-HORTENSE.

Les fruits de conserve, comme les pommes et les poires, doivent être récoltés mûrs, par un temps sec, et avant les gelées. On les dépose d'abord dans une pièce bien aérée où ils *suent;* puis, quand ils sont secs, on les place dans le fruitier, sur des claies qui laissent passer l'air, de façon à ce qu'ils ne se touchent pas. Le fruitier doit être sain, assez chaud pour qu'il n'y gèle pas, et à peine éclairé. Il faut visiter souvent les fruits et enlever ceux qui se gâtent.

Excursions. — Visiter des vergers ou des jardins plantés d'arbres fruitiers; voir les soins qu'on donne aux poiriers, pommiers, pruniers, cerisiers, etc.

Questions. — Qu'est-ce que le verger? — Comment forme-t-on un verger? — Quels soins prend-on pour arracher les arbres? — Qu'est-ce qu'un tuteur et comment le place-t-on? — Quels soins donne-t-on aux arbres? — Comment se procure-t-on des arbres? — Quelles sont les meilleures espèces de poires — de pommes — de prunes — de cerises? — Quand récolte-t-on les poires et les pommes? — Quels soins leur donne-t-on et comment les conserve-t-on?

LA GREFFE

Nous avons supposé tout à l'heure que nous prenions les arbres à fruit dans une pépinière toute formée. Il serait peu économique de les acheter alors que l'on peut les obtenir à peu de frais, en formant soi-même sa pépinière. Voici comment on procède : durant la mauvaise saison, l'on arrache dans les bois des arbres à fruits sauvages, poiriers ou pommiers, qu'on nomme *sauvageons;* on les plante dans un bon terrain, ou mieux encore à l'emplacement où l'on veut qu'ils se développent en arbres. Puis, quand ils sont bien repris et suffisamment forts, on les greffe avec les espèces de fruits que l'on veut reproduire.

La *greffe* est une opération par laquelle on soude sur un arbre un *rameau* ou un *œil* d'un autre arbre de *même espèce*, de telle façon que la sève du sujet greffé pénètre dans cet œil ou ce rameau, le nourrisse et le fasse croître. Il y a diverses manières de greffer. Voici les plus connues :

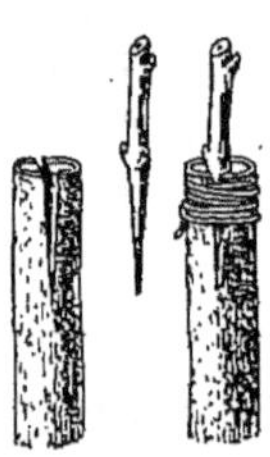

GREFFE EN FENTE.

GREFFE EN FENTE. — La greffe en fente se pratique de la façon suivante : on coupe perpendiculairement à son axe le tronc du jeune arbre que l'on veut greffer, à la hauteur convenable, on le fend légèrement de haut en bas et l'on insère dans cette fente une petite branche portant plusieurs bourgeons, et que l'on a préalablement taillée en un très mince biseau; on a soin de placer cette petite branche de telle façon que son écorce touche par un côté à l'écorce du sujet greffé.

Ces menues branches destinées à la greffe se nomment elles-mêmes *greffes* ou *greffons*. On les choisit sur les arbres dont on veut reproduire l'espèce, parmi les rameaux les mieux conformés qui ont poussé l'année précédente; on les coupe à la fin de l'hiver, et on les garde un certain temps piquées dans de la terre humide, ce qui conserve leur fraîcheur et retarde leur entrée en sève, jusqu'au moment de les greffer. Quand la greffe est en place, on l'y maintient par une ligature faite avec un lien qui ne blessera pas le sujet, et l'on met les plaies faites par l'opération à l'abri de l'air, de la pluie et du soleil, en les recouvrant soit d'un enduit spécial qu'on trouve dans le commerce sous le nom de *cire à greffer*, soit simplement de terre glaise entourée de mousse fraîche.

La greffe en fente se pratique presque exclusivement au printemps, parfois à la sève d'août.

GREFFE EN COURONNE. — La greffe en couronne se fait comme la greffe en fente, à très peu de chose près; on la réserve aux arbres trop gros pour être fendus. On les coupe comme pour la fente, mais c'est entre le bois et son écorce que l'on dispose trois ou quatre greffons, selon la grosseur du sujet.

On greffe en couronne au printemps, quand la sève monte vigoureusement : on peut cependant réussir en août.

GREFFE EN COURONNE.

GREFFE EN ÉCUSSON. — La greffe en écusson consiste à détacher, à l'aide d'une lame mince et bien tranchante, sur l'arbre que l'on veut reproduire, un œil bien mûri, avec un lambeau de peau de chaque bout suffisamment long pour qu'on puisse l'attacher solidement (c'est l'*écusson*), puis à faire sur la branche en sève du sujet à greffer une double incision en forme de T, dont on soulève délicatement les bords, sous lesquels on insère l'œil détaché avec sa peau; on le presse assez pour qu'il colle bien au bois du sujet, et on le fixe solidement avec une ligature épaisse en fil de laine. Quand la reprise de l'œil est assurée, ce qui se voit à ce qu'il pousse, on coupe au-dessus de celui-ci la branche du sujet, pour que toute la sève se dirige sur l'écussson.

La greffe en écusson se fait : — 1° au printemps, lors de la montée de la sève, et s'appelle à *œil poussant*, parce qu'alors l'œil repris entre tout de suite en végétation ; — 2° à la sève d'août, mais à ce moment on l'appelle à *œil dormant*, car la végétation ne se produira dans l'œil qu'au printemps suivant.

Greffe en écusson.

Greffe par approche. — La greffe par approche ne peut se pratiquer que sur deux plants très rapprochés l'un de l'autre. Pour opérer cette greffe, on enlève une partie d'écorce et même de bois d'égale dimension sur le sujet à greffer et sur celui qu'on veut reproduire, on réunit les deux plaies de façon à ce qu'elles se recouvrent aussi exactement que possible, on lie solidement les deux branches, et on abrite la suture comme pour la greffe en fente. Cette méthode est peu usitée, car elle ne peut servir que pour deux arbres très voisins.

Greffe en flute. — La greffe en flûte se fait en détachant sur l'arbre à reproduire, au moment de la sève, un anneau d'écorce porteur d'un ou plusieurs yeux, pour le passer et le fixer sur une branche de même dimension appartenant au sujet. Cette sorte de greffe est usitée presque exclusivement pour le châtaignier.

Greffe anglaise. — Ce procédé est surtout employé pour la vigne. On coupe en biais le greffon et le sujet raciné ; on fend chacun d'eux sur une longueur de 0m,02 à 0m,03, et on fait entrer les deux biseaux l'un dans l'autre en les consolidant par une ligature.

Nous avons vu qu'on greffe des arbres sauvages arrachés dans la forêt ; mais on peut greffer aussi des arbres déjà cultivés, soit qu'ils soient venus du semis de leur graine, soit qu'ils aient été l'objet d'une greffe antérieure. Dans le premier cas, on dit que l'on greffe *sur franc*, dans le second, que l'on greffe *franc sur franc*.

Le poirier se greffe aussi sur une tige de coignassier, le cerisier sur le merisier des bois, le prunier sur l'épine sauvage.

Excursions. — Voir des arbres greffés ; examiner les *sujets*, les *greffons ;* interroger les arboriculteurs sur les procédés qu'ils emploient.

Questions.—Qu'est-ce que la greffe ? — Parlez de la greffe en fente — de la greffe en couronne — de la greffe en écusson — de la greffe par approche — de la greffe en flûte — de la greffe anglaise.— Qu'est-ce que greffer *sur franc* — greffer *franc sur franc ?*

LA TAILLE DES ARBRES FRUITIERS

Boutons a bois et boutons a fruit. — Lorsqu'on examine au printemps une branche d'un arbre quelconque, d'un poirier, par exemple, on voit qu'elle est garnie de distance en distance par de petites pousses coniques qu'on appelle *boutons*, *yeux* ou *bourgeons*. Ces boutons donnent, en se développant, soit des feuilles et des rameaux, qui plus tard se changeront en branches, soit des feuilles et des fleurs d'où naîtront des fruits. Les premiers sont appelés *boutons à bois*, les autres *boutons à fruit*.

Les arbres fruitiers étant cultivés pour leurs fruits, tous les soins du cultivateur doivent tendre à réduire le nombre des boutons à bois juste à ce qui est nécessaire à la vie de l'arbre, et à multiplier autant que possible les boutons à fruit. Il peut y parvenir par deux moyens :

d'abord en fournissant aux arbres fruitiers un terrain approprié, comme il doit le faire pour toutes les plantes dont il prétend retirer un bénéfice; ensuite en faisant subir aux arbres certaines mutilations raisonnées qu'on nomme la *taille*, et qui ont pour but de limiter la production des boutons à bois et de favoriser, au contraire, celle des boutons à fruit.

TAILLE. — Sous le nom de taille on comprend plusieurs opérations : la taille proprement dite, le pincement, le cassement et la torsion.

La taille proprement dite consiste à retrancher au moyen d'instruments tranchants tout ou partie des rameaux jugés inutiles.

Pour cette opération on emploie la serpette, le sécateur et l'égohine ou scie à main.

La *serpette* est un couteau à lame fortement recourbée

SERPETTE. SÉCATEUR. ÉGOHINE.

et dont le manche est disposé de manière à bien tenir dans la main; elle sert à retrancher les branches de moyenne grosseur. Le *sécateur* est une sorte de cisaille dont l'une des mâchoires seule est coupante. Le sécateur permet d'aller plus vite en besogne que la serpette, mais la mâchoire non coupante écrase toujours un peu le bois et lui fait des meurtrissures parfois assez difficiles à cicatriser. L'*égohine* sert à retrancher les grosses branches.

L'*amputation* des branches ou rameaux doit toujours être faite *en biseau et le plus près possible d'un bouton;* le point de départ de la section doit se trouver au niveau de la naissance du bouton (*fig.* 1) suivant la ligne AB et aboutir un peu au-dessus du bouton et sans le blesser en C.

1. AMPUTATION. 2. PINCEMENT. 3. CASSEMENT. 4. TORSION.

Si on laissait trop de bois au-dessus du bouton B, ce bois se dessécherait et la blessure ne se cicatriserait pas immédiatement. Si le biseau était plus long, s'il allait de D à C, par exemple, le bouton B ne trouverait plus dans le rameau une nourriture suffisante et se développerait mal.

Le *pincement* consiste à retrancher avec les ongles ou le sécateur l'extrémité herbacée d'un rameau.

Dans la figure 2 le pincement est indiqué suivant la ligne *a b*; l'extrémité P se retranche.

Le *cassement*, soit complet, soit partiel, est employé pour arrêter le trop grand développement des rameaux (*fig.* 3).

Il en est de même de la *torsion* des rameaux (*fig.* 4).

Age des arbres. — On ne doit pratiquer la première taille sur les jeunes arbres que lorsqu'ils ont au moins deux ans de greffe et après leur reprise complète, c'est-à-dire, sauf exception, après une année de plantation.

Au moment de la plantation on examinera attentivement les racines, et si celles-ci ont été endommagées par la déplantation, on retranchera sur les branches une quantité égale à peu près à celle que les racines ont perdue; sans cela les racines auraient à nourrir un nombre de rameaux hors de proportion avec leurs facultés, et le jeune arbre resterait languissant.

Taille d'hiver, taille d'été. — La taille d'hiver est de beaucoup la plus considérable. L'époque la plus convenable pour l'opérer est celle qui suit les fortes gelées et alors que la végétation n'est pas encore commencée, c'est-à-dire de février en mars. Si on attend que la végétation soit déjà en mouvement, on perd toute la sève que les rameaux qu'on retranche avaient déjà absorbée.

Les opérations de la taille d'été n'ont pas d'époque fixe; on les fait suivant l'état de végétation de chacune des parties des arbres sur lesquelles on doit opérer.

Taille longue, taille courte. — La *taille* est dite *longue* lorsqu'on retranche peu de bois; elle est dite *courte* lorsqu'on en retranche beaucoup. Dans le premier cas le rameau taillé reste long, en ce sens qu'on y laisse sept ou huit bourgeons; dans le second cas le rameau taillé reste court, en ce sens qu'on n'y laisse que deux ou trois bourgeons.

La taille courte est destinée à répartir la sève entre un petit nombre de bourgeons, qui, par suite, acquièrent beaucoup de vigueur et produisent des rameaux et des feuilles; la taille longue, au contraire, a pour but de distribuer la sève entre un grand nombre de bourgeons, qui, étant moins nourris, portent plus facilement des fleurs et par suite des fruits.

En général on peut dire que plus les rameaux présentent de vigueur, moins on a de chance de leur voir porter des fruits. Ceux dont la vigueur est exceptionnelle et poussent dans une direction verticale sont des *rameaux gourmands* qui doivent être impitoyablement cassés.

Au contraire, les rameaux qui n'ont qu'une vigueur moyenne et reçoivent la sève plus lentement sont en général mieux disposés à se *mettre à fruits.*

RÉSULTATS DE LA TAILLE. — Les opérations de la taille, si elles sont bien conduites, doivent produire ces trois résultats :

1° *Donner à l'arbre une* charpente *régulière, c'est-à-dire une forme en rapport avec le plan qu'il doit occuper;*

2° *Garnir de rameaux à fruits dans toute son étendue chacune des branches de la charpente de l'arbre* ;

3° *Mettre les rameaux à fruits à même de recevoir l'influence de la lumière et de la chaleur qui agissent sur la production et la maturation des fruits.*

CHARPENTE

Parmi les arbres fruitiers on distingue : les *arbres en plein vent*, c'est-à-dire ceux qui ne s'appuient ni sur un mur, ni sur une clôture quelconque, et les *espaliers* qui sont palissés, c'est-à-dire dont les branches sont étendues et fixées contre un mur ou un autre soutien.

ARBRES EN PLEIN VENT. —Les formes qu'on impose aux arbres en plein vent peuvent être, on le comprend, très variées. Nous ne nous occuperons que des plus ordinaires : forme à *haut vent, pyramide* proprement dite ou cône, *fuseau*, *colonne*, *gobelet.*

RÈGLE GÉNÉRALE. — *Quelle que soit la forme donnée à la charpente d'un arbre soumis à la taille soit en plein vent, soit en espalier, il est nécessaire de faire développer chaque année, à l'extrémité des branches de la charpente, un bourgeon vigoureux.*

La santé de l'arbre dépend de cette précaution. Les feuilles, on le sait, jouent un grand rôle dans la nutrition des arbres. Elles contribuent à donner à la sève les qualités nécessaires pour former de nouveau bois et de nouvelles racines. Or les branches latérales sont mutilées chaque année et privées des bourgeons les plus vigoureux. Le bourgeon qu'on laissera naître tous les ans à l'extrémité des branches compensera donc jusqu'à un certain point les mutilations latérales et permettra au nouveau bois et aux nouvelles racines nécessaires à la croissance de l'arbre de se développer pendant l'été. A la taille d'hiver, le rameau qui en résultera sera presque complètement supprimé afin de permettre à un nouveau rameau de se développer chaque année.

Arbres a haut vent. — Les arbres à haut vent sont

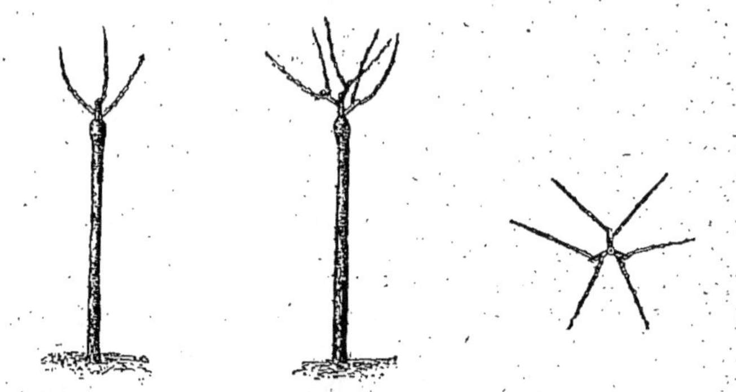

Arbre a haut vent, 1re année après la greffe. — 2e année après la greffe. — Plan de l'arbre la 2e année après la greffe.

ceux qui conservent leur forme naturelle. En général ils sont exclus du potager parce qu'ils font trop d'ombre, ce qui nuit aux cultures placées dans leur voisinage ; ils sont réservés pour le verger. D'ordinaire on laisse se former naturellement la tête de ces arbres, qu'on se contente d'élaguer au printemps en retranchant les branches trop rapprochées et qui empêcheraient la lumière de pénétrer dans l'arbre. Mais il vaut mieux diriger la formation de la charpente de manière que les branches principales naissent toutes d'un même point et rayonnent régulièrement autour de ce point, selon une ligne horizontale d'abord pour s'élever ensuite verticalement. La lumière et la chaleur du soleil peuvent ainsi pénétrer dans l'intérieur de la tête ; la production des fruits en est augmentée.

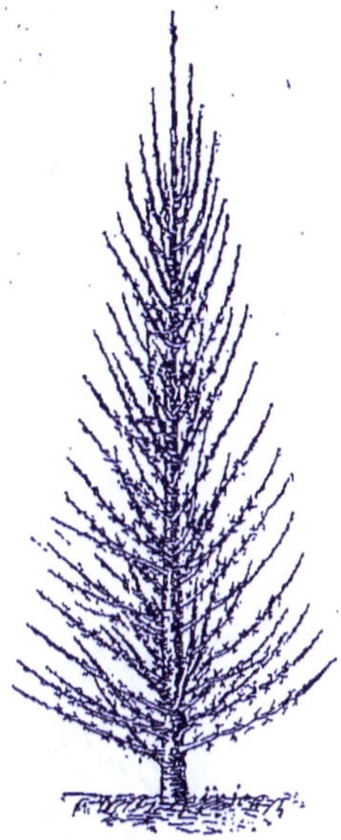

ARBRE EN PYRAMIDE.

Pyramides. — Les arbres taillés en pyramide se composent du tronc qu'on prend soin de garnir depuis le sommet jusqu'au sol de branches latérales dont la longueur va en diminuant de la base au sommet.

Il faut un temps relativement long pour obtenir une pyramide parfaite, et la structure doit être poursuivie progressivement d'année en année. Ce n'est qu'au bout de douze ans que la charpente de la pyramide est tout à fait achevée. Les gravures de la page suivante indiquent la suite des opérations nécessaires pour obtenir ce résultat.

La taille se continue d'année en année. Mais à mesure que les branches de la charpente s'allongent elles deviennent plus lourdes et ont une tendance à pencher vers le sol. On remédie à cet inconvénient par quelques liens convenablement placés.

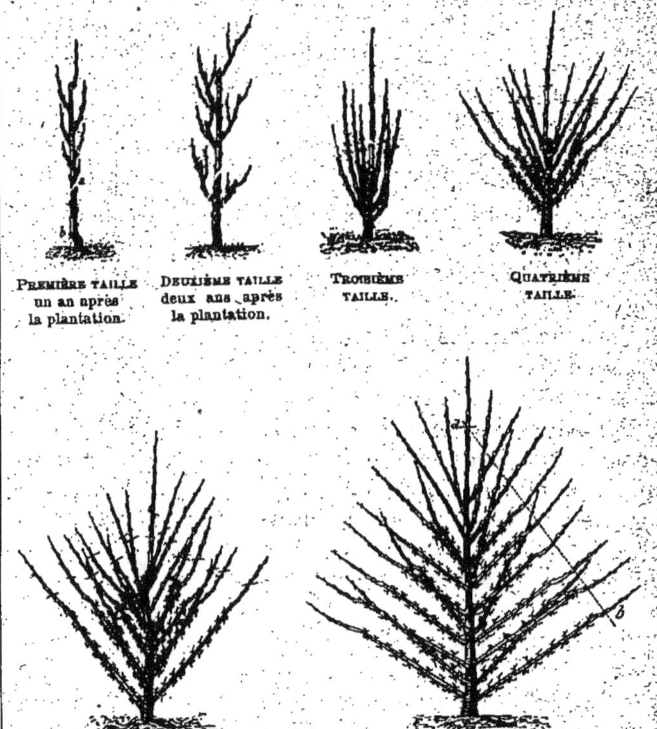

Première taille un an après la plantation. — Deuxième taille deux ans après la plantation. — Troisième taille. — Quatrième taille.

Cinquième taille. — Douzième taille, charpente définitive.

Fuseau ou colonne. — Cette forme est très répandue en Belgique, en Flandre, en Normandie et en Lorraine. Elle offre l'avantage d'occuper beaucoup moins de place que la pyramide et d'être beaucoup plus facile à diriger.

Les arbres en fuseau et en colonne se composent d'une tige simple verticale s'élevant à 5 ou 6 mètres de hauteur et plus, et garnie régulièrement de rameaux à fruits depuis la base jusqu'au sommet. Dans le fuseau les rameaux latéraux sont tenus un peu plus longs dans les étages du bas ; dans la colonne ils sont tenus de la même longueur sur tout le parcours de la tige.

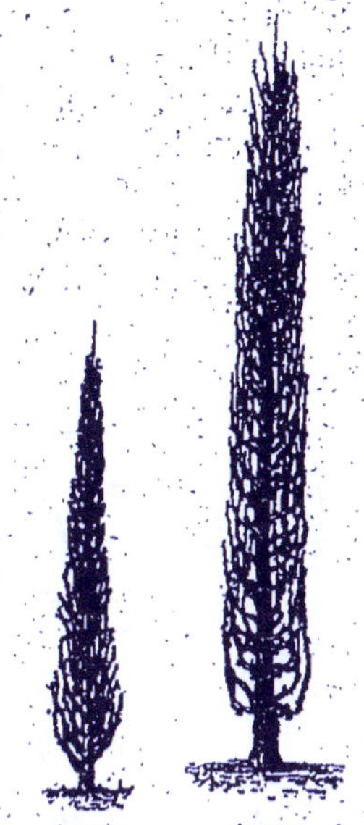

ARBRE EN FUSEAU. ARBRE EN COLONNE.

La manière de former ces arbres n'offre aucune difficulté. Sur la tige centrale on retranche chaque année la moitié du prolongement que produit le bourgeon terminal qu'on doit toujours avoir soin de laisser, et aux branches latérales on applique les soins que nous décrirons plus loin pour les mettre à fruits.

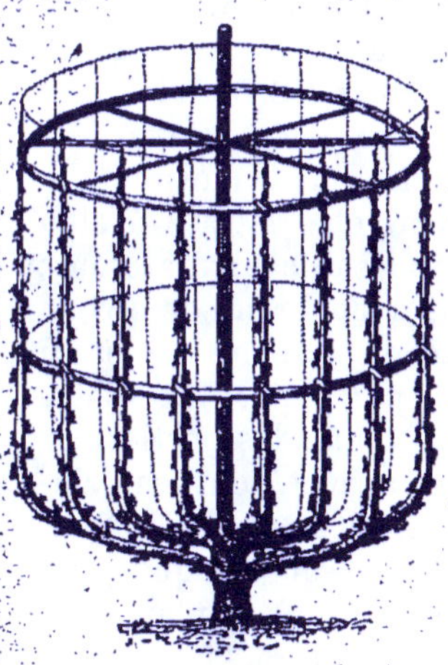

ARBRE EN GOBELET.

VASE OU GOBELET. — Cette forme d'arbres a l'avantage d'exposer à la lumière les deux faces, et par conséquent de hâter la maturation. Pour l'établir on recèpe les arbres de manière à faire développer cinq bourgeons et par suite à obtenir cinq rameaux. L'année suivante ces branches sont un peu abaissées au moyen d'un cerceau, puis coupées à environ 0m,30 de leur naissance de manière à obtenir de nouvelles bifurcations. La troisième année on peut renouveler l'opération de manière à obtenir vingt branches principales. Il n'y a plus dès lors qu'à laisser se développer ces branches en soignant, comme nous le dirons, les rameaux latéraux.

ARBRES PALISSÉS. — Les arbres fruitiers peuvent être cultivés en espaliers ou contre-espaliers. Dans le premier cas ils sont appuyés contre un mur, dans le second ils sont appuyés sur un treillage soit de bois, soit de fer galvanisé qui est fixé solidement et verticalement au milieu des plates-bandes. Dans les deux cas les arbres sont palissés, c'est-à-dire étalés et attachés sur la cloison.

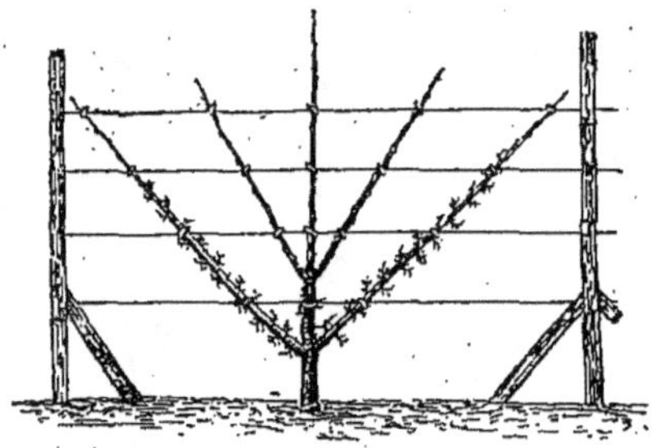

CONTRE-ESPALIER.

La charpente des espaliers peut être laissée à elle-même ; on se borne alors à soigner les rameaux latéraux ; mais on a reconnu qu'il est plus avantageux de diriger les arbres dès leur tout jeune âge de manière à obtenir une charpente plus régulière et, par suite, une distribution plus égale de la sève dans toutes les parties. On soumet ainsi les arbres à diverses formes dont les principales sont le *cordon vertical simple* et le *cordon oblique*.

Pour les cordons simples verticaux ou obliques, sur de jeunes sujets d'un an ou deux de greffe et plantés en place depuis un an déjà, on retranche, à la première taille, le tiers environ de la longueur totale de ces jeunes tiges. Quant aux bourgeons latéraux, ils sont traités comme nous le dirons plus loin, pour être mis à fruits. Les mêmes soins sont exactement donnés pour la se-

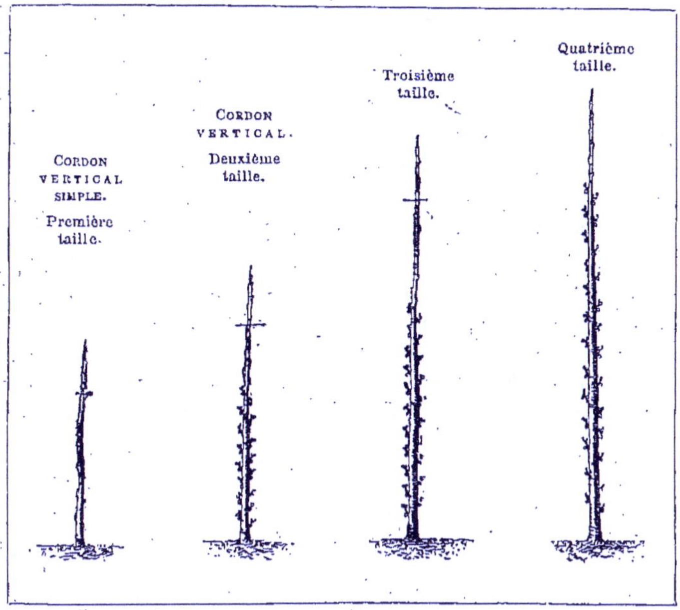

conde, la troisième et la quatrième taille. Il faut toutefois observer que si le rameau terminal, qui forme le prolongement de la tige, ne s'était pas développé avec une vigueur suffisante pendant l'été précédent, il faudrait alors retrancher complètement ce rameau terminal, et tailler sur le bois de deux ans, pour en obtenir un qui présente toutes les qualités nécessaires à l'allongement de la tige.

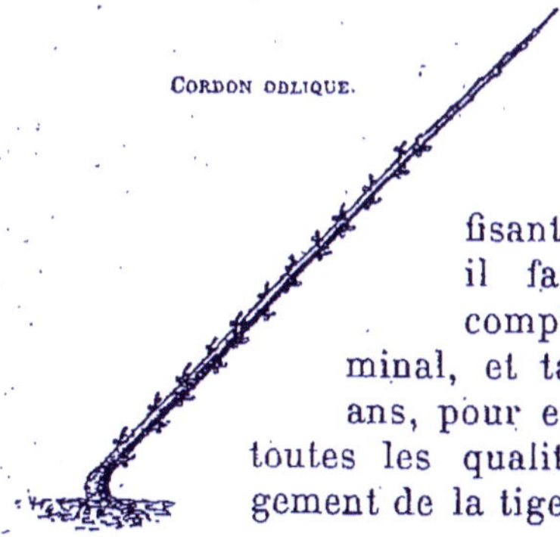

CORDON OBLIQUE.

TRAITEMENT DES RAMEAUX A FRUITS

Pour cette partie spéciale nous ne nous occuperons que des arbres qui se rencontrent le plus fréquemment dans le jardin de la ferme, nous voulons dire le poirier et le pommier.

Nous supposons, d'ailleurs, que tous les soins à donner à la charpente de l'arbre ont été pris comme nous l'avons indiqué plus haut, et qu'il s'agit de traiter les rameaux latéraux de quelque système que ce soit.

Poiriers et pommiers. — *Première année.* Dès les premiers jours de mai les rameaux de prolongement se couvrent sur toute leur étendue de bourgeons, auxquels succéderont de jeunes rameaux d'une vigueur d'autant plus grande qu'ils se rapprochent plus du sommet. Or,

Rameau de prolongement. Rameau avec bourgeons.

nous l'avons vu, les bourgeons faibles donnent seuls naissance à des rameaux à fruits, il est donc nécessaire d'enrayer toute végétation trop vigoureuse. On arrive à ce résultat par le *pincement.*

Aussitôt que les rameaux ont atteint de 0^m,10 à 0^m,15, on en coupe la pointe avec l'ongle ou le sécateur.

Un seul pincement suffit ordinairement pour arrêter la vigueur trop grande des bourgeons. Parfois cependant l'opération provoque le développement d'un bourgeon qu'on appelle *anticipé* parce que, normalement, il ne devait se développer que l'année suivante. Ce bourgeon anticipé sera lui-même pincé lorsqu'il aura environ $0^m,10$. Si malgré ce traitement des rameaux prenaient un développement trop accentué, on remplacerait le pincement par la *torsion*.

Deuxième année. Dès la deuxième année on appliquera le régime, qui sera observé pendant toute la culture de l'arbre. Par suite des opérations accomplies pendant la première année, il s'est développé sur le prolongement de la charpente des petits rameaux d'autant moins vigoureux qu'ils sont plus rapprochés de la base du prolongement. Ceux qui occupent cette base, et le tiers au-dessus environ, restent d'eux-mêmes extrêmement courts ; c'est ce qu'on appelle des *dards*. On donne ce même nom aux rameaux qui garnissent au-dessus le second tiers des prolongements, bien qu'ils soient un peu plus développés. On ne touche ni aux uns ni aux autres dans la taille d'hiver.

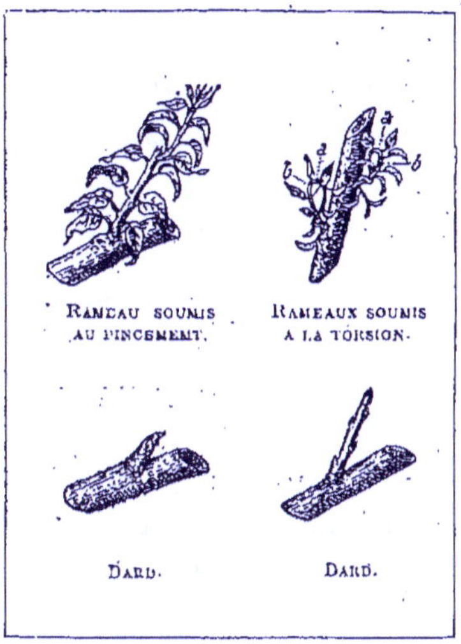

Rameau soumis au pincement. — Rameaux soumis à la torsion. — Dard. — Dard.

Quant aux rameaux développés sur le tiers supérieur, ils poussent avec la plus grande vigueur ; on les arrête en les *cassant* partiellement ou complètement, ou en les *tordant*.

Au bout d'un an ou deux les dards sont changés en rameaux à fruits ou *lambourdes ;* celles-ci se chargent au bout d'un an d'un renflement spongieux qu'on nomme *bourse* et qui porte une rosette de fleurs et de fruits.

Ces lambourdes, à leur tour, émettent des rameaux qu'on arrête encore par le pincement et qui se mettent facilement à fruits.

Le même phénomène se passe dans les rameaux dont on a interrompu la croissance par le cassement ou la torsion; des lambourdes finissent par les garnir et par porter des fruits.

Excursions. — Voir, s'il se peut, des arbres à haut vent, et des arbres taillés en pyramide, en gobelet, en espalier, etc.

Questions. — En quoi consistent les différentes opérations qui se rattachent à la taille des arbres? — Quels sont les résultats que doit produire la taille? — Quelles formes donne-t-on aux arbres en plein vent? Quelle est la règle générale à suivre pour la taille des arbres?

LES ABEILLES

L'apiculture devrait tenir dans toute exploitation agricole une place plus importante que celle qu'on lui accorde généralement.

Les abeilles, en effet, ne sont pas seulement dignes d'intérêt par la production de la cire et du miel, elles jouent aussi un rôle important dans la fécondation des fleurs, en transportant, lorsqu'elles butinent, le pollen d'une fleur à une autre, et il a été constaté d'une manière indiscutable que les arbres fruitiers fréquentés par les abeilles produisent plus de fruits, et les plantes fourragères plus de graines.

La culture des abeilles d'ailleurs demande relativement peu de travail, surtout lorsqu'on y a acquis une certaine expérience.

Le fixisme et le mobilisme. — Il y a aujourd'hui en apiculture deux écoles distinctes, le *fixisme* et le *mobilisme.*

Le fixisme, c'est l'ancienne méthode, celle dans laquelle on donne aux abeilles une ruche formée d'un panier d'osier ou de paille, généralement cylindro-conique, dans lequel elles construisent directement les rayons de cire qui leur serviront de magasin pour leurs provisions de miel, et où elles élèveront leurs larves.

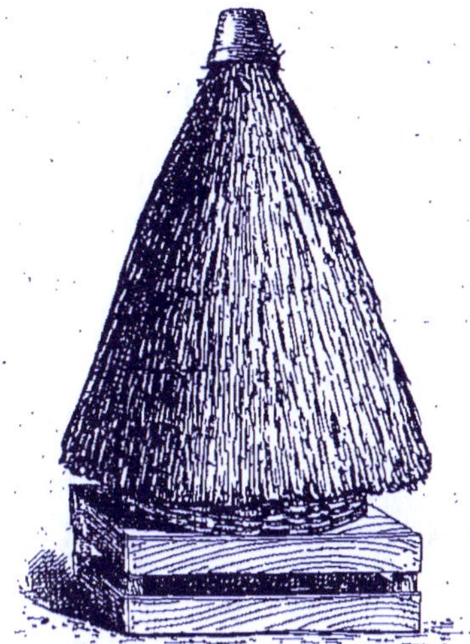

Ruche en osier avec son surtout en paille.

Avec ce système, lorsqu'on veut recueillir le miel, on est obligé de détruire la ruche ou tout au moins d'en chasser complètement les abeilles pour couper, arracher les rayons pleins.

Cette méthode est aujourd'hui de moins en moins suivie et tend à faire place au mobilisme, que nous croyons être la méthode de l'avenir, et de laquelle seulement nous parlerons ici, à cause de ses nombreux avantages.

La ruche moderne se compose d'une caisse de forme à peu près cubique dans laquelle sont disposés parallèlement et verticalement des cadres en bois.

On oblige facilement les abeilles à construire leurs rayons dans ces cadres en y collant des fragments de rayons déjà construits, ou simplement une feuille de cire gaufrée imitant le fond des cellules. Ils sont mobiles et se retirent à volonté soit pour la récolte, soit pour les manipulations que nécessite la conduite de la ruche; de là les noms de *mobilisme*, et de *ruches à cadres mobiles.*

LES TROIS SORTES D'ABEILLES. — Il y a dans une ruche d'abeilles trois sortes d'individus : *mâles*, *femelles*, *ouvrières.*

Les mâles sont généralement en petit nombre dans la ruche; ils ne butinent pas et se nourrissent aux dépens de la colonie, aussi sont-ils parfois massacrés par les ouvrières, surtout à l'entrée de l'hiver. Le rôle des

ABEILLE MALE (grandeur naturelle). ABEILLE FEMELLE (grandeur naturelle). ABEILLE OUVRIÈRE (grandeur naturelle).

femelles (appelées aussi *reines*) est de pondre; dans chaque ruche il n'y en a qu'une seule, dont la ponte atteint le chiffre de trois mille œufs par jour. Les ouvrières seules travaillent; à elles incombe le soin de construire les rayons, d'élever les jeunes, de récolter le miel et le pollen.

Elles récoltent aussi, sur les bourgeons, au printemps surtout, une matière résineuse connue sous le nom de *propolis*, qui leur sert de ciment ou d'enduit pour calfeutrer la ruche, ou faire certains travaux de consolidation.

Elles ont sous l'abdomen quatre paires de glandes qui sécrètent la cire.

Les ouvrières sont des femelles inféconds, leurs ovaires restent à l'état rudimentaire. Elles sont munies d'un aiguillon qui possède une glande à venin et se termine par une pointe barbelée ; c'est à cause de cela qu'il reste souvent dans la plaie quand, après avoir piqué, l'abeille s'échappe brusquement.

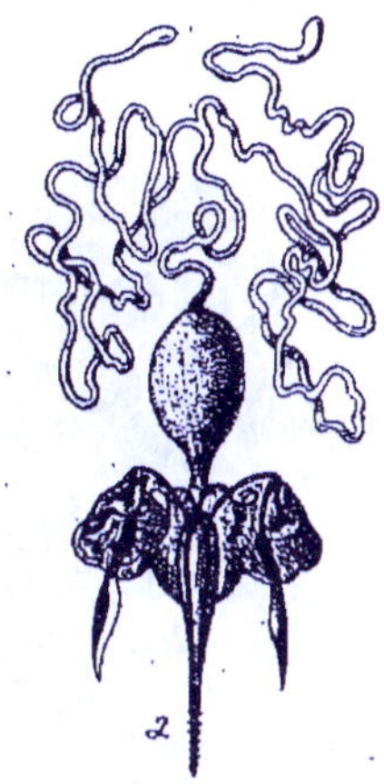

Aiguillon (a)
avec sa vésicule
à venin
et les pièces accessoires.

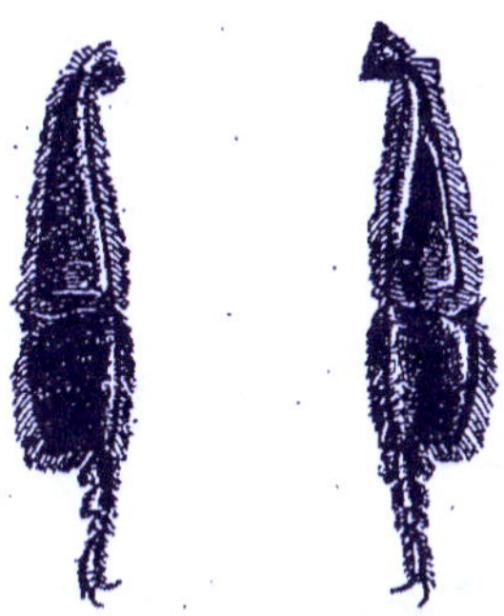

Patte postérieure.
Dessous. Dessus.

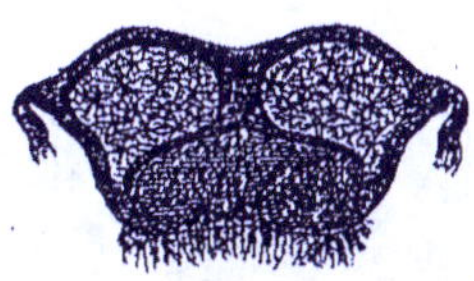

Glande cirière.

AIGUILLON, PATTE POSTÉRIEURE ET GLANDE CIRIÈRE DE L'ABEILLE OUVRIÈRE (très grossis).

Les pattes postérieures de l'ouvrière présentent une conformation particulière. La jambe est triangulaire, sa face externe offre une cavité appelée *corbeille*, destinée à loger le pollen où il est retenu par une série de poils raides appelés *râteau*. Le premier article du tarse est carré et porte en dessus des rangées de poils qui constituent la *brosse* et servent à recueillir le pollen. La jambe et ce premier article du tarse forment une articulation dans laquelle sont pincées les lamelles de cire sécrétées par l'abdomen.

LES RAYONS. — Tout le monde connaît les gâteaux ou rayons des abeilles. Ils sont formés de cellules hexagonales appartenant comme grandeur à plusieurs types ; les plus petites, qui sont les plus nombreuses, sont destinées à l'élevage des larves d'ouvrières et aux dépôts du miel et du pollen. Elles présentent une légère inclinaison qui s'oppose à l'écoulement du miel. Celles des mâles sont plus

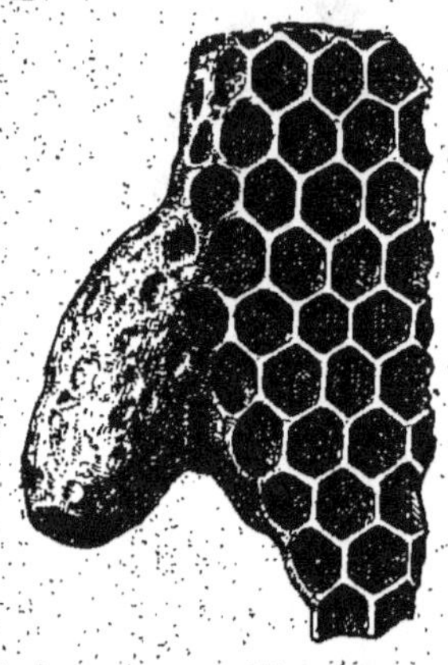

CELLULES DE REINE ET D'OUVRIÈRES.

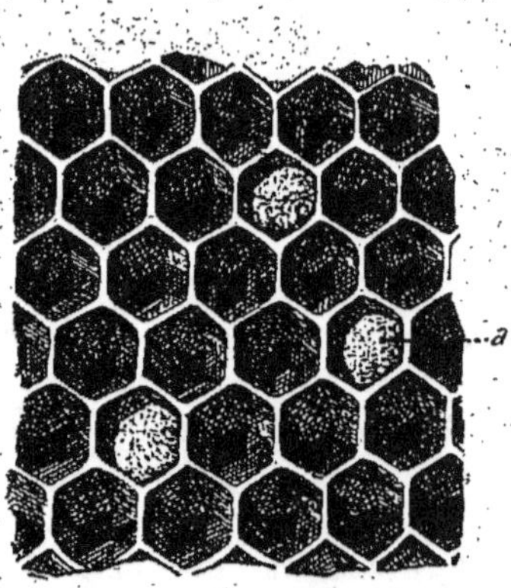

CELLULES DES MALES.
Trois contiennent du pollen (*a*).

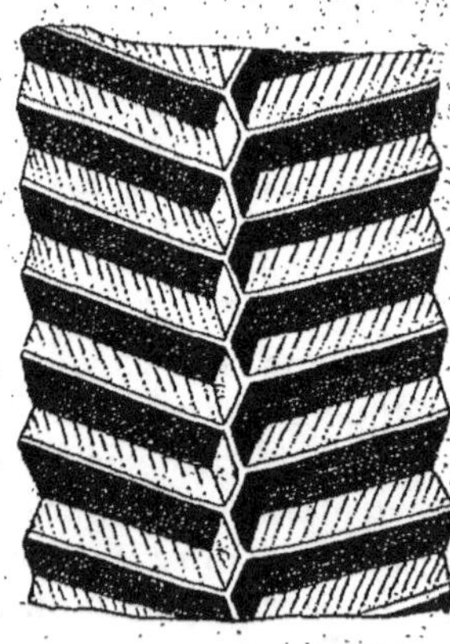

Inclinaison des cellules.

grandes mais de même forme, et servent aussi de magasins à miel, et enfin celles des femelles, beaucoup plus volumineuses, ont généralement la forme d'un gland. On les a appelées cellules *royales;* elles sont placées sur le bord des gâteaux; on en rencontre parfois aussi à l'intérieur des rayons, mais dans ce cas exceptionnel les abeilles les construisent après coup en détruisant plusieurs petites cellules.

ŒUFS. LARVE. NYMPHE.

DÉVELOPPEMENT DE L'ABEILLE. — L'œuf éclôt quatre jours après la ponte; il en sort une petite larve blanchâtre à laquelle les ouvrières apportent une bouillie composée de miel, de pollen et d'eau. Les larves subissent plusieurs mues; après quoi les ouvrières ferment la cellule au moyen d'un couvercle de cire, bombé. Ainsi enfermée, la larve se tisse un fin cocon de soie et se transforme en nymphe. Ces rayons contenant des œufs, des larves et des nymphes sont les *rayons à couvain*, et le couvain est dit *operculé* quand les cellules sont fermées.

Au bout de vingt à vingt et un jours, l'abeille se montre à l'état parfait si c'est une ouvrière; la reine se

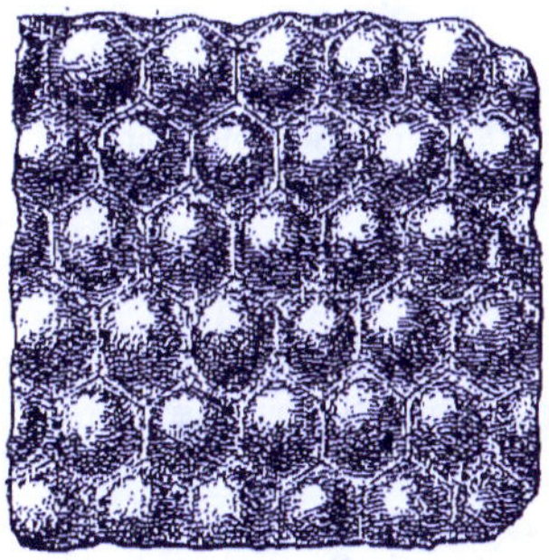

CELLULES A COUVAIN OPERCULÉ.

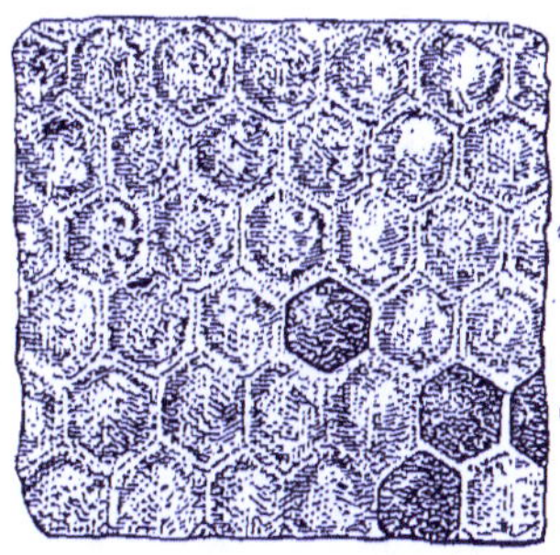

CELLULES A MIEL OPERCULÉ.
a. Cellules contenant du pollen.

développe en quinze à seize jours et le mâle en vingt-quatre jours.

L'ouvrière vit environ six semaines, le mâle deux à trois mois, la reine plusieurs années.

L'ESSAIMAGE. — Une ruche de bonne dimension peut contenir de quarante à soixante mille abeilles, mais lorsque cette population n'est plus en rapport avec la dimension de la ruche et que celle-ci contient de jeunes mères prêtes à éclore, les abeilles choisissent une belle journée, sortent en masse avec la vieille mère, et vont fonder ailleurs une nouvelle colonie. Elles se réunissent généralement à peu de distance, s'accrochant en grappe à une branche où il sera facile de les recueillir; c'est l'*essaimage*. Cet essaim, dit *primaire naturel*, sera placé dans une ruche vide, et le rucher s'augmentera d'autant. Si à ce moment une jeune mère sort de sa cellule, elle peut être également entraînée hors de la ruche par un autre groupe d'abeilles, on a alors un essaim *secondaire naturel*, et il peut être encore suivi de plusieurs autres; mais si la ruche n'a pas donné d'essaim secondaire, la première mère éclose tuera les autres, elle commencera sa ponte et ne ressortira que l'année suivante avec l'essaim primaire. C'est ordinairement en mai que l'essaimage a lieu.

ESSAIMAGE ARTIFICIEL. — On peut aussi obtenir artificiellement des essaims. Pour cela on enlève à une ruche bien peuplée deux cadres contenant du couvain, on les place dans une ruche vide, après s'être assuré qu'ils ne portent pas la mère. On y ajoute six cadres contenant des rayons vides et l'on met cette nouvelle ruche à la place de la première.

Les abeilles revenant de butiner y rentreront, continueront d'élever le couvain, et au bout d'une semaine on y trouvera des alvéoles maternels; on en laissera seulement deux ; les autres pourront servir à former de nouveaux essaims artificiels en les mettant dans d'autres ruches vides avec du couvain et des rayons vides. Si les deux alvéoles royaux qu'on a laissés donnent chacun une reine, la première éclose tuera l'autre et la ruche sera complète. Ce procédé d'essaimage artificiel n'est pas le seul, c'est celui indiqué par M. De Layens; il a l'avantage d'être très simple.

Ruche Dadant. — a. Hausse.

Ruches a rayons mobiles. — Les ruches à rayons mobiles peuvent se ramener à deux types : les unes, s'ouvrant par derrière et pouvant s'agrandir par la superposition de hausses, sortes de caisses que l'on place sur la ruche et qui contiennent comme elle des cadres mobiles; les autres, s'ouvrant par-dessus, doivent être assez grandes pour que l'on puisse y ajouter des cadres à droite et à gauche, suivant les besoins. La partie occupée par les abeilles est alors limitée par deux planches mobiles qu'on recule au fur et à mesure qu'on ajoute des rayons.

On peut facilement construire soi-même des ruches, mais il est indispensable dans ce cas de bien se rendre

RUCHE DE LAYENS.

compte des conditions qu'elles doivent remplir pour répondre aux besoins des abeilles. Une ruche mal comprise ne donnera jamais de bons résultats.

LE RUCHER. VISITE DES RUCHES. — La réunion d'un certain nombre de ruches constitue le rucher. Il doit être installé dans un endroit sec, un peu ombragé, à l'abri des grandes chaleurs, qui sont nuisibles aux abeilles ainsi que l'humidité. Le voisinage des plantes mellifères est indispensable, bien entendu, les abeilles récoltant d'autant plus qu'elles perdent moins de temps dans leurs nombreux voyages.

C'est dès le début du printemps que l'on doit faire la

première visite des ruches. Pour cela, on y projette un peu de fumée au moyen d'un enfumoir, au bout de quelques instants les abeilles battent des ailes (*état de bruissement*) ; on peut alors ouvrir la ruche et visiter tous les cadres successivement.

Il est nécessaire, chaque fois que l'on ouvre une ruche

ENFUMOIR GRÉMY.

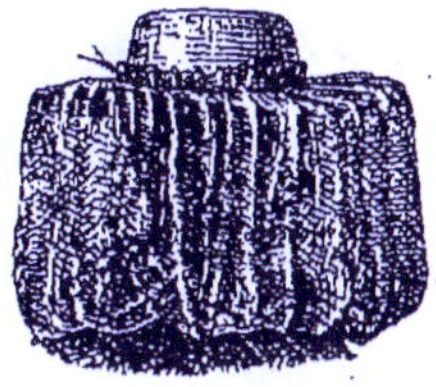

VOILE ORDINAIRE.

pour un motif quelconque, de s'envelopper la tête d'un voile qui mette à l'abri des piqûres.

Les piqûres sur les mains sont sans inconvénients : à la deuxième ou troisième on subit une sorte de vaccination et l'enflure n'a plus lieu.

RÉUNIONS. — Si l'on rencontre des colonies sans mère on les réunira à d'autres. Pour cela il faut ouvrir les deux ruches à réunir, arroser les abeilles avec du sirop de sucre, et après les avoir laissées un certain temps se gorger de sirop, on rassemble tous les cadres chargés d'abeilles et de couvain dans la ruche qui possède une reine. On observe pendant quelque temps, et s'il y avait combat on enfumerait fortement.

NOURRISSEMENT. — A cette époque (c'est-à-dire vers février), les colonies qui n'auraient pas assez de provisions doivent être nourries ; on se sert pour cela de nourrisseurs qui s'adaptent dans le haut de la ruche. Ce nourrissement a le grand avantage d'activer la ponte, de sorte qu'au moment où les fleurs donneront beaucoup de miel (grande miellée), les populations étant nombreuses, la récolte sera plus abondante.

On peut aussi mettre à portée des abeilles de la farine (seigle, pois, fèves), qu'elles recherchent beaucoup quand les fleurs ne leur donnent pas encore de pollen. Au fur et à mesure que la récolte des abeilles augmente, on ajoutera des cadres dans la ruche, et pour les obliger à construire droit dans ces cadres on y fixera des rayons vides ou des feuilles de cire gaufrée, comme il a été dit plus haut.

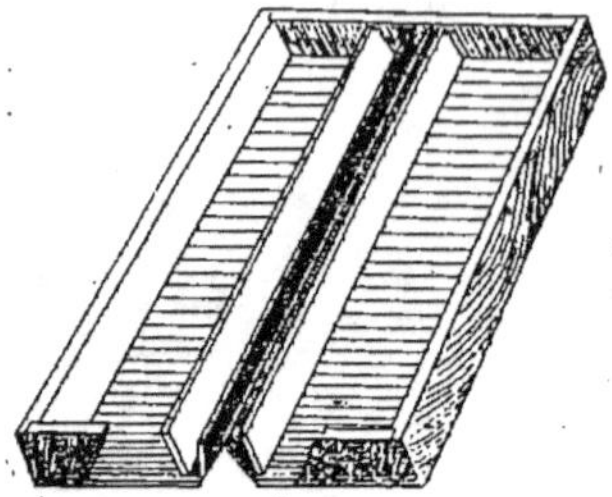

NOURRISSEUR SIEBENTHAL.

C'est à la fin de mai que les colonies atteignent leur plus grand développement, et c'est alors qu'il faut leur donner le plus de rayons à remplir; le moment de la récolte approche pour l'apiculteur.

COUTEAU A DÉSOPERCULER.

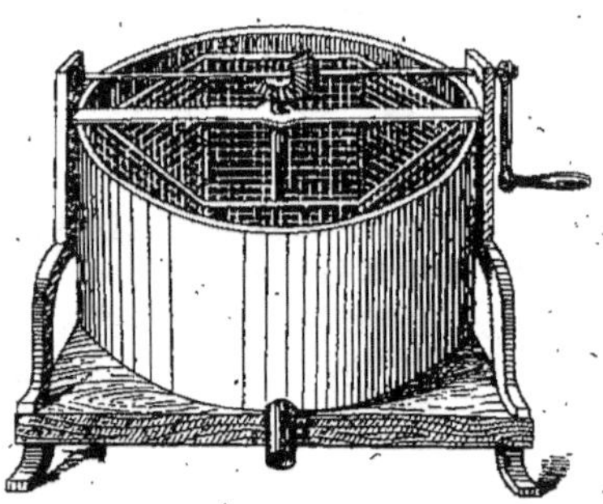

EXTRACTEUR FAURE.

RÉCOLTE DU MIEL. — C'est généralement en juin que le miel peut être récolté. Après avoir enfumé la ruche, on retire chaque cadre et on brosse légèrement au moyen d'un aileron de volaille les abeilles qui y sont adhérentes. Les rayons seront ensuite passés à l'extracteur (après avoir été désoperculés au moyen d'un large couteau à lame plate) ou par l'action de la force centrifuge ; les cellules seront rapidement vidées. Les rayons vides pourront servir à garnir les ruches; on peut les conserver au sec pour l'année suivante après les avoir rendus aux abeilles qui les nettoient complètement, ou, si on le préfère, en extraire la cire en la faisant fondre au bain-marie, ou simplement par compression des rayons au moyen de presses spéciales. Mais au moment de la récolte il est très important de laisser aux abeilles des provisions suffisantes ; il est même nécessaire de les nourrir pendant les grandes sécheresses où la miellée manque pour maintenir une ponte abondante ; de cette façon les colonies seront fortes à l'automne et l'hivernage sera bon.

A l'automne il faut visiter les ruches de nouveau, enlever à celles qui ont trop de provisions quelques cadres de miel et les donner à celles qui en manquent, et si l'on manque de rayons, nourrir au sirop de sucre épais.

Hivernage. — Pendant l'hivernage il faut veiller soigneusement à ce que les ruches soient bien aérées; l'entrée de la ruche sera basse pour éviter l'introduction de petits animaux qui viendraient y chercher un abri et piller le miel, les parois seront avec avantage garnies de paille, et il ne restera plus qu'à attendre le printemps; mais l'entrée doit rester ouverte, et il faut surtout préserver les ruches de l'humidité.

Maladies des abeilles. — La *dysenterie* s'observe souvent chez les abeilles à la suite de l'hivernage; elle provient sans doute de l'alimentation forcée de l'abeille qui doit produire pendant les froids une grande quantité de chaleur, et peut-être aussi du manque d'air. Une autre maladie plus grave parce qu'elle est contagieuse, c'est la *loque* ou pourriture du couvain. Cette maladie nécessite une désinfection complète de la ruche atteinte, Comme traitement on peut employer une solution de 50 grammes d'acide salicylique dans 400 grammes d'alcool qu'on verse dans l'eau distillée à raison d'une goutte par gramme d'eau. On arrose avec ce liquide les rayons, la ruche et les abeilles. Ce traitement doit être renouvelé plusieurs fois.

Ennemis des abeilles. — Les abeilles ont de nombreux ennemis. L'un des plus dangereux est la *fausse-teigne* des ruches ou *gallérie de la cire.* La chenille dévore la cire et se construit de longs tuyaux de soie à travers les rayons qui s'effondrent souvent en écrasant les abeilles. Cette chenille se chrysalide dans la ruche même où aura lieu plus tard l'éclosion ; on doit détruire la fausse-teigne dès qu'on l'aperçoit, car les abeilles tuent bien les chenilles, mais quand la ruche est faible elles ne réussissent pas toujours à s'en débarrasser. Nous citerons ensuite comme ennemis des abeilles les frelons, les *phi-*

FAUSSE-TEIGNE DES RUCHES.

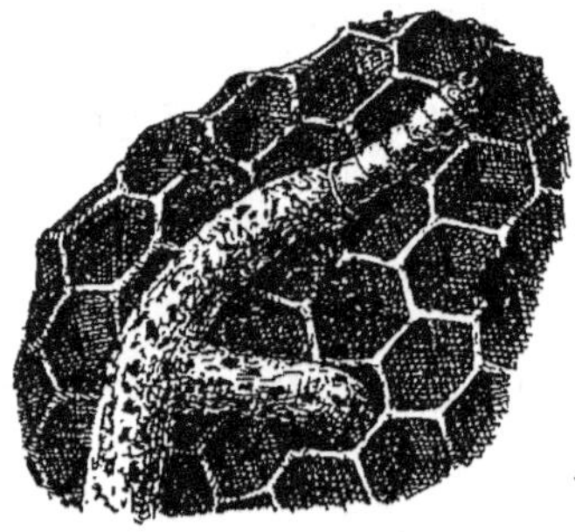

CHENILLE ET SES FOURREAUX.

PAPILLON.

PHILANTHE APIVORE emportant une abeille anesthésiée.

lanthes, et aussi le *sphinx tête de mort*, énorme papillon qui s'introduit dans la ruche pour dévorer le miel, lorsque toutefois l'entrée est assez haute pour le laisser passer.

Puis enfin les *méloés*, coléoptères vésicants dont les femelles pondent sur les plantes ou sur le sol. La petite larve qui sort de cet œuf grimpe sur les fleurs, s'accroche aux poils des abeilles quand elles viennent butiner, et leur cause une telle irritation qu'elles finissent souvent par mourir.

LE MIEL. — LES PIQURES. — Pour terminer nous mentionnerons l'emploi que l'on fait du miel et de ses dérivés.

A l'état de nature le miel peut remplacer le sucre dans tous ses usages.

La pharmacie en fait une assez grande consommation et la médecine vétérinaire le recommande souvent pour les maladies des bestiaux.

Le miel commun est employé à la fabrication du pain d'épice, et donne par la fermentation un vin très hygiénique, l'*hydromel*, duquel, par la distillation, on peut encore obtenir une eau-de-vie de première qualité.

Il est intéressant enfin de signaler l'usage que la médecine a fait en ces derniers temps des *piqûres* d'abeilles pour la guérison des rhumatismes. Les premières piqûres sont très douloureuses; mais, comme nous l'avons dit plus haut, il se produit bientôt une sorte de vaccination et certains malades, paraît-il, en ont obtenu de très bons résultats.

Excursions. — Voir des abeilles lorsqu'elles butinent sur les fleurs; examiner des ruches s'il est possible.

Questions —Qu'appelle-t-on fixisme et mobilisme? — Quelles sont les trois sortes d'abeilles et quel est leur rôle? — Que savez-vous des rayons? — Comment l'abeille se développe-t-elle? Comment se fait l'essaimage naturel — l'essaimage artificiel? — Que savez-vous des ruches à rayons mobiles? — Comment procède-t-on pour visiter les ruches? — Comment réunit-on deux essaims? — Comment nourrit-on les abeilles? — Comment fait-on la récolte du miel? — Parlez de l'hivernage — des maladies des abeilles — de leurs ennemis — de l'emploi du miel — des piqûres des abeilles.

LA TENUE DE L'EXPLOITATION

Le premier principe d'une direction bien entendue est que l'agriculteur connaisse exactement l'état de ses ressources et celui de ses obligations, ce qu'il a et ce qu'il doit. Pour y arriver, il faut écrire, car il n'y a pas de mémoire assez sûre d'elle-même pour se rappeler dans leurs détails les opérations si nombreuses et si complexes d'une maison de culture, si petite qu'elle soit. Donc *on tiendra des livres.* Nous ne voulons pas dire par là que tout agriculteur aura une multitude de gros registres qu'il mettra chaque jour au net comme ceux d'une importante maison de commerce. Non; et si quelques grandes exploitations qui se livrent sur une vaste échelle aux spéculations du bétail ou des céréales sont astreintes à toutes les obligations de la comptabilité commerciale, c'est un souci que le petit agriculteur ne prendra pas : il en a assez d'autres. Mais il devra se rendre compte de toutes ses opérations de vente et d'achat en les inscrivant exactement.

Une excellente comptabilité peut être tenue sur un simple cahier de papier blanc de la façon suivante : en tête de la première feuille on écrit le mot *avoir;* on inscrit sur la première ligne en dessous la somme que l'on possède actuellement, puis, sous celle-ci on mentionne l'argent que l'on touche, en indiquant la date où on le reçoit et d'où il vient, au fur et à mesure qu'il rentre.

Sur la seconde feuille du cahier, en face du mot *avoir*, qui est sur la première, on met le mot *doit;* sur la première ligne en dessous, on porte le montant actuel de ses dettes, et leur cause à l'ouverture du cahier, puis l'on marque sur les lignes suivantes les dépenses que l'on fait chaque jour.

Quand les feuilles sont pleines, on les additionne au

Avoir JOURNAL DES RECETTES ET DÉPENSES **Doit**

Janvier		à recevoir		Janvier		à payer	
1	En caisse.		2 000	1	A la servante, ses gages . .		20
10	Reçu de Dufour pour 10 porcelets		200	2	Note du charron.		300
15	Vente d'une vache.		340	15	1 000 kilogr. tourteaux. . .	220	
20	2 000 kilogr. phosphate payables au 1er février	100					

Actif INVENTAIRE DE LA FERME **Passif**

Mobilier.	1 200		Au charron	200
Instruments de culture			Au marchand de chevaux. .	1 200
Trois charrues.	240		Emprunt au propriétaire . .	2 000
Deux charrettes, etc. . . .	800		Montant du passif.	3 400
		2 240		
Capital		10 000		
Caisse.		2 000		
Montant de l'actif		14 240		
Passif à déduire.		3 400		
Total net de l'actif.		10 840		

bas, puis on reporte les totaux sur les feuilles suivantes, et ainsi de suite.

Il faut avoir soin, toutes les fois qu'on le peut, de jeter un coup d'œil sur son *avoir* et sur son *doit*, pour savoir exactement où l'on en est de ses affaires et les diriger en conséquence.

Au moins une fois par an, soit au 1er janvier, soit à la date anniversaire de son entrée en culture, on doit faire ce que l'on nomme l'*inventaire*, c'est-à-dire le compte général de tout ce que l'on possède, mobilier, machines, instruments, outils, animaux, grains, fourrages, semences en terre, etc., puis on l'inscrit à la fin de son cahier de comptes. A la même époque, on compare soigneusement son doit et son avoir, ce qui permet d'établir clairement sa situation; cela s'appelle *dresser son bilan*. On connaît, par l'examen de son inventaire et de son bilan, les bénéfices que l'on a faits ou les pertes que l'on a subies; on en saisit les causes par le détail des opérations que l'on a effectuées dans son année, et l'on voit par là s'il y a lieu d'opérer quelques réformes dans la gestion de sa culture.

La tenue d'une comptabilité régulière est donc une nécessité. Mais il ne suffit pas que l'ordre existe dans les comptes, il faut surtout qu'il règne dans la maison. Tout doit s'y faire selon un plan arrêté, en exécution de commandements précis donnés par le chef de l'exploitation à ceux sur lesquels il a autorité. Il faut que chacun d'eux ait une besogne déterminée, qu'il la connaisse, et qu'il soit apte à la bien faire. Rien ne sera laissé au hasard. Le patron donnera donc chaque jour, et pour chaque partie du travail, ses instructions à ses employés.

Mais il leur doit avant tout l'exemple : exemple de l'honnêteté, exemple de la bonne conduite, exemple du travail. Il sera chaque jour le premier à l'ouvrage, il surveillera tout par lui-même, et s'assurera par ses propres yeux que ses ordres sont partout suivis. Il veillera énergiquement à ce que rien ne se perde : le gaspillage amène la ruine des meilleures maisons.

Il sera juste et bon pour tous, car nous nous devons les uns aux autres.

Il évitera toute dépense inutile, et bannira tout luxe superflu : son seul luxe sera l'ordre et la propreté.

La prospérité d'un agriculteur se connaît non au luxe de la maison et aux toilettes de sa famille, mais au nombre de ses machines, à la beauté de ses animaux, à la qualité de ses récoltes, et elle se traduit par la *solidité de son crédit*. Ceux-là seuls peuvent inspirer confiance qui ne gaspillent pas leur argent.

L'agriculteur honnête, laborieux et économe trouvera plutôt qu'un autre des ouvriers sérieux et de bons serviteurs, car ils seront certains d'être traités par lui comme ils le méritent.

DICTÉES

DONNÉES AUX EXAMENS DU CERTIFICAT D'ÉTUDES PRIMAIRES

La vie des champs.

Il fait si bon au village, que souvent le citadin, fatigué, dégoûté des villes, vient à la campagne chercher le repos et la paix. Les plus beaux édifices du monde, les plus belles places, les plus belles rues, ne sont rien comparés aux plaines verdoyantes, aux bois, aux vergers, aux prairies et surtout à la voûte du ciel, que rien ne cache aux yeux. Mieux vaut respirer l'air pur et vivifiant des campagnes que l'air vicié des villes, mieux vaut entendre le chant des oiseaux et le bêlement des troupeaux que le bruit assourdissant des rues et leurs cris discordants. (*Certificat d'études. — Somme.*)

L'ordre est nécessaire au cultivateur.

Le cultivateur doit avoir de l'ordre dans les idées et dans les travaux. Avant de prendre une exploitation, il doit savoir ce que vaut la terre, ce qu'elle produira, et par où s'en iront les produits. Longtemps d'avance l'assolement sera combiné et arrêté; la veille au soir les opérations du lendemain seront réglées, de telle sorte que les cas d'empêchement seront prévus et que, à défaut d'un travail projeté, on puisse en exécuter un autre. Les opérations faites sans prévoyance, au jour le jour, amènent l'hésitation, les fausses manœuvres et les pertes de temps.

Il faut se rendre un compte exact des recettes et des ressources de chaque jour, les marquer sur un registre, les additionner tous les mois ou tous les quinze jours. (*Certificat d'études.—Puy-de-Dôme.*)

Le cidre.

Le cidre est une boisson nourrissante et très agréable au goût. On fabrique le cidre soit avec des pommes seules, soit avec des pommes et des poires. Les pommes et les poires à cidre trompent les gourmands; elles ont une aussi belle apparence que les fruits de table, mais elles sont dures et amères. On les écrase au pressoir sous une meule de bois qu'un cheval fait tourner. Le jus de ces fruits est d'abord très sucré; mais il ne tarde pas à bouillir et à perdre sa douceur. Quand le cidre est fabriqué seulement avec des poires, il prend le nom de poiré. (*Certificat d'études. — Finistère.*)

Aux habitants des campagnes.

Aujourd'hui, chacun s'efforce de substituer le luxe à la simplicité, l'éclat de l'extérieur à l'aisance du ménage. Le villageois rêve pour son fils richesses et honneurs; il ne cesse d'exciter sa jeune avidité, en offrant à ses regards un tableau riant des prospérités du monde. Non, il ne veut pas que ce fils bien-aimé vienne avec lui tracer un sillon pénible dans les plaines; il se hâte de l'envoyer à la ville où il croit que la fortune l'attend. Il a résolu d'en faire un bourgeois, un négociant, un juge, un avocat; il sourit à son bonheur futur : il le voit traversant les mers sur ses vaisseaux chargés de marchandises, ou s'avançant à la tête des armées, ou bien encore, paraissant avec éclat aux tribunes publiques. Bon laboureur, tu te prépares bien des chagrins en agissant ainsi; hâte-toi de changer tes vues. *(Certificat d'études. — Puy-de-Dôme.)*

Devoirs envers les animaux.

L'homme a dressé pour son usage certains animaux doux et paisibles. Le cheval, le mulet, l'âne et le bœuf sont de ceux-là. Il doit donc traiter en amis, non en esclaves, ces bons serviteurs qui lui donnent toutes leurs forces, toutes leurs sueurs, jusqu'à leur vie, qui lui apportent par leur travail, par leurs fatigues le soulagement et le bien-être. Donner aux animaux toute la nourriture dont ils ont besoin, les abriter convenablement, les bien soigner, ne leur imposer que des charges en proportion de leurs forces, éviter tout ce qui pourrait leur causer une fatigue excessive et de la souffrance inutile, tels sont les devoirs qu'impose la reconnaissance envers ces êtres que nous devons regarder comme des amis. Il nous est permis d'en user, non d'en abuser. *(Certificat d'études. — Gironde.)*

La maison paternelle.

Un jeune homme avait fait de longs voyages. Il avait visité les plus beaux et les plus lointains pays du monde. Comme on lui demandait quel était le lieu qui lui avait paru le plus beau de tous, il répondit : « J'ai admiré bien des merveilles dans l'univers, mais rien n'a pu m'émouvoir aussi délicieusement que je l'ai été, au retour, en apercevant à travers les arbres de notre pauvre village les blanches murailles de la maison paternelle. J'ai vu des fleurs superbes, mais nulle ne m'a paru aussi belle que le simple œillet qui croît à la porte de notre chaumière, l'œillet que mon père a planté, que ma mère arrose, et que ma sœur vient de cueillir à mon retour, pour en fleurir ma boutonnière. *(Certificat d'études. — Creuse.)*

L'ouvrier des champs.

La vie de l'ouvrier, de l'habitant pauvre de la campagne, est une vie humaine en comparaison de cette vie machinale de l'ouvrier des villes. Celui-là ne se dépayse ni de son sol, ni de son ciel, ni de sa maison, pour aller s'exiler entre quatre murs. L'ouvrier des champs grandit où il est né. Les sentiments et les habitudes de famille, de voisinage, de parenté, de pays, lui forment une atmosphère d'affections innées, cruelles à rompre, lentes à reformer.

Il n'est pas contraint de se séquestrer de la nature physique, ce milieu nécessaire à l'homme pour que l'homme soit sain et complet. Il a le ciel sur sa tête, le sol sous ses pieds, l'air dans sa poitrine, l'horizon vaste et libre devant ses regards, le spectacle irréfléchi, mais perpétuellement nouveau du firmament, de la terre, du jour, de la nuit, des saisons, qui entretiennent sans paroles, mais sans lassitude, les sens, le cœur, l'esprit de l'homme de la campagne. Les travaux sont rudes, mais ils sont variés; ils comportent mille applications diverses de la pensée, mille attitudes différentes du corps, mille emplois des heures et des bras. (*Certificat d'études.—Puy-de-Dôme.*)

Le meilleur et le plus fortifiant des légumes.

Savez-vous quel est le meilleur et le plus fortifiant des légumes? C'est le haricot. Il renferme tant d'azote, qu'il pourrait presque remplacer la viande : il a même sur elle l'avantage d'être très riche en charbon.Le seul inconvénient qu'il présente est la peau qui enveloppe le grain; elle est indigeste et lourde. Cet inconvénient disparaît si l'on a soin de réduire les grains en purée et de passer cette purée de façon que les peaux restent dans la passoire. Ainsi préparé, le haricot est un aliment excellent, c'est la viande du pauvre. Les fèves, les lentilles sont bien loin de l'égaler. (*Certificat d'études. — Loir-et-Cher.*)

Les semailles.

Un sac à la ceinture, le semeur va et vient à pas lents dans la terre labourée, et à pleines mains il répand les grains qui s'éparpillent dans les sillons ouverts par la charrue. S'ils restaient ainsi à découvert, ils seraient vite mangés par les oiseaux, surtout par les corbeaux, qui en sont aussi friands que l'homme. Aussi se hâte-t-on de passer la herse sur le champ; ses pointes brisent les mottes et mettent la semence à l'abri en la recouvrant d'une légère couche de terre. Parfois on sème avant de labourer. La charrue recouvre alors le grain en retournant le sol. (*Certificat d'études. — Allier.*)

Les labours.

Les labours ont pour but principal de retourner la couche arable, en mettant en dessous, au contact des racines, la partie supérieure aérée et fertile, et en amenant à la surface la partie inférieure pour qu'elle y vienne à son tour subir les influences de l'air, de la lumière, de la chaleur, de la pluie; par le labour, le sol est rendu plus meuble, les amendements et les engrais s'y répartissent mieux et y pénètrent aux profondeurs voulues, les mauvaises herbes sont arrachées et disparaissent, les insectes nuisibles sont délogés et les semences trouvant un sol convenablement préparé pour les recevoir y germent, naissent, croissent dans les conditions les plus favorables à leur développement. Un bon labour équivaut à une demi-fumure. (*Certificat d'études. — Aisne.*)

Les prairies naturelles.

Presque tous les terrains abandonnés à eux-mêmes se recouvrent d'un gazon formé par la réunion d'un plus ou moins grand nombre d'herbes différentes. Cette végétation, pour ainsi dire spontanée, est suspendue dans le Nord par le froid rigoureux des hivers, et ne reprend son activité que pendant le printemps et l'été. Dans le Midi, au contraire, elle se continue pendant l'hiver et s'arrête seulement pendant les sécheresses des étés brûlants de ces contrées. Enfin, entre ces deux climats extrêmes, sur les côtes occidentales de notre continent, en Hollande, en Normandie, en Irlande, l'humidité constante de l'atmosphère et la douceur des hivers permettent aux herbes de se développer à peu près en toute saison et de conserver sans cesse leur verdure naturelle. Ce sont les pays d'herbages proprement dits, dont l'art des irrigations et une culture avancée permettent de retrouver les avantages dans les contrées plus favorisées qu'eux sous le rapport de la température.

La nature des plantes qui composent une prairie naturelle dépend du climat, de la nature du sol, des soins qu'on lui donne et du mode d'exploitation. (*Certificat d'études. — Cher.*)

Utilité des petits oiseaux.

Il y a des petits garçons qui dénichent les oiseaux et qui ne se font pas faute de ce passe-temps. Ils s'imaginent sans doute que les oiseaux ne servent à rien, peut-être même qu'ils ont été créés tout exprès pour amuser les petits garçons. C'est une erreur. Les petits oiseaux sont respectables parce qu'ils sont utiles et parce qu'ils nous sont agréables. Je sais bien qu'il y a des exceptions; il y en a de bons et de mauvais; c'est un peu comme chez les hommes; tous ne sont pas parfaits. Mais chez les oiseaux, les petits surtout, les bons sont en majorité. Ils égayent nos jardins et nos campagnes; la plupart nous rendent des services, de grands services en détruisant les insectes qui, sans eux, dévoreraient nos fruits, nos légumes et même nos récoltes. Vous me direz qu'ils en prennent un peu leur part et n'épargnent pas toujours nos pois et nos cerises; c'est vrai, mais c'est leur salaire et, au fond, ils le gagnent bien. (*Certificat d'études. — Loire.*)

Les prairies artificielles.

Les prairies artificielles sont composées de plantes annuelles ou vivaces, que l'on cultive pendant une ou plusieurs saisons, pour être données vertes ou sèches aux animaux domestiques. Elles diffèrent des prairies naturelles, en ce qu'elles ne sont que temporaires, qu'elles renferment moins de graminées et plus de légumineuses, et qu'elles n'ont pas besoin d'être irriguées. Les prairies artificielles procurent, au printemps et tout l'été, une nourriture fraîche et abondante; elles permettent d'entretenir sur l'exploitation beaucoup de bestiaux et d'obtenir ainsi une grande quantité de fumier; de plus, elles enrichissent le sol : ce sont des cultures améliorantes. (*Certificat d'études. — Oise.*)

Maladies des céréales.

Les céréales sont sujettes à un assez grand nombre de maladies, qui les détruisent quelquefois d'une manière à peu près complète. Certains insectes, les influences météorologiques, et surtout diverses plantes parasites qui vivent et se développent aux dépens de ces plantes, sont les causes de ces accidents si funestes aux cultivateurs.

Les pluies trop abondantes, la grêle, les sécheresses extrêmes, sont autant de phénomènes des plus nuisibles pour les céréales et contre lesquels il est à peu près impossible de lutter. Dans le Midi, les brouillards, qui précèdent des journées très chaudes au moment où le grain va mûrir, produisent un accident connu sous le nom de ventaison, blé échaudé. On préserve les grains de cette cause de perte en secouant les épis, avant le lever du soleil, pour faire tomber l'eau qui les mouille, et les soustraire à l'action nuisible que les rayons solaires exerceraient ensuite sur eux s'ils restaient couverts de rosée. Les cultivateurs parcourent les champs en tenant une corde assez raide pour faire courber la tête aux épis et leur imprimer une légère secousse. (*Certificat d'études. — Cher.*)

Protection des animaux.

Il y a des enfants cruels et sots qui mettent leur joie à briser les fleurs, à tuer les insectes, à détruire les nids des oiseaux. Je me défie de ces enfants-là et je n'augure rien de bon de leur avenir comme hommes. Certains hommes aussi, certains charretiers, certains bouviers, maltraitent sans pitié et criblent de coups les animaux confiés à leur direction. C'est là le signe non trompeur d'une âme violente et basse. Quel maître ne serait en défiance contre de pareils serviteurs? Tout le monde sait qu'on reconnaît le bon ouvrier à son affection pour les animaux, ses compagnons de travail. Voyez le vrai et brave laboureur : quels soins il a de ses bœufs! Voyez si le bon charretier prend jamais sa nourriture ou son repos avant d'avoir pourvu aux besoins de ses chevaux. Au régiment il est de règle que le cavalier soigne toujours son cheval avant lui-même. L'intérêt public en cela est d'accord avec la morale. C'est pourquoi une loi punit sévèrement ceux qui maltraitent les animaux. Ils encourent un procès qui entraine l'amende et la prison. (*Certificat d'études. — Somme.*)

La marguerite des prés.

Il est une fleur, une toute petite fleur, à la crête d'argent, à l'œil d'or, qui résiste à tous les changements de saisons, à toutes les injures du temps. On voit dans les champs des fleurs plus éclatantes, mais leur éclat est fugitif : elles brillent un moment et passent. Mais cette petite fleur, chérie de la nature, voit l'astre des nuits renouveler plusieurs fois sa carrière.

Elle sourit sur le sein de mai, épanouit sa corolle au souffle brûlant d'août, embellit la route du pâle octobre, et même quelquefois vit sous les neiges de décembre. Cette petite fleur se montre partout : elle grimpe sur la colline et sur les rochers, se cache dans la forêt, habite dans le vallon et embellit les bords du ruisseau. Dans l'enclos cultivé des jardins, elle partage la plate-bande de l'œillet et elle fleurit sur la terre consacrée sous laquelle reposent les morts. Le petit agneau broute son bouton vermeil, l'abeille bourdonne dans son sein, le papillon courbe légèrement sa tige vacillante. (*Certificat d'études. — Cher.*)

La ferme.

Avez-vous déjà vu une ferme bien tenue? Qu'elle est belle avec sa vaste cuisine, ses ustensiles luisants comme de l'or, ses quartiers de lard, ses jambons suspendus aux solives et qui promettent de bonnes soupes aux choux! Qu'elle est belle la ferme avec sa grande cour, où tout un monde d'animaux vont, viennent, courent, font entendre mille cris divers! Ici ce sont les poules, les pigeons, les canards, les oies, qui font bon ménage quand ce n'est pas l'heure du repas; là, ce sont les moutons, les agneaux qui bêlent; puis, la vacherie, où bœufs, veaux, vaches, chèvres, ruminent, en vous regardant d'un air si doux et parfois si caressant; ailleurs, c'est l'écurie, où les poulains et les chevaux sont couchés sur une douce litière; puis, au-dessus de tous ces êtres vivants, le chien est là qui surveille et qui s'est constitué le gardien de la famille. (*Certificat d'études. — Gard.*)

Midi.

Le soleil est tout en haut du ciel. Les murs ne donnent presque plus d'ombre. On se fatigue à marcher tant la chaleur est accablante. C'est l'heure du repos pour les moissonneurs dans les champs, pour les faucheurs dans les prairies. Ils dorment en ce moment étendus sous l'ombrage de quelque arbre ou au pied des meules qu'ils ont entassées. Les bœufs, les moutons, ruminent ou dorment couchés dans l'herbe. Le ciel est tout bleu et sans nuages; on ne sent pas un souffle à la plus haute branche des peupliers; les feuilles restent immobiles, les oiseaux se sont retirés dans les bois et se taisent; les insectes se sont mis à l'abri sous les feuilles, et la cigale seule se fait entendre; les fleurs s'inclinent, l'herbe est altérée, tout semble fatigué et endormi. (*Certificat d'études. — Gironde.*)

Les deux nids.

Sur un arbre fruitier dont les bourgeons et les feuilles commençaient à se montrer, deux nids étaient cachés. L'un, construit par deux gentilles mésanges, était préparé à recevoir la jeune famille. L'autre était un nid d'affreuses chenilles, dont quelques-unes, au premier rayon de soleil qui venait les réchauffer, tentaient déjà des excursions sur les branches des environs. Mal leur en prenait, car les deux mésanges en faisaient aussitôt leur repas.

Tout allait bien pour les oiseaux et les fruits à venir, quand deux marmots, rôdant par là, aperçurent la demeure des mésanges. Aussitôt on complote de s'en emparer. Le plus grand grimpe de branche en branche et atteint le nid dans lequel se trouvent des œufs fraîchement éclos. La mère, effrayée, s'envole, revient tourner autour du nid; mais, malgré ses cris, le drôle s'en empare et descend tout joyeux.

Restait celui des chenilles. Se voyant délivrées de leurs ennemis, car les pauvres parents s'étaient envolés pour ne plus revenir, elles se répandirent hardiment sur l'arbre et mangèrent les jeunes pousses, si bien que l'arbre, au lieu de se couvrir de fruits comme il l'avait promis, ne put montrer qu'un reste de feuillage amaigri, sans utilité et sans beauté. (*Certificat d'études. — Creuse.*)

Les animaux utiles.

Certains animaux paraissent faits pour l'homme. Le chien est né pour le caresser, pour se dresser comme il lui plaît, pour lui donner une image agréable de société, d'amitié, de fidélité et de tendresse, pour garder tout ce qu'on lui confie, pour prendre à la course beaucoup d'autres bêtes avec ardeur, et pour les laisser ensuite à l'homme, sans en rien retenir. Le cheval et les autres animaux semblables se trouvent sous la main de l'homme pour le soulager dans son travail, et pour se charger de mille fardeaux. Ils sont nés pour porter, pour marcher, pour soulager l'homme dans sa faiblesse, et pour obéir à tous ses mouvements. Les bœufs ont la force et la patience en partage pour traîner la charrue et pour labourer. Les vaches donnent des ruisseaux de lait. Les moutons ont dans leur toison un superflu qui n'est pas pour eux, et qui se renouvelle pour inviter l'homme à les tondre toutes les années. (*Certificat d'études. — Cher.*)

La vache.

A la campagne, chez les pauvres gens, tout le monde vit de la vache. Elle n'est pas seulement leur nourrice, mais elle est encore leur camarade, leur amie. Dans les beaux jours d'été, elle pâture le long des chemins. Un tout petit enfant la conduit. Nul besoin d'un bâton pour la diriger. Elle est si douce, elle vous a un air si raisonnable avec ses grands yeux ronds que les enfants peuvent la caresser et même monter sur son dos, à la condition qu'ils la traitent avec bonté. Vivante, la vache nous donne son lait, avec lequel on fait du fromage et du beurre; son fumier est un des meilleurs engrais. Morte, sa chair nous procure une bonne nourriture; sa peau, un cuir solide; de son poil, on fait de la bourre; de ses cornes, des peignes, des boutons; de ses os, des ouvrages au tour, du noir animal; de sa graisse fondue, du suif. (*Certificat d'études. — Ardennes.*)

INSECTES NUISIBLES

1. Hanneton. — 2. Sa larve. — Le *hanneton* est l'un des plus grands ennemis de l'agriculture ; il dévore les feuilles des arbres. Sa larve, appelée *man*, *turc* ou *ver blanc*, ronge dans les champs les racines des jeunes plantes ; des récoltes entières sont parfois détruites par les vers blancs.

3. Chrysomèle du peuplier. — 4. Sa larve. — Les *chrysomèles* rongent les feuilles des végétaux. Les principales espèces sont : la *chrysomèle des peupliers*, la *chrysomèle des graminées*, la *chrysomèle des céréales*, la *chrysomèle des crucifères*.

5. Criocère de l'asperge (*grossi*). — **6. Criocère** (*grandeur naturelle*). — **7. Sa larve.** — Le *criocère* s'attaque principalement aux fleurs des jardins et des champs. On distingue le *Criocère de l'asperge*, le *Criocère brun*, le *Criocère douze points*.

8. Calandre du blé (charançon). — 9. Grains de blé attaqués. — La *calandre du blé* appelée ordinairement *charançon*, commet de grands dégâts sur les céréales conservées dans les greniers (Le dessin au trait indique la grandeur naturelle de l'insecte).

10. Altise des légumes. — *L'altise des légumes* s'attaque principalement aux choux. Les altises sautent dès qu'on les touche ; elles sont désignées sous les divers noms de *puces de terre*, *pucerottes*, *pucerons*, *tiquets*, *alirettes* (Le dessin au trait donne l'altise en grandeur naturelle).

11. Vrillette. — 12. Bois attaqué. — Les *vrillettes* et leurs larves rongent surtout le bois ; elles y percent de petits trous ronds semblables à ceux qu'on ferait avec une vrille très fine. (Le dessin au trait indique la grandeur naturelle de la vrillette.)

13. Criquet. — Les *criquets*, lorsqu'ils sont réunis en bandes, détruisent totalement les récoltes sur lesquelles ils s'abattent.

14. Courtilière. — La *courtilière* ou *taupe-grillon* coupe les racines des plantes ; elle cause des dégâts considérables dans les jardins.

15. Puceron ailé du rosier.— Les pucerons comprennent plusieurs espèces et se présentent par groupes nombreux. Le puceron du rosier dessèche les feuillles des végétaux dont il puise la sève.

16. Phylloxera aptère. — 17. Phylloxera ailé. — Le *phylloxera* est le plus redoutable ennemi de la vigne, qu'il détruit en s'attaquant à ses racines. Ainsi que les pucerons, les phylloxeras se reproduisent par quantités innombrables en très peu de temps.

18. Puceron lanigère. — 19. Nodosité du pommier. — Le *puceron lanigère* ou *puceron du pommier* donne souvent naissance à des nodosités funestes aux arbres attaqués.

20. Guêpe. — Les *guêpes* dévorent les fruits et font des piqûres douloureuses.

21. Fourmi ouvrière. — 22. Nymphe. — 23. Fourmi ailée. — Les *fourmis* sont nuisibles aux plantes des jardins et aux aliments conservés à la maison. Les nymphes sont improprement appelées œufs de fourmis.

INSECTES NUISIBLES

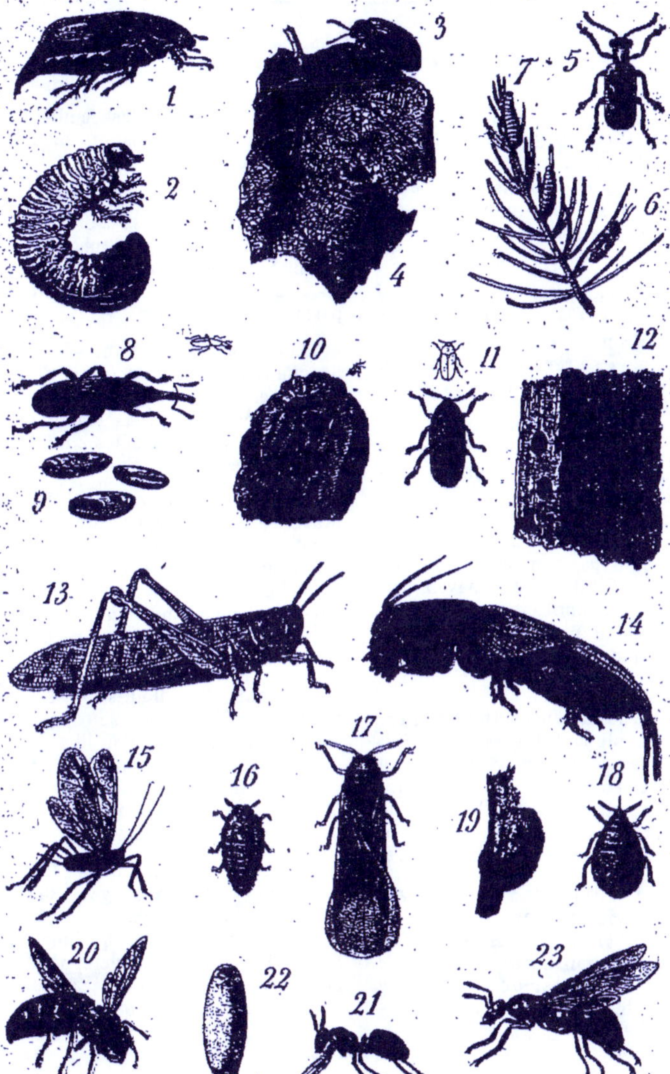

Livre d'Agriculture.

INSECTES NUISIBLES

1. Piéride du chou. — 2. Sa chenille. — 3. Sa chrysalide. — La *piéride du chou* s'attaque à la plupart des crucifères. Sa chenille, très commune dans les jardins, détruit souvent des planches entières de choux.

4. Carpocapse du pommier (chenille). — 5. Carpocapse (papillon). — Le *carpocapse* du pommier se rencontre partout où l'on cultive le pommier et le poirier.

6. Bombyx processionnaire (chenille). — 7. Bombyx (papillon femelle). — Le *bombyx processionnaire* est ainsi nommé parce que ses chenilles marchent toujours par troupes et dans un ordre régulier; elles vivent sur les chênes dont elles rongent les feuilles au point que ces arbres, en plein été, se trouvent complètement dépouillés.

8. Yponomeutes du pommier. — La plupart des *yponomeutes*, comme celles du pommier, se construisent un nid commun. Pour cela, elles enveloppent de leurs fils plusieurs feuilles dont elles font plus tard leur nourriture.

9. Feuilles de vigne avec pontes de pyrales. — 10. Pyrale de la vigne (papillon). — 11. Pyrale (chenille). — La *pyrale de la vigne* est aussi désignée sous le nom de *tortrix* (tordeuse); elle attache les feuilles en paquet par ses fils ou bien elle les roule en cornet.

12. Noctuelle des moissons. — La *noctuelle des moissons* est des plus nuisibles à l'agriculture ; sa chenille, appelée *ver gris*, ronge les racines des plantes et réussit parfois à les couper.

13. Noctuelle du chou. — 14. Sa chenille. — La *noctuelle du chou* exerce ses ravages dans les jardins potagers; sa chenille attaque de préférence les choux et les laitues.

15. Œstre du cheval. — 16. Sa larve. — L'*œstre* dépose ordinairement ses œufs en mai ou juin sur la peau des animaux qui, en se léchant, transportent les larves dans leur estomac où elles se développent et peuvent causer de graves indispositions.

17. Taon des bœufs. — Le *taon* (prononcer *ton*) se développe dans la terre d'où il sort vers la fin du printemps. Il fait aux bestiaux des piqûres douloureuses, principalement en été par les grandes chaleurs.

18. Mouche à viande. — 19. Sa larve. — 20. Sa chrysalide. — Cette mouche dépose ses œufs sur les viandes; en quelques heures les larves se développent et l'on y voit pulluler une foule de petits vers appelés *asticots*.

INSECTES NUISIBLES

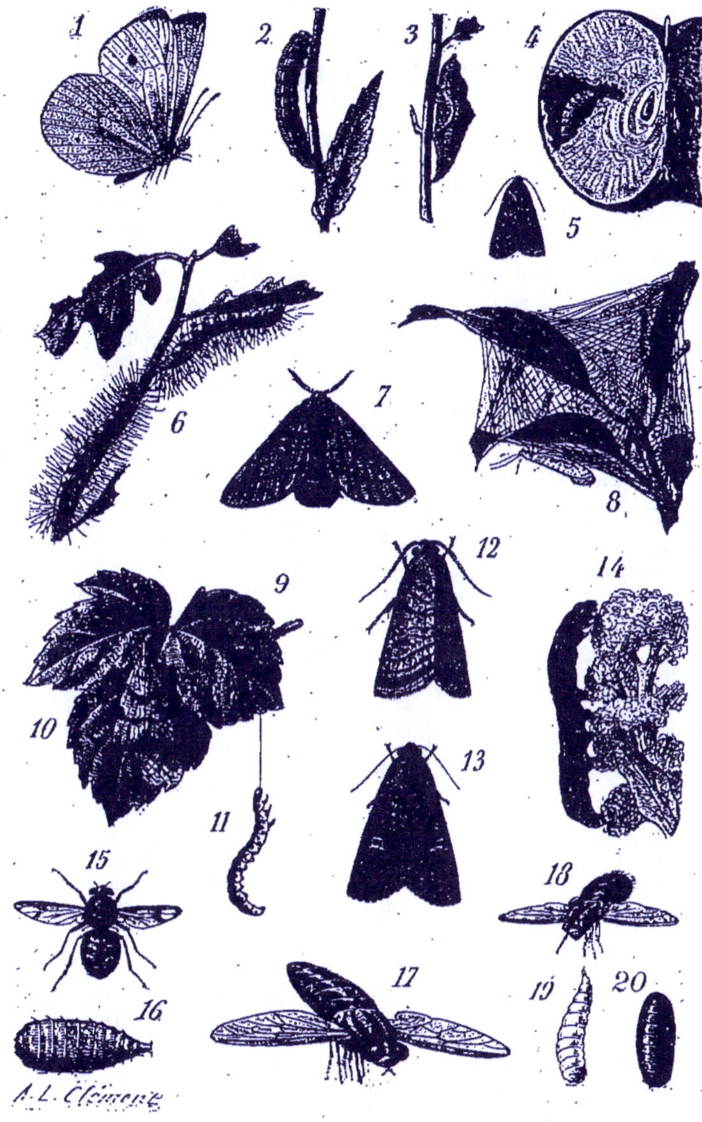

Livre d'Agriculture

QUADRUPÈDES NUISIBLES

1. Loup. — Quoique doué d'une grande force, d'une prudence et d'une agilité remarquables, le *loup* est heureusement lâche par nature. Mais, poussé par la faim, l'hiver surtout, il attaque les troupeaux et même l'homme, et cause de grands ravages par sa férocité. Il est susceptible de contracter la rage et de la communiquer.

2. Renard. — Le *renard* est un des carnassiers les plus nuisibles à l'agriculture. Chassant la nuit, de préférence, il pénètre, grâce à son adresse et à sa ruse, dans les fermes et les basses-cours et y égorge toute la volaille, qu'il emporte dans son gîte ou *terrier*. Il fait également un grand carnage de menu gibier.

3. Belette. — La *belette*, malgré sa petitesse, est un hardi carnassier. Elle s'introduit la nuit dans les poulaillers et les colombiers où elle mange les œufs et suce le sang des petits volatiles.

4. Fouine. — Ce petit carnassier, très rapace, cause de grands dégâts dans les habitations agricoles où il mange volailles, œufs, fruits. En hiver, la fouine établit sa demeure dans les fermes.

5. Lapin de garenne. — Le *lapin sauvage*, appelé ordinairement *lapin de garenne*, reste dans son terrier pendant le jour : il en sort la nuit pour chercher sa nourriture. Dans le voisinage des garennes, il cause des dégâts considérables aux récoltes.

6. Rat. — Le *rat* est peut-être le plus nuisible de tous les rongeurs. En outre de ses besoins pour sa nourriture, il ronge la paille, le bois, le cuir, etc.

7. Souris.— La souris, comme le rat, exerce de grands dégâts dans les granges et dans les greniers. Plus petite que lui, elle pénètre plus facilement dans les habitations ; elle recherche de préférence les graines et les matières huileuses.

8. Rat nain. — Appelé aussi *rat des moissons*, le *rat nain* est le grand ennemi des moissons, qu'il ne se contente pas de ronger pour vivre, mais qu'il achève de détruire en réunissant plusieurs tiges de blé qu'il entrelace et à mi-hauteur desquelles il établit son nid.

9. Mulot. — Le *mulot*, qu'on a aussi nommé *rat des champs*, détruit les céréales en les coupant au bas de leur tige, déterre les semis, ronge les bourgeons des jeunes plants et termine ses dégâts en emmagasinant et laissant pourrir tout ce qu'il n'a pas dévoré.

10. Campagnol. — Le *campagnol* est un fléau pour le cultivateur ; il ronge les racines, et, dans les champs de céréales, il coupe les chaumes pour faire tomber l'épi et le dévorer.

QUADRUPÈDES NUISIBLES.

LOUP

RENARD

BELETTE

FOUINE

LAPIN DE GARENNE

RAT

SOURIS

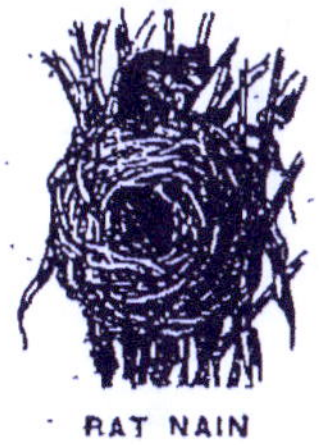

RAT NAIN

MULOT

CAMPAGNOL

PLANTES NUISIBLES A L'AGRICULTURE

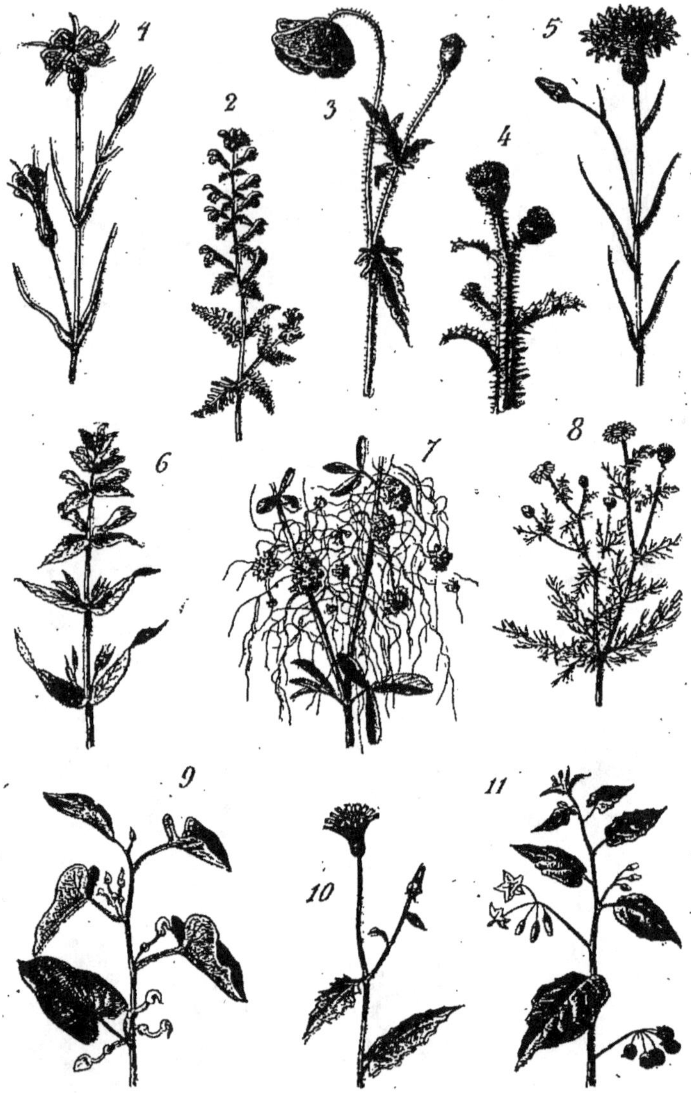

A. L. Clément

Livre d'Agriculture.

PLANTES NUISIBLES A L'AGRICULTURE

1. **Nielle.** — La *nielle des champs,* appelée aussi *couronne des blés*, est nuisible aux céréales, surtout au blé. Sa fleur est d'un beau rose violacé. L'écorce de la graine est noirâtre. Il est difficile de détruire la nielle, car la graine se conserve plusieurs années en terre et elle germe dès que les labours la ramènent à la surface du sol ; convertie en farine avec le blé, elle donne au pain un goût âcre et amer.

2. **Pédiculaire.** — La *pédiculaire* ou *herbe aux poux* croît principalement dans les terrains humides, dans les prairies marécageuses ; elle nuit aux pâturages et diminue la valeur des foins.

3. **Coquelicot.** — Le *coquelicot* est une sorte de pavot très commun dans les céréales. Il produit une grande quantité de graines. Pour le détruire on sème, après les céréales, des prairies artificielles ou des plantes qui réclament plusieurs sarclages.

4. **Chardon.** — Les *chardons* croissent principalement dans les lieux incultes. Le vent transporte les graines au loin. On débarrasse les cultures qui en sont infestées au moyen de l'*échardonnage*.

5. **Bleuet** ou **bluet.** — Le *bleuet* croît souvent en abondance dans les céréales dont il usurpe la place. Il est moins nuisible que le chardon, le coquelicot et la nielle.

6. **Crête de coq.** — Cette plante, désignée aussi sous le nom de *cocrête*, *pou des prés*, *rhinante*, *célosie*, croît principalement dans les prairies ; elle entrave le développement des herbes utiles et nuit à la qualité du fourrage.

7. **Cuscute.** — La *cuscute* est une plante parasite qui enlace les végétaux et les étouffe ; c'est surtout dans les prairies, notamment les trèfles et les luzernières, qu'elle exerce ses ravages.

8. **Camomille.** — Cette plante, d'une odeur forte, est utilisée en médecine ; elle devient nuisible lorsqu'elle pousse trop abondante dans les moissons.

9. **Aristoloche.** — L'*aristoloche* croît dans les vignes, dont elle épuise le sol.

10. **Épervière.** — L'*épervière* est nuisible aux prairies ; sa tige, haute et dure, donne un mauvais fourrage.

11. **Morelle noire.** — La *morelle*, de même que l'aristoloche, est nuisible aux vignes.

PLANTES VÉNÉNEUSES

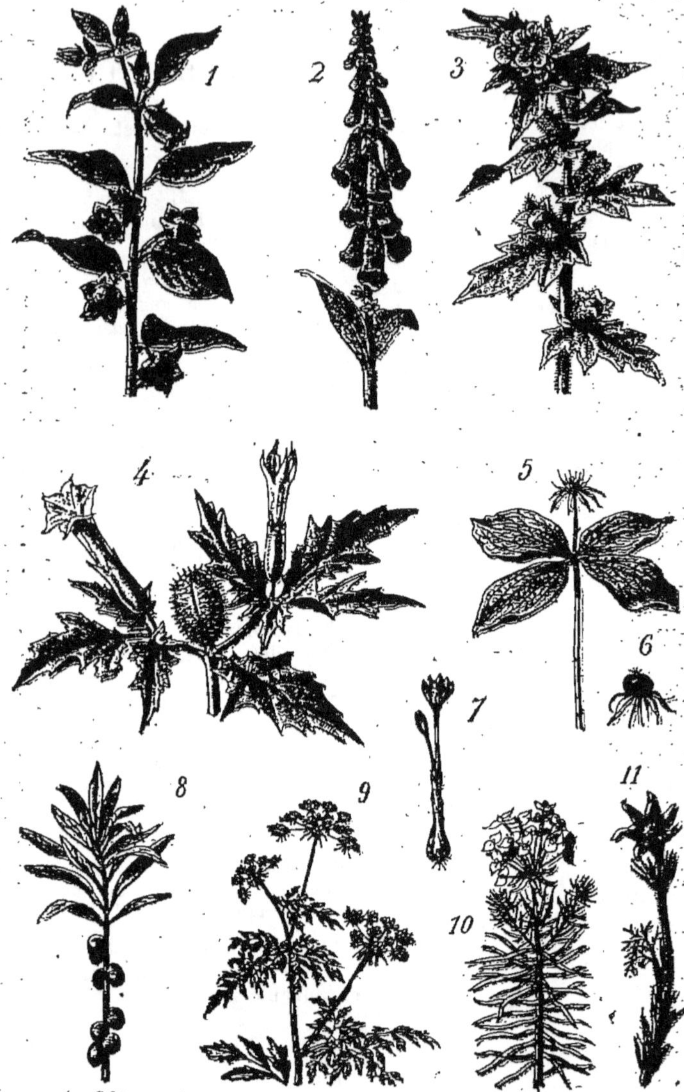

Livre d'Agriculture.

PLANTES VÉNÉNEUSES

1. Belladone. — Les fruits de la *belladone* sont des baies, noires à leur maturité, qui ressemblent un peu aux prunelles des haies; ils sont très vénéneux : les enfants doivent éviter d'y toucher.

2. Digitale. — Le nom de cette plante lui vient de sa fleur qui a la forme d'un dé à coudre (latin *digitale*, dé à coudre). La *digitale* constitue un médicament très énergique qu'il ne faut employer qu'avec la plus grande prudence; à haute dose, elle devient un poison.

3. Jusquiame. — Les *jusquiames* font partie de la famille des solanées et sont, comme la plupart de ces plantes, très vénéneuses.

4. Datura.— Cette plante, de la famille des solanées, se cultive dans les jardins d'agrément et dans les serres : elle a des propriétés énergiques et peut produire des empoisonnements.

5. Parisette. — 6. Son fruit. — La *parisette* a une odeur un peu âcre; les chèvres et les moutons la broutent quelquefois, mais les autres animaux domestiques n'y touchent pas; on croit qu'elle est un poison pour les poules.

7. Colchique. — L'espèce de *colchique* la plus commune dans les prairies est le colchique d'automne. On remarque sa fleur vers septembre ou octobre sortant de terre nue et sans feuilles; sa couleur est lilas pâle et sa corolle, sans calice, a six divisions. Cette plante est très vénéneuse dans toutes ses parties.

8. Daphné. — Cette plante tire son nom du grec *daphné*, laurier; ses feuilles ressemblent en effet à celles du laurier; ses fleurs, de couleurs variées, ont une odeur généralement agréable : son fruit est une petite baie rouge ou noire.

9. Petite ciguë. — La *petite ciguë*, qu'on appelle aussi *ciguë des jardins*, *faux persil*, *ache des chiens*, est très commune; elle est extrêmement vénéneuse.

10. Euphorbe. — L'*euphorbe* est une plante qui sécrète un suc laiteux; une espèce appelée *euphorbe réveille-matin*, produit un suc corrosif qui, mis sur les yeux, cause des démangeaisons assez douloureuses pour empêcher de dormir.

11. Anémone pulsatile. — L'*anémone pulsatile* appelée aussi *coquelourde*, *coquerelle*, *herbe au vent*, *fleur de Pâques*, est une jolie plante assez commune. On la trouve dans les bois, sur les pelouses des coteaux arides et découverts, où elle fleurit de mars à mai.

INDEX ALPHABÉTIQUE

C

D

F

G

N

O

Q

R

U, V

Y, Z

Paris, — Imp. LAROUSSE, 17, rue Montparnasse.

www.ingramcontent.com/pod-product-compliance
Lightning Source LLC
LaVergne TN
LVHW021508140926
848035LV00047B/995
9782013069083